U0321244

Mastercam X7 数控加工教程

詹友刚　主编

机 械 工 业 出 版 社

本书是 Mastercam X7 数控加工的快速学习指南，内容包括数控加工基础、Mastercam 的安装及工作界面、Mastercam X7 数控加工入门、铣削 2D 加工、曲面粗加工、曲面精加工、多轴铣削加工、车削加工、线切割加工以及综合实例等。

　　在内容安排上，为了使读者更快地掌握该软件的功能，书中结合大量实例对 Mastercam X7 软件中一些抽象的概念、命令和功能进行讲解；另外，书中讲述了一些生产一线实际产品的 Mastercam 数控加工过程，能使读者较快地进入编程状态。在写作方式上，本书紧贴软件的实际操作界面，采用软件中真实的对话框和按钮等进行讲解，使初学者能够直观、准确地操作软件进行学习，从而尽快上手，以提高学习效率。本书附 1 张多媒体 DVD 学习光盘，制作了大量 Mastercam 数控编程技巧和具有针对性的实例教学视频并进行了详细的语音讲解，时间长达 365 分钟，光盘中包含本书所有的模型文件、范例文件和练习素材文件。另外，为方便 Mastercam 低版本用户和读者的学习，光盘中还提供了 Mastercam X2、Mastercam X4 和 Mastercam X6 版本相应的配套文件。

　　本书可作为工程技术人员的 Mastercam 自学教程和参考书籍，也可作为大中专院校学生和各类培训学校学员的 Mastercam 课程上课或上机练习教材。

图书在版编目（CIP）数据

Mastercam X7 数控加工教程 / 詹友刚主编. —3 版
—北京：机械工业出版社，2014.9
ISBN 978-7-111-47841-6

Ⅰ. ①M… Ⅱ. ①詹… Ⅲ. ①数控机床—加工—计算机辅助设计—应用软件—教材 Ⅳ. ①TG659-39

中国版本图书馆 CIP 数据核字（2014）第 203980 号

机械工业出版社（北京市百万庄大街 22 号　邮政编码：100037）
策划编辑：丁　锋　责任编辑：丁　锋
责任校对：龙　宇　责任印制：乔　宇
北京铭成印刷有限公司印刷
2014 年 10 月第 3 版第 1 次印刷
184mm×260 mm · 25 印张 · 465 千字
0001—3000 册
标准书号：ISBN 978-7-111-47841-6
　　　　　　ISBN 978-7-89405-533-0（光盘）
定价：59.80 元　（含多媒体 DVD 光盘 1 张）

凡购本书，如有缺页、倒页、脱页，由本社发行部调换
电话服务　　　　　　　　　　网络服务
社 服 务 中 心：（010）88361066　教材网：http://www.cmpedu.com
销 售 一 部：（010）68326294　机工官网：http://www.cmpbook.com
销 售 二 部：（010）88379649　机工官博：http://weibo.com/cmp1952
读者购书热线：（010）88379203　**封面无防伪标均为盗版**

前　　言

Mastercam 是一套功能强大的数控加工软件，采用图形交互式自动编程方法实现 NC 程序的编制。它是目前非常经济有效率的数控加工软件系统，包括美国在内的各工业大国皆采用 Mastercam 系统作为加工制造的标准，其应用范围涉及航空航天、汽车、机械、造船、通用机械、医疗器械和电子等诸多领域。

Mastercam X7 是目前功能最稳定、应用范围最广的版本。与以前的版本相比，该版本增加或增强了许多功能，如清根刀路的优化，增加了型腔粗铣时的摆线走刀控制、多轴增强功能，优化了高速铣中的等表面粗糙度刀路功能，减少了铣削缓坡时的抬刀次数，在所有高速铣削命令中增加了新的选项等。本书是 Mastercam X7 数控加工的快速学习指南，其特色如下：

- 内容全面，与其他的同类书籍相比，包括更多的 Mastercam 数控加工知识和内容。
- 实例丰富，对软件中的主要命令和功能，先结合简单的实例进行讲解，然后安排一些较复杂的综合实例帮助读者深入理解、灵活运用。
- 讲解详细，条理清晰，保证自学的读者能独立学习。
- 写法独特，采用 Mastercam X7 软件中真实的对话框、菜单和按钮等进行讲解，使初学者能够直观、准确地操作软件，从而大大提高学习效率。
- 附加值高，本书附带 1 张多媒体 DVD 学习光盘，制作了大量编程技巧和具有针对性实例的教学视频并进行了详细的语音讲解，时间长达 365 分钟，可以帮助读者轻松、高效地学习。

本书主编和参编人员主要来自北京兆迪科技有限公司，该公司专门从事 CAD/CAM/CAE 技术的研究、开发、咨询及产品设计与制造服务，并提供 Mastercam、ANSYS、Adams 等软件的专业培训及技术咨询。本书在编写过程中得到了该公司的大力帮助，在此表示衷心感谢。

本书由詹友刚主编，参加编写的人员还有王焕田、刘静、雷保珍、刘海起、魏俊岭、任慧华、詹路、冯元超、刘江波、周涛、赵枫、邵为龙、侯俊飞、龙宇、施志杰、詹棋、高政、孙润、李倩倩、黄红霞、尹泉、李行、詹超、尹佩文、赵磊、王晓萍、陈淑童、周攀、吴伟、王海波、高策、冯华超、周思思、黄光辉、党辉、冯峰、詹聪、平迪、管璇、王平、李友荣。本书已经过多次审核，如有疏漏之处，恳请广大读者予以指正。

电子邮箱：zhanygjames@163.com

编　者

本 书 导 读

为了能更好地学习本书的知识，请您仔细阅读下面的内容。

读者对象

本书可作为工程技术人员的 Mastercam 自学入门教程和参考书，也可作为大中专院校的学生和各类培训学校学员的 Mastercam 课程上课或上机练习教材。

写作环境

本书使用的操作系统为 Windows 7 专业版，系统主题采用 Windows 经典主题。

光盘使用

为方便读者练习，特将本书所有素材文件、已完成的实例等放入随书附带的光盘中，读者在学习过程中可以打开这些实例文件进行操作和练习。

本书附带多媒体 DVD 光盘 1 张，建议读者在学习本书前，先将光盘中的所有文件复制到计算机硬盘的 D 盘中。在 D 盘 mcx7.1 目录下共有 3 个子目录。

（1）work 子目录：包含本书全部已完成的实例文件。

（2）video 子目录：包含本书讲解用的视频文件（含语音讲解）。读者学习时，可在该子目录中按顺序查找所需的视频文件。

（3）before 子目录：包含了 Mastercam X2、Mastercam X4 和 Mastercam X6 版本模型文件、范例文件以及练习素材文件，以方便 Mastercam 低版本用户和读者的学习。

光盘中带有"ok"扩展名的文件或文件夹表示已完成的范例。

本书约定

- 本书中有关鼠标操作的简略表述说明如下。
  - ☑ 单击：将鼠标指针移至某位置处，然后按一下鼠标的左键。
  - ☑ 双击：将鼠标指针移至某位置处，然后连续快速地按两次鼠标的左键。
  - ☑ 右击：将鼠标指针移至某位置处，然后按一下鼠标的右键。
  - ☑ 单击中键：将鼠标指针移至某位置处，然后按一下鼠标的中键。
  - ☑ 滚动中键：只是滚动鼠标的中键，而不能按中键。
  - ☑ 选择（选取）某对象：将鼠标指针移至某对象上，单击以选取该对象。
  - ☑ 拖移某对象：将鼠标指针移至某对象上，然后按下鼠标的左键不放，同时移动鼠标，将该对象移动到指定的位置后再松开鼠标的左键。
- 本书中的操作步骤分为 Task、Stage 和 Step 三个级别，说明如下。
  - ☑ 对于一般的软件操作，每个操作步骤以 Step 字符开始。
  - ☑ 每个 Step 操作视其复杂程度，其下面可含有多级子操作。例如，Step1 下可能包含（1）、（2）、（3）等子操作，（1）子操作下可能包含①、②、③等子操作，①子操作下可能包含 a）、b）、c）等子操作。

☑ 如果操作较复杂，需要几个大的操作步骤才能完成，则每个大的操作冠以 Stage1、Stage2、Stage3 等，Stage 级别的操作下再分 Step1、Step2、Step3 等操作。

☑ 对于多个任务的操作，则每个任务冠以 Task1、Task2、Task3 等，每个 Task 操作下则可包含 Stage 和 Step 级别的操作。

● 由于已建议读者将随书光盘中的所有文件复制到计算机硬盘的 D 盘中，所以书中在要求设置工作目录或打开光盘文件时，所述的路径均以"D:"开始。

技术支持

本书主编和主要参编人员来自北京兆迪科技有限公司。该公司专门从事 CAD/CAM/CAE 技术的研究、开发、咨询及产品设计与制造服务，并提供 Mastercam、UG、CATIA 等软件的专业培训及技术咨询，读者在学习本书的过程中如果遇到问题，可通过访问该公司的网站 http://www.zalldy.com 来获得技术支持。

咨询电话：010-82176248，010-82176249。

目　　录

第1章　数控加工基础

　　本章主要介绍数控加工的基础知识，内容包括数控编程和数控机床简述、数控加工工艺基础、高度与安全高度、数控加工的补偿、轮廓控制、顺铣与逆铣以及加工精度等。

1.1　数控加工概论

数控技术即数字控制技术（Numerical Control Technology，简称 NC 技术），它是指用计算机以数字指令方式控制机床动作的技术。

数控加工具有产品精度高、自动化程度高、生产效率高以及生产成本低等特点，在制造业，数控加工是所有生产技术中相当重要的一个环节。尤其是汽车和航天工业零部件，其几何外形复杂且精度要求较高，更突出了 NC 加工制造技术的优点。

数控加工技术集传统的机械制造、计算机、信息处理、现代控制和传感检测等光机电技术于一体，是现代机械制造技术的基础。它的广泛应用，给机械制造业的生产方式及产品结构带来了巨大的变化。

近年来，由于计算机技术的迅速发展，数控技术的发展相当迅速。数控技术的水平和普及程度，已成为衡量一个国家综合国力和工业现代化水平的重要标志。

1.2　数控编程简述

数控编程一般可以分为手工编程和自动编程。手工编程是指从零件图样分析、工艺处理、数值计算、编写程序单到程序校核等各步骤的数控编程工作均由人工完成。该方法适用于形状不太复杂、加工程序较短的零件。而复杂形状的零件，如具有非圆曲线、列表曲面和组合曲面的零件，或形状虽不复杂但是程序很长的零件，则比较适合于自动编程。

自动数控编程是从零件的设计模型（即参考模型）直接获得数控加工程序，其主要任务是计算加工进给过程中的刀位点（Cutter Location Point，简称 CL 点），从而生成 CL 数据文件。采用自动编程技术可以帮助人们解决复杂零件的数控加工编程问题，其大部分工作由计算机来完成，编程效率大大提高，还能解决手工编程无法解决的许多复杂形状零件

的加工编程问题。

Mastercam X7 提供了多种加工类型，用于各种复杂零件的粗、精加工，用户可以根据零件结构、加工表面形状和加工精度要求选择合适的加工类型。

数控编程的主要内容有分析零件图样、工艺处理、数值处理、编写加工程序单、输入数控系统、程序检验及试切。

（1）分析图样及工艺处理。在确定加工工艺过程时，编程人员首先应根据零件图样对工件的形状、尺寸和技术要求等进行分析，然后选择合适的加工方案，确定加工顺序和路线、装夹方式、刀具以及切削参数。为了充分发挥机床的功用，还应该考虑所用机床的指令功能，选择最短的加工路线，选择合适的对刀点和换刀点，以减少换刀次数。

（2）数值处理。根据图样的几何尺寸、确定的工艺路线及设定的坐标系，计算工件粗、精加工的运动轨迹，得到刀位数据。零件图样坐标系与编程坐标系不一致时，需要对坐标进行换算。形状比较简单的零件的轮廓加工，需要计算出几何元素的起点、终点、圆弧的圆心、两几何元素的交点或切点的坐标值，有的还需要计算刀具中心运动轨迹的坐标值。对于形状比较复杂的零件，需要用直线段或圆弧段逼近，根据要求的精度计算出各个节点的坐标值。

（3）编写加工程序单。确定加工路线、工艺参数及刀位数据后，编程人员可以根据数控系统规定的指令代码及程序段格式，逐段编写加工程序单。此外，还应填写有关的工艺文件，如数控刀具卡片、数控刀具明细表和数控加工工序卡片等。随着数控编程技术的发展，现在大部分的机床已经直接采用自动编程。

（4）输入数控系统。即把编制好的加工程序，通过某种介质传输到数控系统。过去我国数控机床的程序输入一般使用穿孔纸带，穿孔纸带的程序代码通过纸带阅读器输入到数控系统。随着计算机技术的发展，现代数控机床主要利用键盘将程序输入到计算机中。随着网络技术进入工业领域，通过 CAM 生成的数控加工程序可以通过数据接口直接传输到数控系统中。

（5）程序检验及试切。程序单必须经过检验和试切才能正式使用。检验的方法是直接将加工程序输入到数控系统中，让机床空运转，即以笔代刀，以坐标纸代替工件，画出加工路线，以检查机床的运动轨迹是否正确。若数控机床有图形显示功能，可以采用模拟刀具切削过程的方法进行检验。但这些过程只能检验出运动是否正确，不能检查被加工零件的精度，因此必须进行零件的首件试切。试切时，应该以单程序段的运行方式进行加工，监视加工状况，调整切削参数和状态。

从以上内容来看，作为一名数控编程人员，不但要熟悉数控机床的结构、功能及标准，而且要熟悉零件的加工工艺、装夹方法、刀具以及切削参数的选择等方面的知识。

1.3 数控机床

1.3.1 数控机床的组成

数控机床的种类很多，但是任何一种数控机床都主要由数控系统、伺服系统和机床主体三大部分以及辅助控制系统等组成。

1. 数控系统

数控系统是数控机床的核心，是数控机床的"指挥系统"，其主要作用是对输入的零件加工程序进行数字运算和逻辑运算，然后向伺服系统发出控制信号。现代数控系统通常是带有专门系统软件的计算机系统，开放式数控系统就是将 PC 配以数控系统软件而构成的。

2. 伺服系统

伺服系统（也称驱动系统）是数控机床的执行机构，由驱动和执行两大部分组成，它包括位置控制单元、速度控制单元、执行电动机和测量反馈单元等部分，主要用于实现数控机床的进给伺服控制和主轴伺服控制。它接受数控系统发出的各种指令信息，经功率放大后，严格按照指令信息的要求控制机床运动部件的进给速度、方向和位移。目前数控机床的伺服系统中，常用的位移执行机构有步进电动机、电液马达、直流伺服电动机和交流伺服电动机，其中，后两者均带有光电编码器等位置测量元件。一般来说，数控机床的伺服系统，要求有好的快速响应和灵敏而准确的跟踪指令功能。

3. 机床主体

机床主体是加工运动的实际部件，除了机床基础件以外，还包括主轴部件、进给部件、实现工件回转与定位的装置和附件、辅助系统和装置（如液压、气压、防护等装置）、刀库和自动换刀装置（Automatic Tools Changer，简称 ATC）、自动托盘交换装置（Automatic Pallet Changer，简称 APC）。机床基础件通常是指床身或底座、立柱、横梁和工作台等，它是整台机床的基础和框架。加工中心则还应具有 ATC，有的还有双工位 APC 等。数控机床的主体结构与传统机床相比，发生了很大变化，普遍采用了滚珠丝杠、滚动导轨，传动效率更高。由于现代数控机床减少了齿轮的使用数量，使得传动系统更加简单。数控机床可根据自动化程度、可靠性要求和特殊功能需要，选用各种类型的刀具破损监控系统、机床与工件精度检测系统、补偿装置和其他附件等。

1.3.2　数控机床的特点

随着科学技术和市场经济的不断发展，对机械产品的质量、生产率和新产品的开发周期提出了越来越高的要求。为了满足上述要求，适应科学技术和经济的不断发展，数控机床应运而生了。20 世纪 50 年代，美国麻省理工学院成功地研制出第一台数控铣床。1970年首次展出了第一台用计算机控制的数控机床（CNC）。图 1.3.1 所示为 CNC 数控铣床，图 1.3.2 所示为数控加工中心。

图 1.3.1　CNC 数控铣床

图 1.3.2　数控加工中心

数控机床自问世以来得到了高速发展，并逐渐为各国生产组织和管理者接受，这与它在加工中表现出来的特点是分不开的。数控机床具有以下主要特点。

- 高精度，加工重复性高。目前，普通数控加工的尺寸精度通常可达到±0.005mm。数控装置的脉冲当量（即机床移动部件的移动量）一般为 0.001mm，高精度的数控系统可达 0.0001mm。数控加工过程中，机床始终都在指定的控制指令下工作，消除了人工操作所引起的误差，不仅提高了同一批加工零件尺寸的统一性，而且产品质量能得到保证，废品率也大为降低。

- 高效率。机床自动化程度高，工序、刀具可自行更换、检测。例如，加工中心在一次装夹后，除定位表面不能加工外，其余表面均可加工；生产准备周期短，加工对象变化时，一般不需要专门的工艺装备设计制造时间；切削加工中可采用最佳切削参数和走刀路线。数控铣床一般不需要使用专用夹具和工艺装备。在更换工件时，只需调用储存于计算机的加工程序、装夹工件和调整刀具数据即可，可大大缩短生产周期。更主要的是数控铣床的万能性带来的高效率，如一般的数控铣床都具有铣床、镗床和钻床的功能，工序高度集中，提高了劳动生产率，并减少了工件的装夹误差。

- 高柔性。数控机床的最大特点是高柔性，即通用、灵活、万能，可以适应加工不同形状工件。如数控铣床一般能完成铣平面、铣斜面、铣槽、铣削曲面、钻孔、镗孔、铰孔、攻螺纹和铣削螺纹等加工，而且一般情况下，可以在一次装夹中完成所需的所有加工工序。加工对象改变时，除了相应地更换刀具和改变工件装夹方式外，只改变相应的加工程序即可。特别适应于目前多品种、小批量和变化快的生产特征。

- 大大减轻了操作者的劳动强度。数控铣床对零件加工是根据加工前编好的程序自动完成的。操作者除了操作键盘、装卸工件、中间测量及观察机床运行外，不需要进行繁重的重复性手工操作，大大地减轻了劳动强度。

- 易于建立计算机通信网络。数控机床使用数字信息作为控制信息，易于与 CAD 系统连接，从而形成 CAD/CAM 一体化系统，它是 FMS、CIMS 等现代制造技术的基础。

- 初期投资大，加工成本高。数控机床的价格一般是普通机床的若干倍，且机床备件的价格也高；另外，加工首件需要进行编程、程序调试和试加工，时间较长，因此使零件的加工成本也大大高于普通机床。

1.3.3 数控机床的分类

数控机床的分类有多种方式。

1. 按工艺用途分类

按工艺用途分类，数控机床可分为数控钻床、车床、铣床、磨床和齿轮加工机床等，还有压床、冲床、电火花切割机、火焰切割机和点焊机等也都采用数字控制。加工中心是带有刀库及自动换刀装置的数控机床，它可以在一台机床上实现多种加工。工件只需一次装夹，就可以完成多种加工，这样既节省了工时，又提高了加工精度。加工中心特别适用于箱体类和壳类零件的加工。车削加工中心可以完成所有回转体零件的加工。

2. 按数控机床运动轨迹划分

点位（PTP）控制数控机床：指在刀具运动时，不考虑两点间的轨迹，只控制刀具相对于工件位移的准确性。这种控制方法用于数控冲床、数控钻床及数控点焊设备，还可以用在数控坐标镗铣床上。

点位直线控制数控机床：就是要求在点位准确控制的基础上，还要保证刀具运动轨迹是一条直线，并且刀具在运动过程中还要进行切削加工。采用这种控制的机床有数控车床、数控铣床和数控磨床等，一般用于加工矩形和台阶形零件。

轮廓（CP）控制数控机床：轮廓控制（亦称连续控制）是对两个或两个以上的坐标运

动进行控制（多坐标联动），刀具运动轨迹可以是空间曲线。它不仅能保证各点的位置，而且还可以控制加工过程中的位移速度，即刀具的轨迹。要保证尺寸的精度，还要保证形状的精度。在运动过程中，同时要向两个坐标轴分配脉冲，使它们能走出要求的形状来，这就叫插补运算。它是一种软仿形加工，而不是硬仿形（靠模）加工，并且这种软仿形加工的精度比硬仿形加工的精度高很多。这类机床主要有数控车床、数控铣床、数控线切割机和加工中心等。在模具行业中，对于一些复杂曲面的加工，多使用这类机床，如三坐标以上的数控铣或加工中心。

3. 按伺服系统控制方式划分

开环控制是无位置反馈的一种控制方法，它采用的控制对象、执行机构多半是步进式电动机或液压转矩放大器。因为没有位置反馈，所以其加工精度及稳定性差，但其结构简单、价格低廉，控制方法简单。对于精度要求不高且功率需求不大的情况，这种数控机床还是比较适用的。

半闭环控制是在丝杠上装有角度测量装置作为间接的位置反馈。因为这种系统未将丝杠螺母副和齿轮传动副等传动装置包含在反馈系统中，因而称之为半闭环控制系统。它不能补偿传动装置的传动误差，但却得以获得稳定的控制特性。这类系统介于开环与闭环之间，精度没有闭环高，调试比闭环方便。

闭环控制系统是对机床移动部件的位置直接用直线位置检测装置进行检测，再把实际测量出的位置反馈到数控装置中去，与输入指令比较看是否有差值，然后把这个差值经过放大和变换，最后去驱动工作台向减少误差的方向移动，直到差值符合精度要求为止。这类控制系统，因为把机床工作台纳入了位置控制环，故称为闭环控制系统。该系统可以消除包括工作台传动链在内的运动误差，因而定位精度高、调节速度快。但由于该系统受到进给丝杠的拉压刚度、扭转刚度、摩擦阻尼特性和间隙等非线性因素的影响，给调试工作造成较大的困难。如果各种参数匹配不当，将会引起系统振荡，造成系统不稳定，影响定位精度。由于闭环伺服系统复杂且成本高，故适用于精度要求很高的数控机床，如超精密数控车床和精密数控镗铣床等。

4. 按联动坐标轴数划分

（1）两轴联动数控机床。主要用于三轴以上控制的机床，其中任意两轴作插补联动，第三轴作单独的周期进给。

（2）三轴联动数控机床。X、Y、Z 三轴可同时进行插补联动。

（3）四轴联动数控机床。

（4）五轴联动数控机床。除了同时控制 X、Y、Z 三个直线坐标轴联动以外，还同时控

制围绕这些直线坐标轴旋转的 A、B、C 坐标轴中的两个坐标，即同时控制五个坐标轴联动。这时刀具可以被定位在空间的任何位置。

1.3.4 数控机床的坐标系

数控机床的坐标系统包括坐标系、坐标原点和运动方向，对于数控加工及编程，是一个十分重要的概念。每一个数控编程员和操作者，都必须对数控机床的坐标系有一个很清晰的认识。为了使数控系统规范化及简化数控编程，ISO 对数控机床的坐标系系统作了若干规定。关于数控机床坐标和运动方向命名的详细内容，可参阅 GB/T 19660—2005 的规定。

机床坐标系是机床上固有的坐标系，是机床加工运动的基本坐标系。它是考察刀具在机床上的实际运动位置的基准坐标系。对于具体机床来说，有的是刀具移动工作台不动，有的则是刀具不动而工作台移动。然而不管是刀具移动还是工件移动，机床坐标系永远假定刀具相对于静止的工件而运动，同时，运动的正方向是增大工件和刀具之间距离的方向。为了编程方便，一律规定为工件固定，刀具运动。

标准的坐标系是一个右手直角坐标系，如图 1.3.3 所示。拇指指向为 X 轴，食指指向为 Y 轴，中指指向为 Z 轴。一般情况下，主轴的方向为 Z 坐标，而工作台的两个运动方向分别为 X、Y 坐标。

若有旋转轴时，规定绕 X、Y、Z 轴的旋转轴分别为 A、B、C 轴，其方向为右旋螺纹方向，如图 1.3.4 所示。旋转轴的原点一般定在水平面上。

图 1.3.5 是典型的单立柱立式数控铣床加工运动坐标系示意图。刀具沿与地面垂直的方向上下运动，工作台带动工件在与地面平行的平面内运动。机床坐标系的 Z 轴是刀具的运动方向，并且刀具向上运动为正方向，即远离工件的方向。当面对机床进行操作时，刀具相对工件的左右运动方向为 X 轴，并且刀具相对工件向右运动（即工作台带动工件向左运动）时为 X 轴的正方向，Y 轴的方向可用右手法则确定。若以 X′、Y′、Z′ 表示工作台相对于刀具的运动坐标轴，而以 X、Y、Z 表示刀具相对于工件的运动坐标轴，则显然有 X′=-X、Y′=-Y、Z′=-Z。

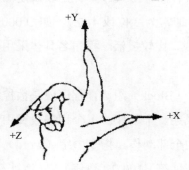

图 1.3.3 右手直角坐标系

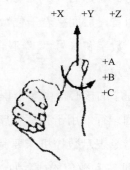

图 1.3.4 旋转坐标系

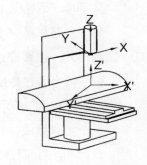

图 1.3.5 机床坐标系示意图

1.4 数控加工程序

1.4.1 数控加工程序结构

数控加工程序由为使机床运转而给予数控装置的一系列指令的有序集合所构成。一个完整的程序由起始符、程序号、程序内容、程序结束和程序结束符等五部分组成。例如：

起始符	%	
程序号	O 0001	
程序内容	N01	G92 X30 Y30;
	N02	G90 G00 X30 T01 M03;
	N03	G01 X8 Y8 F200;
	N04	XO YO;
	...	
	N07	G00 X40;
程序结束	N08	M30
程序结束符	%	

根据系统本身的特点及编程的需要，每种数控系统都有一定的程序格式。对于不同的机床，其程序的格式也不同。因此编程人员必须严格按照机床说明书规定的格式进行编程，靠这些指令使刀具按直线或圆弧及其他曲线运动，控制主轴的回转和停止、切削液的开关、自动换刀装置和工作台自动交换装置等动作。

程序由程序号、程序段号、准备功能、尺寸字、进给速度、主轴功能、刀具功能、辅助功能和刀具补偿功能等构成。

- 程序起始符。程序起始符位于程序的第一行。一般是"%"、"$"等，根据不同的数控机床，起始符也有可能不同，应根据具体数控机床说明书使用。

- 程序号也可称为程序名，是每个程序的开始部分。为了区别存储器中的程序，每个程序都要有程序编号。程序号单列一行，一般有两种形式：一种是以规定的英文字母（通常为O）为首，后面接若干位数字（通常为2位或4位），如O 0001；另一种是以英文字母、数字和符号"_"混合组成，比较灵活。程序名具体采用何种形式，由数控系统决定。

- 程序内容。它是整个程序的核心，由多个程序段（Block）组成，程序段是数控加工程序中的一句，单列一行，用于指挥机床完成某一个动作。每个程序段又由若干个指令组成，每个指令表示数控机床要完成的全部动作。指令由字（word）和";"组成。而字由地址符和数值构成，如 X（地址符）100.0（数值）Y（地址符）

50.0（数值）。

- 字首是一个英文字母，称为字的地址，它决定了字的功能类别。一般字的长度和顺序不固定。

- 程序结束。在程序末尾一般有程序结束指令，如 M30 或 M02，用于停止主轴、冷却液和进给，并使控制系统复位。M30 还可以使程序返回到开始状态，一般在换件时使用。

- 程序结束符。程序结束的标记符，一般与程序起始符相同。

1.4.2 数控指令

数控加工程序的指令由一系列的程序字组成，而程序字通常由地址（address）和数值（number）两部分组成，地址通常是某个大写字母。数控加工程序中地址代码的意义见表1.4.1。

一般的数控机床可以选择米制单位毫米（mm）或英制单位英寸（in）为数值单位。米制可以精确到 0.001mm，英制可以精确到 0.0001in，这也是一般数控机床的最小移动量。表1.4.2 列出了一般数控机床能输入的指令数值范围，而数控机床实际使用范围受到机床本身的限制，因此需要参考数控机床的操作手册而定。例如，表 1.4.2 中的 X 轴可以移动±99999.999mm，但实际上数控机床的 X 轴行程可能只有 650mm；进给速率 F 最大可输入10000.0mm/min，但实际上数控机床可能限制在 3000mm / min 以下。因此在编制数控加工程序时，一定要参照数控机床的使用说明书。

表 1.4.1　编码字符的意义

功　　能	地　　址	意　　义
程序号	O（EIA）	程序序号
顺序号	N	顺序号
准备功能	G	动作模式
尺寸字	X、Y、Z	坐标移动指令
	A、B、C、U、V、W	附加轴移动指令
	R	圆弧半径
	I、J、K	圆弧中心坐标
主轴旋转功能	S	主轴转速
进给功能	F	进给速率
刀具功能	T	刀具号、刀具补偿号
辅助功能	M	辅助装置的接通和断开
补偿号	H、D	补偿序号
暂停	P、X	暂停时间

（续）

功　　能	地　　址	意　　义
子程序重复次数	L	重复次数
子程序号指定	P	子程序序号
参数	P、Q、R	固定循环

表 1.4.2　编码字符的数值范围

功　　能	地　　址	米制单位	英制单位
程序号	:（1SO）O（EIA）	1～9999	1～9999
顺序号	N	1～9999	1～9999
准备功能	G	0～99	0～99
尺寸字	X、Y、Z、Q、R、I、J、K	±99999.999mm	±9999.9999in
	A、B、C	±99999.999°	±9999.9999°
进给功能	F	1～10000.0mm/min	0.01～400.0in/min
主轴转速功能	S	0～9999	0～9999
刀具功能	T	0～99	0～99
辅助功能	M	0～99	0～99
子程序号	P	1～9999	1～9999
暂停	X、P	0～99999.999s	0～99999.999s
重复次数	L	1～9999	1～9999
补偿号	D、H	0～32	0～32

下面简要介绍各种数控指令的意义。

1．语句号指令

语句号指令也称程序段号，用以识别程序段的编号。在程序段之首，以字母 N 开头，其后为一个 2～4 位的数字。需要注意的是，数控加工程序是按程序段的排列次序执行的，与顺序段号的大小次序无关，即程序段号实际上只是程序段的名称，而不是程序段执行的先后次序。

2．准备功能指令

准备功能指令以字母 G 开头，后接一个两位数字，因此又称为 G 代码，它是控制机床运动的主要功能类别。G 指令从 G00～G99 共 100 种，见表 1.4.3。

表 1.4.3　JB/T 3208—1999 准备功能 G 代码

G 代码	功　　能	G 代码	功　　能
G00	点定位	G01	直线插补
G02	顺时针方向圆弧插补	G03	逆时针方向圆弧插补

（续）

G 代码	功　能	G 代码	功　能
G04	暂停	G05	不指定
G06	抛物线插补	G07	不指定
G08	加速	G09	减速
G10～G16	不指定	G17	XY 平面选择
G18	ZX 平面选择	G19	YZ 平面选择
G20～G32	不指定	G33	螺纹切削，等螺距
G34	螺纹切削，增螺距	G35	螺纹切削，减螺距
G36～G39	永不指定	G40	刀具补偿/刀具偏置注销
G41	刀具半径左补偿	G42	刀具半径右补偿
G43	刀具右偏置	G44	刀具负偏置
G45	刀具偏置+/+	G46	刀具偏置+/-
G47	刀具偏置-/-	G48	刀具偏置-/+
G49	刀具偏置 0/+	G50	刀具偏置 0/-
G51	刀具偏置+/0	G52	刀具偏置-/+
G53	直线偏移，注销	G54	直线偏移 x
G55	直线偏移 y	G56	直线偏移 z
G57	直线偏移 xy	G58	直线偏移 xz
G59	直线偏移 yz	G60	准确定位 1（精）
G61	准确定位 2（中）	G62	准确定位 3（粗）
G63	攻螺纹	G64～G67	不指定
G68	刀具偏置，内角	G69	刀具偏置，外角
G70～G79	不指定	G80	固定循环注销
G81～G89	固定循环	G90	绝对尺寸
G91	增量尺寸	G92	预置寄存
G93	时间倒数，进给率	G94	每分钟进给
G95	主轴每转进给	G96	横线速度
G97	每分钟转数	G98～G99	不指定

3. 辅助功能指令

辅助功能指令也称作 M 功能或 M 代码，一般由字符 M 及随后的两位数字组成。它是控制机床或系统辅助动作及状态的功能。JB/T 3208—1999 标准中规定的 M 代码从 M00～M99 共 100 种。表 1.4.4 是部分辅助功能的 M 代码。

Mastercam X7
数控加工教程

表1.4.4　部分辅助功能的M代码

M 代码	功　　能	M 代码	功　　能
M00	程序停止	M01	计划停止
M02	程序结束	M03	主轴顺时针旋转
M04	主轴逆时针旋转	M05	主轴停止旋转
M06	换刀	M08	冷却液开
M09	冷却液关	M30	程序结束并返回
M74	错误检测功能打开	M75	错误检测功能关闭
M98	子程序调用	M99	子程序调用返回

4．其他常用功能指令

- 尺寸指令——主要用来指定刀位点坐标位置。如X、Y、Z主要用于表示刀位点的坐标值，而I、J、K用于表示圆弧刀轨的圆心坐标值。
- F功能——进给功能。以字符F开头，因此又称为F指令，用于指定刀具插补运动（即切削运动）的速度，称为进给速度。在只有X、Y、Z三坐标运动的情况下，F代码后面的数值表示刀具的运动速度，单位是 mm/min（对数控车床还可为mm/r）。如果运动坐标有转角坐标A、B、C中的任何一个，则F代码后的数值表示进给率，即$F=1/\triangle t$，$\triangle t$为走完一个程序段所需要的时间，F的单位为1/min。
- T功能——刀具功能。用字符T及随后的号码表示，因此也称为T指令。用于指采用的刀具号，该指令在加工中心上使用。Tnn代码用于选择刀具库中的刀具，但并不执行换刀操作，M06用于启动换刀操作。Tnn不一定要放在M06之前，只要放在同一程序段中即可。T指令只有在数控车床上，才具有换刀功能。
- S功能——主轴转速功能。以字符S开头，因此又称为S指令。用于指定主轴的转速，以其后的数字给出，要求为整数，单位是转/分（r/min）。速度范围从1r/min到最大的主轴转速。对于数控车床，可以指定恒定表面切削速度。

1.5　数控工艺概述

1.5.1　数控加工工艺的特点

数控加工工艺与普通加工工艺基本相同，在设计零件的数控加工工艺时，首先要遵循普通加工工艺的基本原则与方法，同时还需要考虑数控加工本身的特点和零件编程的要求。

由于数控机床本身自动化程度较高，控制方式不同，设备费用也高，使数控加工工艺相应形成了以下几个特点。

1. 工艺内容具体、详细

数控加工工艺与普通加工工艺相比，在工艺文件的内容和格式上都有较大区别，如加工顺序、刀具的配置及使用顺序、刀具轨迹和切削参数等方面，都要比普通机床加工工艺中的工序内容更详细。在用通用机床加工时，许多具体的工艺问题，如工艺中各工步的划分与顺序安排、刀具的几何形状、走刀路线及切削用量等，在很大程度上都是由操作工人根据自己的实践经验和习惯自行考虑而决定的，一般无需工艺人员在设计工艺规程时进行过多的规定。而在数控加工时，上述这些具体工艺问题，必须由编程人员在编程时给予预先确定。也就是说，在普通机床加工时，本来由操作工人在加工中灵活掌握并可通过适时调整来处理的许多具体工艺问题和细节，在数控加工时就转变为必须由编程人员事先设计和安排的内容。

2. 工艺要求准确、严密

数控机床虽然自动化程度较高，但自适性差。它不能像通用机床那样在加工时根据加工过程中出现的问题，可以自由地进行人为调整。例如，在数控机床上进行深孔加工时，它就不知道孔中是否已挤满了切屑，何时需要退一下刀，待清除切屑后再进行加工，而是一直到加工结束为止。所以在数控加工的工艺设计中，必须注意加工过程中的每一个细节，尤其是对图形进行数学处理、计算和编程时，一定要力求准确无误，以使数控加工顺利进行。在实际工作中，一个小数点或一个逗号的差错就可能酿成重大机床事故和质量事故。

3. 应注意加工的适应性

由于数控加工自动化程度高、可多坐标联动、质量稳定、工序集中，但价格昂贵、操作技术要求高等特点均比较突出，因此要注意数控加工的特点，在选择加工方法和对象时更要特别慎重，甚至有时还要在基本不改变工件原有性能的前提下，对其形状、尺寸和结构等做适应数控加工的修改，这样才能既充分发挥出数控加工的优点，又达到较好的经济效益。

4. 可自动控制加工复杂表面

在进行简单表面的加工时，数控加工与普通加工没有太大的差别。但是对于一些复杂曲面或有特殊要求的表面，数控加工就表现出与普通加工根本不同的加工方法。例如：对于一些曲线或曲面的加工，普通加工是通过画线、靠模、钳工和成形加工等方法进行加工，这些方法不仅生产效率低，而且还很难保证加工精度；而数控加工则采用多轴联动进行自

动控制加工，这种方法的加工质量是普通加工方法所无法比拟的。

5．工序集中

由于现代数控机床具有精度高、切削参数范围广、刀具数量多、多坐标及多工位等特点，因此在工件的一次装夹中可以完成多道工序的加工，甚至可以在工作台上装夹几个相同的工件进行加工，这样就大大缩短了加工工艺路线和生产周期，减少了加工设备和工件的运输量。

6．采用先进的工艺装备

数控加工中广泛采用先进的数控刀具和组合夹具等工艺装备，以满足数控加工中高质量、高效率和高柔性的要求。

1.5.2 数控加工工艺的主要内容

工艺安排是进行数控加工的前期准备工作，它必须在编制程序之前完成，因为只有在确定工艺设计方案以后，编程才有依据，否则如果加工工艺设计考虑不周全，往往会成倍增加工作量，有时甚至出现加工事故。可以说，数控加工工艺分析决定了数控加工程序的质量。因此，编程人员在编程之前，一定要先把工艺设计做好。

概括起来，数控加工工艺主要包括如下内容。

- 选择适合在数控机床上加工的零件，并确定零件的数控加工内容。
- 分析零件图样，明确加工内容及技术要求。
- 确定零件的加工方案，制定数控加工工艺路线，如工序的划分及加工顺序的安排等。
- 数控加工工序的设计，如零件定位基准的选取、夹具方案的确定、工步的划分、刀具的选取及切削用量的确定等。
- 数控加工程序的调整，对刀点和换刀点的选取，确定刀具补偿，确定刀具轨迹。
- 分配数控加工中的容差。
- 处理数控机床上的部分工艺指令。
- 数控加工专用技术文件的编写。

数控加工专用技术文件不仅是进行数控加工和产品验收的依据，同时也是操作者遵守和执行的规程，还为产品零件重复生产积累了必要的工艺资料，并进行了技术储备。这些由工艺人员做出的工艺文件，是编程人员在编制加工程序单时依据的相关技术文件。

不同的数控机床，其工艺文件的内容也有所不同。一般来讲，数控铣床的工艺文件应包括如下几项。

- 编程任务书。
- 数控加工工序卡片。
- 数控机床调整单。
- 数控加工刀具卡片。
- 数控加工进给路线图。
- 数控加工程序单。

其中最为重要的是数控加工工序卡片和数控加工刀具卡片。前者说明了数控加工顺序和加工要素；后者是刀具使用的依据。

为了加强技术文件管理，数控加工工艺文件也应向标准化、规范化方向发展。但目前尚无统一的国家标准，各企业可根据本部门的特点制订上述有关工艺文件。

1.6 数控工序的安排

1. 工序划分的原则

在数控机床上加工零件，工序可以比较集中，尽量一次装夹完成全部工序。与普通机床加工相比，加工工序划分有其自身的特点，常用的工序划分有以下两项原则。

- 保证精度的原则：数控加工要求工序尽可能集中，通常粗、精加工在一次装夹下完成，为减少热变形和切削力变形对工件的形状精度、位置精度、尺寸精度和表面粗糙度的影响，应将粗、精加工分开进行。对轴类或盘类零件，应该先粗加工，留少量余量精加工，以保证表面质量要求。同时，对一些箱体工件，为保证孔的加工精度，应先加工表面而后加工孔。
- 提高生产效率的原则：数控加工中，为减少换刀次数、节省换刀时间，应将需用同一把刀加工的加工部位全部完成后，再换另一把刀来加工其他部位。同时应尽量减少空行程，用同一把刀加工工件的多个部位时，应以最短的路线到达各加工部位。

实际中，数控加工工序要根据具体零件的结构特点和技术要求等情况综合考虑。

2. 工序划分的方法

在数控机床上加工零件，工序应比较集中，在一次装夹中应该尽可能完成尽量多的工序。首先应根据零件图样，考虑被加工零件是否可以在一台数控机床上完成整个零件的加工工作。若不能，则应该选择哪一部分零件表面需要用数控机床加工。根据数控加工的特点，一般工序划分可按如下方法进行。

● 按零件装卡定位方式进行划分。

对于加工内容很多的零件，可按其结构特点将加工部位分成几个部分，如内形、外形、曲面或平面等。一般加工外形时，以内形定位；加工内形时，以外形定位。因而可以根据定位方式的不同来划分工序。

● 按同一把刀具加工的内容划分。

为了减少换刀次数，压缩空程时间，减少不必要的定位误差，可按刀具集中工序的方法加工零件。虽然有些零件能在一次安装加工出很多待加工面，但考虑到程序太长，会受到某些限制，如控制系统的限制（主要是内存容量）、机床连续工作时间的限制（如一道工序在一个班内不能结束）等。此外，程序太长会增加出错率，查错与检索也相应比较困难，因此程序不能太长，一道工序的内容也不能太多。

● 按粗、精加工划分。

根据零件的加工精度、刚度和变形等因素来划分工序时，可按粗、精加工分开的原则来进行工序划分，即先粗加工再精加工。特别对于容易发生加工变形的零件，由于粗加工后可能发生较大的变形而需要进行校形，因此一般来说，凡要进行粗、精加工的工件都要将工序分开。此时可用不同的机床或不同的刀具进行加工。通常在一次装夹中，不允许将零件某一部分表面加工完后，再加工零件的其他表面。

综上所述，在划分工序时，一定要根据零件的结构与工艺性、机床的功能、零件数控加工的内容、装夹次数及本单位生产组织状况等来灵活协调。

对于加工顺序的安排，还应根据零件的结构和毛坯状况，以及定位安装与夹紧的需要来考虑，重点是工件的刚性不被破坏。顺序安排一般应按下列原则进行。

（1）要综合考虑上道工序的加工是否影响下道工序的定位与夹紧，中间穿插有通用机床加工工序等因素。

（2）先安排内形加工工序，后安排外形加工工序。

（3）在同一次安装中进行多道工序时，应先安排对工件刚性破坏小的工序。

（4）在安排以相同的定位和夹紧方式或用同一把刀具加工工序时，最好连接进行，以减少重复定位次数、换刀次数与挪动压板次数。

1.7　加工刀具的选择和切削用量的确定

加工刀具的选择和切削用量的确定是数控加工工艺中的重要内容，它不仅影响数控机床的加工效率，而且直接影响加工质量。CAD/CAM 技术的发展，使得在数控加工中直接利用 CAD 的设计数据成为可能，特别是微机与数控机床的连接，使得设计、工艺规划及编

程的整个过程可以全部在计算机上完成，一般不需要输出专门的工艺文件。

现在，许多 CAD/CAM 软件包都提供自动编程功能，这些软件一般是在编程界面中提示工艺规划的有关问题，比如刀具选择、加工路径规划和切削用量设定等。编程人员只要设置了有关的参数，就可以自动生成 NC 程序并传输至数控机床完成加工。因此，数控加工中的刀具选择和切削用量的确定是在人机交互状态下完成的，这与普通机床加工形成鲜明的对比，同时也要求编程人员必须掌握选择刀具和确定切削用量的基本原则，在编程时充分考虑数控加工的特点。

1.7.1　数控加工常用刀具的种类及特点

数控加工刀具必须适应数控机床高速、高效和自动化程度高的特点，一般应包括通用刀具、通用连接刀柄及少量专用刀柄。刀柄要连接刀具并装在机床动力头上，因此已逐渐标准化和系列化。数控刀具的分类有多种方法。根据切削工艺可分为车削刀具（分外圆、内孔、螺纹和切割刀具等多种）、钻削刀具（包括钻头、铰刀和丝锥等）、镗削刀具、铣削刀具等。根据刀具结构可分为整体式、镶嵌式，采用焊接和机夹式连接，机夹式又可分为不转位和可转位两种。根据制造刀具所用的材料可分为高速钢刀具、硬质合金刀具、金刚石刀具及其他材料刀具，如陶瓷刀具、立方氮化硼刀具等。为了适应数控机床对刀具耐用、稳定、易调和可换等的要求，近几年机夹式可转位刀具得到广泛的应用，在数量上占全部数控刀具的 30%～40%，金属切除量占总数的 80%～90%。

数控刀具与普通机床上所用的刀具相比，有许多不同的要求，主要有以下特点。

- 刚性好，精度高，抗振及热变形小。
- 互换性好，便于快速换刀。
- 寿命高，切削性能稳定、可靠。
- 刀具的尺寸便于调整，以减少换刀调整时间。
- 刀具应能可靠地断屑或卷屑，以利于切屑的排除。
- 系列化、标准化，以利于编程和刀具管理。

1.7.2　数控加工刀具的选择

刀具的选择是在数控编程的人机交互状态下进行的。应根据机床的加工能力、加工工序、工件材料的性能、切削用量以及其他相关因素正确选用刀具和刀柄。刀具选择的总原则是适用、安全和经济。适用是要求所选择的刀具能达到加工的目的，完成材料的去除，并达到预定的加工精度。安全指的是在有效去除材料的同时，不会产生刀具的碰撞和折断

等，要保证刀具及刀柄不会与工件相碰撞或挤擦，造成刀具或工件的损坏。经济指的是能以最小的成本完成加工。在同样可以完成加工的情形下，选择相对综合成本较低的方案，而不是选择最便宜的刀具；在满足加工要求的前提下，尽量选择较短的刀柄，以提高刀具加工的刚性。

选取刀具时，要使刀具的尺寸与被加工工件的表面尺寸相适应。生产中，平面零件周边轮廓的加工，常采用立铣刀；铣削平面时，应选硬质合金刀片铣刀；加工凸台、凹槽时，选高速钢立铣刀；加工毛坯表面或粗加工孔时，可选取镶硬质合金刀片的玉米铣刀；对一些立体型面和变斜角轮廓外形的加工，常采用球头铣刀、环形铣刀、盘形铣刀和锥形铣刀。

在生产过程中，铣削零件周边轮廓时，常采用立铣刀，所用的立铣刀的刀具半径一定要小于零件内轮廓的最小曲率半径。一般取最小曲率半径的 0.8～0.9 倍即可。零件的加工高度（Z 方向的背吃刀量）最好不要超过刀具的半径。

平面铣削时，应选用不重磨硬质合金端铣刀、立铣刀或可转位面铣刀。一般采用二次进给，第一次进给最好用端铣刀粗铣，沿工件表面连续进给。选好每次进给的宽度和铣刀的直径，使接痕不影响精铣精度。因此，加工余量大且不均匀时，铣刀直径要选小些。精加工时，一般选用可转位密齿面铣刀，铣刀直径要选得大些，最好能够包容加工面的整个宽度，可以设置 6～8 个刀齿，密布的刀齿使进给速度大大提高，从而提高切削效率，同时可以达到理想的表面加工质量，甚至可以实现以铣代磨。

加工凸台、凹槽和箱口面时，应选用高速钢立铣刀、镶硬质合金刀片的端铣刀和立铣刀。在加工凹槽时应采用直径比槽宽小的铣刀，先铣槽的中间部分，然后再利用刀具半径补偿（或称直径补偿）功能对槽的两边进行铣加工，这样可以提高槽宽的加工精度，减少铣刀的种类。

加工毛坯表面时，最好选用硬质合金波纹立铣刀，它在机床、刀具和工件系统允许的情况下，可以进行强力切削。对一些立体型面和变斜角轮廓外形的加工，常采用球头铣刀、锥形铣刀和盘形铣刀。加工孔时，应该先用中心钻刀打中心孔，用以引正钻头。然后再用较小的钻头钻孔至所需深度，之后用扩孔钻头进行扩孔，最后加工至所需尺寸并保证孔的精度。在加工较深的孔时，特别要注意钻头的冷却和排屑问题，可以利用深孔钻削循环指令 G83 进行编程，即让钻头工进一段后，快速退出工件进行排屑和冷却；再工进，再进行冷却和排屑，循环直至孔深钻削完成。

在进行自由曲面加工时，由于球头刀具的端部切削速度为零，因此，为保证加工精度，切削行距一般取得很密，故球头刀具常用于曲面的精加工。而平头刀具在表面加工质量和切削效率方面都优于球头刀，因此只要在保证不过切的前提下，无论是曲面的粗加工还是精加工，都应优先选择平头刀。另外，刀具的耐用度和精度与刀具价格关系极大，必须引起注意的是，在大多数情况下，虽然选择好的刀具增加了刀具成本，但由此带来的加工质量和加工效率的提高，则可以使整个加工成本大大降低。

在加工中心上，各种刀具分别装在刀库上，按程序规定随时进行选刀和换刀动作。因此必须采用标准刀柄，以便使钻、镗、扩、铣削等工序用的标准刀具迅速、准确地装到机床主轴或刀库中去。编程人员应了解机床上所用刀柄的结构尺寸、调整方法以及调整范围，以便在编程时确定刀具的径向和轴向尺寸。目前我国的加工中心采用 TSG 工具系统，其刀柄有直柄（三种规格）和锥柄（四种规格）两类，共包括 16 种不同用途的刀柄。

在经济型数控加工中，由于刀具的刃磨、测量和更换多为人工手动进行，占用辅助时间较长，因此必须合理安排刀具的排列顺序。一般应遵循以下原则：尽量减少刀具数量；一把刀具装夹后，应完成其所能进行的所有加工部位；粗精加工的刀具应分开使用，即使是相同尺寸规格的刀具；先铣后钻；先进行曲面精加工，后进行二维轮廓精加工；在可能的情况下，应尽可能利用数控机床的自动换刀功能，以提高生产效率等。

1.7.3　铣削刀具

铣刀是一种在回转体表面上或端面上分布有多个刀齿的多刃刀具。铣刀在金属切削加工中是应用很广泛的一种刀具。它的种类很多，主要用于卧式铣床、立式铣床、数控铣床、加工中心机床上加工平面、台阶面、沟槽、切断、齿轮和成形表面等。铣刀是多齿刀具，每一个刀齿相当于一把刀，因此采用铣刀加工工件的效率高。目前铣刀是属于粗加工和半精加工刀具，其加工公差等级为 IT8、IT9，表面粗糙度 $Ra1.6\sim6.3\,\mu m$。

按用途分类，铣刀大致可分为面铣刀、立铣刀、键槽铣刀、盘形铣刀、锯片铣刀、角度铣刀、模具铣刀和成形铣刀。下面对部分常用的铣刀进行简要的说明，供读者参考。

1. 面铣刀

面铣刀又称端铣刀，主要用于在立式铣床上加工平面以及台阶面等。面铣刀的主切削刃分布在铣刀的圆锥面上或圆柱面上，副切削刃分布在铣刀的端面上。

面铣刀按结构可以分为硬质合金整体焊接式面铣刀、硬质合金机夹焊接式面铣刀、硬质合金可转位式面铣刀以及整体式面铣刀等形式。图 1.7.1 所示是硬质合金整体焊接式面铣刀。这种铣刀由合金钢刀体与硬质合金刀片经焊接而成，其结构紧凑，切削效率高，并且制造比较方便。但是，刀齿损坏后很难修复，所以这种铣刀应用不多。

2. 圆柱铣刀

圆柱铣刀主要用于在卧式铣床加工平面。圆柱铣刀一般为整体式，材料为高速钢，主切削刃分布在圆柱上，无副切削刃，如图 1.7.2 所示。该铣刀有粗齿和细齿之分。粗齿铣刀

齿数少，刀齿强度大，容屑空间大，重磨次数多，适用于粗加工；细齿铣刀齿数多，工作较平稳，适用于精加工，也可在刀体上镶焊硬质合金刀条。

圆柱铣刀直径范围为 $\phi 50\sim100mm$，齿数 $z=6\sim14$，螺旋角 $\beta=30°\sim45°$。当螺旋角 $\beta=0°$ 时，螺旋刀齿即为直刀齿，目前很少应用于生产。

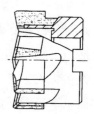
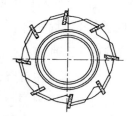

图 1.7.1　硬质合金整体焊接式面铣刀

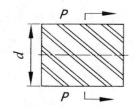

图 1.7.2　圆柱铣刀

3．键槽铣刀

键槽铣刀主要用于在立式铣床上加工圆头封闭键槽等，如图 1.7.3 所示。该铣刀只有两个刀瓣，端面无顶尖孔，端面刀齿从外圆开至轴心，且螺旋角较小，增强了端面刀齿强度。加工键槽时，每次先沿铣刀轴向进给较小的量，此时端面刀齿上的切削刃为主切削刃，圆柱面上的切削刃为副切削刃。然后再沿径向进给，此时端面刀齿上的切削刃为副切削刃，圆柱面上的切削刃为主切削刃，这样反复多次，就可完成键槽的加工。这种铣刀加工键槽精度较高，铣刀寿命较长。键槽铣刀的直径范围为 $\phi 2\sim63mm$，柄部有直柄和莫氏锥柄两种形式。

图 1.7.3　键槽铣刀

4．立铣刀

立铣刀主要用于在立式铣床上加工凹槽、台阶面和成形面（利用靠模）等。图 1.7.4 所示为高速钢立铣刀，其主切削刃分布在铣刀的圆柱面上，副切削刃分布在铣刀的端面上，且端面中心有顶尖孔。该立铣刀有粗齿和细齿之分，粗齿齿数为3～6，适用于粗加工；细齿齿数为5～10，适用于半精加工。该立铣刀的直径范围是 $\phi 2\sim 80mm$ ，其柄部有直柄、莫氏锥柄和7：24锥柄等多种形式。该立铣刀应用较广，但切削效率较低。

加工中心上用的立铣刀主要有三种形式：球头刀（$R=D/2$）、端铣刀（$R=0$）和 R 刀（$R<D/2$）（俗称"牛鼻刀"或"圆鼻刀"），其中 D 为刀具的直径，R 为刀角半径。某些刀具还可能带有一定的锥度 A。

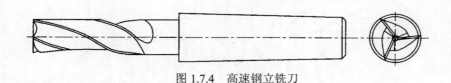

图 1.7.4　高速钢立铣刀

5．盘形铣刀

盘形铣刀包括槽铣刀、两面刃铣刀和三面刃铣刀。槽铣刀仅在圆柱表面上有刀齿，此种铣刀只适用于加工浅槽。两面刃铣刀在圆柱表面和一个侧面上做有刀齿，适用于加工台阶面。三面刃铣刀在两侧面都有刀齿，主要用于在卧式铣床上加工槽和台阶面等。三面刃铣刀的主切削刃分布在铣刀的圆柱面上，副切削刃分布在两端面上。该铣刀按刀齿结构可分为直齿、错齿和镶齿三种形式。图 1.7.5 所示是直齿三面刃铣刀。该铣刀结构简单，制造方便，但副切削刃前角为零度，切削条件较差。该铣刀直径范围是 $\phi 50\sim 200mm$，宽度$B=4\sim 40mm$。

6．角度铣刀

角度铣刀主要用于在卧式铣床上加工各种斜槽和斜面等。根据本身外形不同，角度铣刀可分为单角铣刀、不对称双角铣刀和对称双角铣刀三种。图 1.7.6 所示是单角铣刀。圆锥面上的切削刃是主切削刃，端面上的切削刃是副切削刃。该铣刀直径范围是 $\phi 40\sim 100mm$，角度$\theta = 18°\sim 90°$。角度铣刀的材料一般是高速钢。

图 1.7.5　直齿三面刃铣刀

图 1.7.6　单角铣刀

7．模具铣刀

模具铣刀主要用于在立式铣床上加工模具型腔。按工作部分形状不同，模具铣刀可分为圆柱形球头铣刀（图 1.7.7）、圆锥形球头铣刀（图 1.7.8）和圆锥形立铣刀三种形式（图 1.7.9）。在前两种铣刀的圆柱面、圆锥面和球面上的切削刃均为主切削刃，铣削时不仅能沿铣刀轴向作进给运动，也能沿铣刀径向作进给运动，而且球头与工件接触往往为一点，这样在数控铣床的控制下，该铣刀就能加工出各种复杂的成形表面，所以其用途独特，很有发展前途。

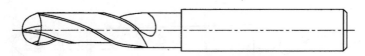

图 1.7.7　圆柱形球头铣刀

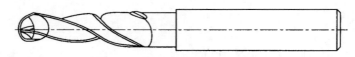

图 1.7.8　圆锥形球头铣刀

圆锥形立铣刀的作用与立铣刀基本相同，只是该铣刀可以利用本身的圆锥体，方便地加工出模具型腔的拔模斜度。

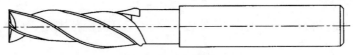

图 1.7.9　圆锥形立铣刀

8．成形铣刀

成形铣刀的切屑刃廓形是根据工件轮廓形状来设计的，主要用于在通用铣床上工件形状复杂表面的加工，成形铣刀还可用来加工直沟和螺旋沟成形表面。使用成形铣刀加工可保证加工工件尺寸和形状的一致性，生产效率高，使用方便，目前广泛应用于生产加工中。常见的成形铣刀（如凸半圆铣刀和凹半圆铣刀）已有通用标准，但大部分成形铣刀属于专用刀具，需自行设计。

1.7.4　切削用量的确定

合理选择切削用量的原则如下：粗加工时，一般以提高生产率为主，但也应考虑经济性和加工成本；半精加工和精加工时，应在保证加工质量的前提下，兼顾切削效率、经济性和加工成本。具体数值应根据机床说明书和切削用量手册，并结合经验而定。

1．背吃刀量 t

背吃刀量 t 也称切削深度，在机床、工件和刀具刚度允许的情况下，t 就等于加工余量，这是提高生产率的一个有效措施。为了保证零件的加工精度和表面粗糙度，一般应留一定的余量进行精加工。数控机床的精加工余量可略小于普通机床。

2．切削宽度 L

切削宽度称为步距，一般切削宽度 L 与刀具直径 D 成正比，与背吃刀量成反比。在经济型数控加工中，一般 L 的取值范围为 $L=（0.6\sim0.9）D$。在粗加工中，大步距有利于加工效率的提高。使用圆鼻刀进行加工，实际参与加工的部分应从刀具直径扣除刀尖的圆角部分，即实际加工长度 $d=D-2r$（D 为刀具直径，r 为刀尖圆角半径），L 可以取（$0.8\sim0.9$）d。使用球头刀进行精加工时，步距的确定应首先考虑所能达到的精度和表面粗糙度。

3．切削线速度 v_c

切削线速度 v_c 也称单齿切削量，单位为 m / min。提高 v_c 值也是提高生产率的一个有效措施，但 v_c 与刀具寿命的关系比较密切。随着 v_c 的增大，刀具寿命急剧下降，故 v_c 的选择主要取决于刀具寿命。另外，切削速度与加工材料也有很大关系，例如用立铣刀铣削合金钢 30CrNi2MoVA 时，v_c 可采用 8m/min 左右；而用同样的立铣刀铣削铝合金时，v_c 可选 200m/min 以上。一般好的刀具供应商都会在其手册或刀具说明书中提供刀具的切削速度推荐参数 v_c。

此外，在确定精加工、半精加工的切削速度时，应注意避开积屑瘤和鳞刺产生的区域；在易发生振动的情况下，切削速度应避开自激振动的临界速度；在加工带硬皮的铸锻件，加工大件、细长件和薄壁件以及断切削时，应选用较低的切削速度。

4．主轴转速 n

主轴转速的单位是 r / min，一般应根据切削速度 v_c、刀具或工件直径来选定。计算公式为

$$n=\frac{1000v_c}{\pi D_c}$$

式中，D_c 为刀具直径（mm）。在使用球头刀时要作一些调整，球头铣刀的计算直径 D_{eff} 要小于铣刀直径 v_c，故其实际转速不应按铣刀直径 v_c 计算，而应按计算直径 D_{eff} 计算。

$$D_{eff}=\left[D_c^2-\left(D_c-2t\right)^2\right]\times0.5$$

$$n = \frac{1000v_c}{\pi D_{eff}}$$

数控机床的控制面板上一般备有主轴转速修调（倍率）开关，可在加工过程中对主轴转速进行整倍数调整。

5．进给速度 v_f

进给速度 v_f 是指机床工作台在作插位时的进给速度，单位为 mm / min。v_f 应根据零件的加工精度和表面粗糙度要求以及刀具和工件材料来选择。v_f 的增加可以提高生产效率，但是刀具寿命也会降低。加工表面粗糙度要求低时，v_f 可选择得大些。在加工过程中，v_f 也可通过机床控制面板上的修调开关进行人工调整，但是最大进给速度要受到设备刚度和进给系统性能等的限制。进给速度可以按以下公式进行计算：

$$v_f = nzf_z$$

式中，v_f 为工作台进给量，单位为 mm / min；n 表示主轴转速，单位为 r/min；z 表示刀具齿数；f_z 表示进给量，单位为 mm / 齿，f_z 值由刀具供应商提供。

在数控编程中，还应考虑在不同情形下选择不同的进给速度。如在初始切削进给时，特别是在 Z 轴下刀时，因为进行端铣，受力较大，同时考虑程序的安全性问题，所以应以相对较慢的速度进给。

随着数控机床在生产实际中的广泛应用，数控编程已经成为数控加工中的关键问题之一。在数控加工程序的编制过程中，要在人机交互状态下及时选择刀具、确定切削用量。因此，编程人员必须熟悉刀具的选择方法和切削用量的确定原则，从而保证零件的加工质量和加工效率，充分发挥数控机床的优点，提高企业的经济效益和生产水平。

1.8　高度与安全高度

安全高度是为了避免刀具碰撞工件或夹具而设定的高度，即在主轴方向上的偏移值。在铣削过程中，如果刀具需要转移位置，将会退到这一高度，然后再进行 G00 插补到下一个进刀位置。一般情况下这个高度应大于零件的最大高度（即高于零件的最高表面）。起止高度是指在程序开始时，刀具将先到达这一高度，同时在程序结束后，刀具也将退回到这一高度。起止高度大于或等于安全高度，如图 1.8.1 所示。

刀具从起止高度到接近工件开始切削，需要经过快速进给和慢速下刀两个过程。刀具先以 G00 快速进给到指定位置，然后慢速下刀到加工位置。如果刀具不是经过先快速再慢速的过程接近工件，而是以 G00 的速度直接下刀到加工位置，这样就很不安全。因为假使该加工位置在工件内或工件上，在采用垂直下刀方式的情况下，刀具很容易与工件相碰，这在数控加工中是不允许的。即使是在空的位置下刀，如果不采用先快后慢的方式下刀，由于惯性的作用也很难保证下刀所到位置的准确性。但是慢速下刀的距离不宜取得太大，因为此时的速度往往比较慢，太长的慢速下刀距离将影响加工效率。

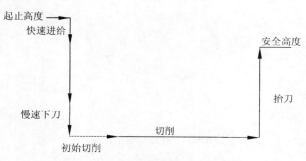

图 1.8.1 起止高度与安全高度示意图

在加工过程中，当刀具在两点间移动而不切削时，如果设定为抬刀，刀具将先提高到安全高度平面，再在此平面上移动到下一点，这样虽然延长了加工时间，但比较安全。特别是在进行分区加工时，可以防止两区域之间有高于刀具移动路线的部分与刀具碰撞事故的发生。一般来说，在进行大面积粗加工时，通常建议使用抬刀，以便在加工时可以暂停，对刀具进行检查；在精加工或局部加工时，通常不使用抬刀以提高加工速度。

1.9 走刀路线的选择

在数控加工中，刀具（严格说是刀位点）相对于工件的运动轨迹和方向称为加工路线，即刀具从对刀点开始运动，直至结束加工程序所经过的路径，包括切削加工的路径及刀具引入、返回等非切削空行程。走刀路线是刀具在整个加工工序中相对于工件的运动轨迹，不但包括了工序的内容，而且也反映出工序的顺序。走刀路线是编写程序的依据之一。确定加工路线时首先必须保证被加工零件的尺寸精度和表面质量，其次应考虑数值计算简单、走刀路线尽量短、效率较高等。

工序顺序是指同一道工序中各个表面加工的先后次序。工序顺序对零件的加工质量、加工效率和数控加工中的走刀路线有直接影响，应根据零件的结构特点和工序的加工要求等合理安排。工序的划分与安排一般可随走刀路线来进行，在确定走刀路线时，主要考虑以下几点。

（1）对点位加工的数控机床，如钻床、镗床，要考虑尽可能使走刀路线最短，减少刀具空行程时间，提高加工效率。

如图 1.9.1a 所示，按照一般习惯，总是先加工均布于外圆周上的八个孔，再加工内圆周上的四个孔。但是对点位控制的数控机床而言，要求定位精度高，定位过程应该尽可能快，因此这类机床应按空程最短来安排走刀路线，以节省时间，如图 1.9.1b 所示。

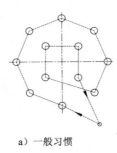 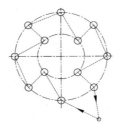

a）一般习惯   b）正确的走刀路线

图 1.9.1　走刀路线示意图

（2）应能保证零件的加工精度和表面粗糙度要求。

当铣削零件外轮廓时，一般采用立铣刀侧刃切削。刀具切入工件时，应沿外廓曲线延长线的切向切入，避免沿零件外廓的法向切入，以免在切入处产生刀具的刻痕而影响表面质量，保证零件外廓曲线平滑过渡。同理，在切离工件时，应该沿零件轮廓延长线的切向逐渐切离工件，避免在工件的轮廓处直接退刀影响表面质量，如图 1.9.2 所示。

铣削封闭的内轮廓表面时，如果内轮廓曲线允许外延，则应沿切线方向切入或切出。若内轮廓曲线不允许外延，则刀具只能沿内轮廓曲线的法向切入或切出，此时刀具的切入切出点应尽量选在内轮廓曲线两几何元素的交点处。若内部几何元素相切无交点时，刀具切入切出点应远离拐角，以防止刀补取消时在轮廓拐角处留下凹口，如图 1.9.3 所示。

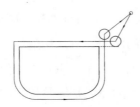 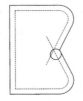

图 1.9.2　外轮廓铣削走刀路线   图 1.9.3　内轮廓铣削走刀路线

对于边界敞开的曲面加工，可采用两种走刀路线。第一种走刀路线如图 1.9.4a 所示，每次沿直线加工，刀位点计算简单，程序少，加工过程符合直纹面的形成，以保证母线的直线度。第二种走刀路线如图 1.9.4b 所示，便于加工后检验，曲面的准确度较高，但程序较多。由于曲面零件的边界是敞开的，没有其他表面限制，所以边界曲面可以延伸，球头刀应由边界外开始加工。

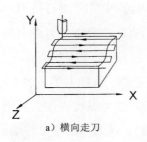

a) 横向走刀

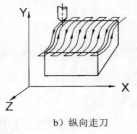

b) 纵向走刀

图 1.9.4　曲面铣削走刀路线

图 1.9.5a、图 1.9.5b 所示分别为用行切法加工和环切法加工凹槽的走刀路线，而图 1.9.5c 是先用行切法，最后环切一刀光整轮廓表面。所谓行切法是指刀具与零件轮廓的切点轨迹是一行一行的，而行间的距离是按零件加工精度的要求确定的；环切法则是指刀具与零件轮廓的切点轨迹是一圈一圈的。这三种方案中，图 1.9.5a 方案在周边留有大量的残余，表面质量最差；图 1.9.5b 方案和图 1.9.5c 方案都能保证精度，但图 1.9.5b 方案走刀路线稍长，程序计算量大。

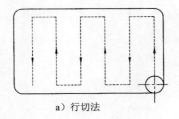

a) 行切法

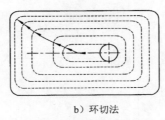

b) 环切法

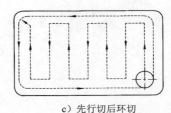

c) 先行切后环切

图 1.9.5　凹槽的走刀路线

此外，轮廓加工中应避免进给停顿。因为加工过程中的切削力会使工艺系统产生弹性变形并处于相对平衡状态，进给停顿时，切削力突然减小会改变系统的平衡状态，刀具会在进给停顿处的零件轮廓上留下刻痕。为提高工件表面的精度和减小表面粗糙度，可以采用多次走刀的方法，精加工余量一般以 0.2～0.5mm 为宜。而且精铣时宜采用顺铣，以减小零件被加工表面粗糙度的值。

1.10　对刀点与换刀点的选择

"对刀点"是数控加工时刀具相对零件运动的起点，又称"起刀点"，也是程序的开始。在加工时，工件可以在机床加工尺寸范围内任意安装，要正确执行加工程序，必须确定工件在机床坐标系的确切位置。确定对刀点的位置，也就确定了机床坐标系和零件坐标系之间的相互位置关系。对刀点是工件在机床上定位装夹后，再设置在工件坐标系中的。对于

数控车床、加工中心等多刀具加工的数控机床，在加工过程中需要进行换刀，所以在编程时应考虑不同工序之间的换刀位置，即"换刀点"。换刀点应选择在工件的外部，避免换刀时刀具与工件及夹具发生干涉，以免损坏刀具或工件。

对刀点的选择原则，主要是考虑对刀方便，对刀误差小，编程方便，加工时检查方便、可靠。对刀点的设置没有严格规定，可以设置在工件上，也可以设置在夹具上，但在编程坐标系中必须有确定的位置，如图 1.10.1 所示的 X_1 和 Y_1。对刀点既可以与编程原点重合，也可以不重合，主要取决于加工精度和对刀的方便性。当对刀点与编程原点重合时，$X_1=0$，$Y_1=0$。

为了提高零件的加工精度，对刀点要尽可能选择在零件的设计基准或工艺基准上。例如，零件上孔的中心点或两条相互垂直的轮廓边的交点都可以作为对刀点，有时零件上没有合适的部位，可以加工出工艺孔来对刀。生产中常用的对刀工具有百分表、中心规和寻边器等，对刀操作一定要仔细，对刀方法一定要与零件的加工精度相适应。

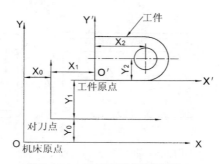

图 1.10.1 对刀点选择示意图

1.11 数控加工的补偿

在 20 世纪六七十年代的数控加工中没有补偿的概念，所以编程人员不得不围绕刀具的理论路线和实际路线的相对关系来进行编程，容易产生错误。补偿的概念出现以后，大大地提高了编程的工作效率。

在数控加工中有刀具半径补偿、刀具长度补偿和夹具补偿。这三种补偿基本上能解决在加工中因刀具形状而产生的轨迹问题。下面简单介绍一下这三种补偿在一般加工编程中的应用。

1.11.1 刀具半径补偿

在数控机床进行轮廓加工时，由于刀具有一定的半径（如铣刀半径），因此在加工时，刀具中心的运动轨迹必须偏离实际零件轮廓一个刀具半径值，否则实际需要的尺寸将与加工出的零件尺寸相差一个刀具半径值或一个刀具直径值。此外，在零件加工时，有时还需要考虑加工余量和刀具磨损等因素的影响。有了刀具半径补偿后，在编程时就可以不考虑刀具的直径大小了。刀具半径补偿一般只用于铣刀类刀具，当铣刀在内轮廓加工时，刀具中心向零件内偏离一个刀具半径值；在外轮廓加工时，刀具中心向零件外偏离一个刀具半径值。当数控机床具备刀具半径补偿功能时，数控编程只需按工件轮廓进行，然后再加上刀具半径补偿值，此值可以在机床上设定。程序中通常使用 G41 / G42 指令来执行，其中 G41 为刀具半径左补偿，G42 为刀具半径右补偿。根据 ISO 标准，沿刀具前进方向看去，当刀具中心轨迹位于零件轮廓右边时，称为刀具半径右补偿；反之，称为刀具半径左补偿。

在使用 G41、G42 进行半径补偿时，应采取如下步骤：设置刀具半径补偿值；让刀具移动来使补偿有效（此时不能切削工件）；正确地取消半径补偿（此时也不能切削工件）。当然要注意的是，在切削完成而刀具补偿结束时，一定要用 G40 使补偿无效。G40 的使用同样遇到和使补偿有效相同的问题，一定要等刀具完全切削完毕并安全地退出工件后，才能执行 G40 命令来取消补偿。

1.11.2 刀具长度补偿

根据加工情况，有时不仅需要对刀具半径进行补偿，还要对刀具长度进行补偿。程序员在编程的时候，首先要指定零件的编程中心，然后才能建立工件编程的坐标系，而此坐标系只是一个工件坐标系，零点一般在工件上。长度补偿只是和 Z 坐标有关，因为刀具是由主轴锥孔定位而不改变，对于 Z 坐标的零点就不一样了。每一把刀的长度都是不同的，例如，要钻一个深为 60mm 的孔，然后攻螺纹长度为 55mm，分别用一把长为 250mm 的钻头和一把长为 350mm 的丝锥。先用钻头钻深 60mm 的孔，此时机床已经设定工件零点。当换上丝锥攻螺纹时，如果两把刀都设定从零点开始加工，因为丝锥比钻头长而攻螺纹过长，会损坏刀具和工件。这时就需要进行刀具长度补偿，铣刀的长度补偿与控制点有关。一般用一把标准刀的刀头作为控制点，则该刀称为零长度刀具。长度补偿的值等于所换刀具与零长度刀具的长度差。另外，当把刀具长度的测量基准面作为控制点时，刀具长度补偿始终存在。无论用哪一把刀具都要进行刀具的绝对长度补偿。

在进行刀具长度补偿前，必须先进行刀具参数的设置。设置的方法有机内试切法、机内对刀法和机外对刀法。对数控车床来说，一般采用机内试切法和机内对刀法。对数控铣床而言，以采用机外对刀法为宜。不管采用哪种方法，所获得的数据都必须通过手动输入方式将刀具参数输入数控系统的刀具参数表中。

程序中通常使用指令 G43（G44）和 H3 来执行刀具长度补偿。使用指令 G49 可以取

消刀具长度补偿，其实不必使用这个指令，因为每把刀具都有自己的长度补偿。当换刀时，利用 G43（G44）和 H3 指令同样可以赋予刀具自身长度补偿而自动取消了前一把刀具的长度补偿。在加工中心机床上，刀具长度补偿的使用，一般是将刀具长度数据输入到机床的刀具数据表中，当机床调用刀具时，自动进行长度的补偿。刀具的长度补偿值也可以在设置机床工作坐标系时进行补偿。

1.11.3 夹具偏置补偿

如刀具半径补偿和长度补偿一样，编程人员可以不用考虑刀具的长短和大小，夹具偏置补偿可以让编程者不考虑工件夹具的位置而使用夹具偏置补偿。当用加工中心加工小的工件时，工装上一次可以装夹几个工件，编程人员可以不用考虑每一个工件在编程时的坐标零点，而只需按照各自的编程零点进行编程，然后使用夹具偏置来移动机床在每一个工件上的编程零点。夹具偏置使用夹具偏置指令 G54~G59 来执行或使用 G92 指令设定坐标系。当一个工件加工完成之后，加工下一个工件时使用 G92 来重新设定新的工件坐标系。

上述三种补偿是在数控加工中常用的，它给编程和加工带来很大的方便，能大大地提高工作效率。

1.12 轮 廓 控 制

在数控编程中，有时候需要通过轮廓来限制加工范围，而在某些刀轨的生成中，轮廓是必不可少的因素，缺少轮廓将无法生成刀路轨迹。轮廓线需要设定其偏置补偿的方向，对于轮廓线会有三种参数选择，即刀具在轮廓上、轮廓内或轮廓外。

（1）刀具在轮廓上（On）：刀具中心线始终完全处于窗口轮廓上，如图 1.12.1a 所示。

（2）刀具在轮廓内（To）：刀具轴将触到轮廓，相差一个刀具半径，如图 1.12.1b 所示。

（3）刀具在轮廓外（Past）：刀具完全越过轮廓线，超过轮廓线一个刀具半径，如图 1.12.1c 所示。

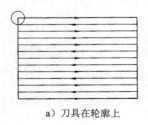

a）刀具在轮廓上　　　　　b）刀具在轮廓内　　　　　c）刀具在轮廓外

图 1.12.1　轮廓控制

1.13 顺铣与逆铣

在加工过程中,铣刀的进给方向有两种,即顺铣和逆铣。向着刀具的进给方向看,如果工件位于铣刀进给方向的左侧,则进给方向称为顺时针,当铣刀旋转方向与工件进给方向相同,即为顺铣,如图 1.13.1a 所示。如果工件位于铣刀进给方向的右侧时,则进给方向定义为逆时针,当铣刀旋转方向与工件进给方向相反,即为逆铣,如图 1.13.1b 所示。顺铣时,刀齿开始和工件接触时切削厚度最大,且从表面硬质层开始切入,刀齿受很大的冲击载荷,铣刀变钝较快,刀齿切入过程中没有滑移现象。逆铣时,切削由薄变厚,刀齿从已加工表面切入,对铣刀的磨损较小。逆铣时,铣刀刀齿接触工件后不能马上切入金属层,而是在工件表面滑动一小段距离,且在滑动过程中,由于强烈的摩擦产生大量的热量,同时在待加工表面易形成硬化层,降低了刀具的耐用度,影响工件表面粗糙度,给切削带来不利因素。因此一般情况下应尽量采用顺铣加工,以降低被加工零件表面粗糙度,保证尺寸精度,并且顺铣的功耗要比逆铣小,在同等切削条件下,顺铣功耗要低 5%~15%,同时顺铣也更有利于排屑。但是在切削面上有硬质层、积渣、工件表面凹凸不平较显著的情况下,应采用逆铣法,如加工锻造毛坯。

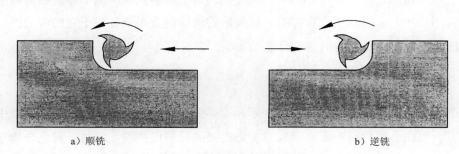

a) 顺铣　　　　　　　　　　　　　　　　　　b) 逆铣

图 1.13.1 顺铣和逆铣示意图

1.14 切 削 液

使用切削液,可以带走大量的切屑,降低切削温度,减少刀具磨损,抑制积屑瘤和鳞刺产生,降低功耗,提高加工表面的质量。因而合理选用切削液是提高金属切削效率既经济又简单的一种方法。

1.14.1 切削液的作用

1. 润滑作用

切削液的润滑作用是指通过切削液渗入到刀具、切屑和加工表面之间而形成一层薄薄的润滑膜，以减少它们之间的摩擦力。润滑效果主要取决于切削液的渗透能力、吸附成膜的能力和润滑膜的强度。在切削液中可以通过加入不同成分和比例的添加剂，来改变其润滑能力。另外，切削液的润滑效果还与切削条件有关。切削速度越高，背吃刀量越大，工件材料强度越高，切削液的润滑效果就越差。

2．冷却作用

切削液的冷却作用是指切削液能从切削区带走切削热，从而使切削温度降低。切削液进入切削区后，一方面减小了刀具与工件切削界面上的摩擦，减少了摩擦热的产生；另一方面通过传导、对流和汽化作用将切削区的热量带走，因而起到了降低切削温度的作用。

切削液的冷却作用取决于它的传导系数、比热容、汽化热、汽化温度、流量、流速及本身温度等。一般来说，三大类切削液中，水溶液的冷却性能最好，乳化液其次，切削油较差。当刀具的耐热性能较差、工件材料的热导率较低、热膨胀系数较大时，对切削液的冷却作用的要求就较高。

3．清洗作用

切削液的流动可冲走切削区域和机床导轨的细小切屑及脱落的磨粒，这对磨削、深孔加工、自动线加工来说是十分重要的。切削液的清洗能力主要取决于它的渗透性、流动性及使用压力，同时还受表面活性剂性能的影响。

4．防锈作用

切削液的防锈作用可防止工件、机床和刀具受到周围介质的腐蚀。在切削液中加入防锈剂以后，可在金属材料表面上形成附着力很强的一层保护膜，或与金属化合物形成钝化膜，对工件、机床和刀具能起到很好的防锈作用。

1.14.2　切削液的种类

切削液主要可分为水溶液、乳化液和切削油三大类。

1．水溶液

水溶液的主要成分是水，加入防锈剂即可，主要用于磨削。

2．乳化液

乳化液是在水中加入乳化油搅拌而成的乳白色液体。乳化油由矿物油与表面油乳化剂配制而成。乳化液具有良好的冷却作用，加入一定比例的油性剂和防锈剂，则可以成为既

能润滑又能防锈的乳化液。

3．切削油

切削油的主要成分是各种矿物油、动物油和植物油，或由它们组成的复合油，并可根据需要加入各种添加剂，如极压添加剂、油性添加剂等。对于普通车削、攻螺纹可选用煤油；在加工有色金属和铸铁时，为了保证加工表面质量，常用煤油或煤油与矿物油的混合油；在加工螺纹时，常采用蓖麻油或豆油等。矿物油的油性差，不能形成牢固的吸附膜，润滑能力差。在低速时，可加入油性剂；在高速或重切削时，可加入硫、磷、氯等极压添加剂，能显著地提高润滑效果和冷却作用。

1.14.3　切削液的开关

在切削加工中加入切削液，可以降低切削温度，同时起到减少断屑与增强排屑作用，但也存在着许多弊端。例如，一个大型的冷却液系统需花费很多资金和很多时间，并且有些冷却液中含有有害物质，对工人的健康不利，这也使冷却液的使用受到限制。冷却液开关在数控编程中可以自动设定，对自动换刀的数控加工中心，可以按需要开启冷却液。对于一般的数控铣或者使用人工换刀进行加工的，应该关闭冷却液开关。在程序调试阶段，程序错误或者校调错误等会暴露出来，加工时有一定的危险性，需要机床操作人员观察以确保安全，同时也要保持机床及周边环境整洁，故调试阶段应关闭冷却液开关。机床操作人员在确认程序无错误、可以正常加工时，再打开机床控制面板上的冷却液开关。

1.15　加　工　精　度

机械加工精度是指零件加工后的实际几何参数（尺寸、形状及相互位置）与理想几何参数符合的程度，符合程度越高，精度愈高。两者之间的差异即加工误差。加工误差是指加工后得到的零件实际几何参数偏离理想几何参数的程度（图1.15.1），加工后的实际型面与理论型面之间存在着一定的误差。"加工精度"和"加工误差"是评定零件几何参数准确程度这一问题的两个方面。加工误差越小，则加工精度越高。实际生产中，加工精度的高低往往是以加工误差的大小来衡量的。在生产过程中，任何一种加工方法所能达到的加工精度和表面粗糙度都是有一定范围的，不可能也没必要把零件做得绝对准确，只要把这种加工误差控制在性能要求的允许（公差）范围之内即可，通常称之为"经济加工精度"。

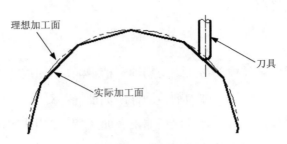

理想加工面

刀具

实际加工面

图 1.15.1　加工精度示意图

　　零件的加工精度包括尺寸精度、形状位置精度和表面粗糙度三个方面的内容。通常形状公差应限制在位置公差之内，而位置公差也应限制在尺寸公差之内。当尺寸精度高时，相应的位置精度、形状精度也高。但是当形状精度要求高时，相应的位置精度和尺寸精度不一定高，这需要根据零件加工的具体要求来决定。一般情况下，零件的加工精度越高，则加工成本相应得也越高，生产效率则会相应得越低。

　　数控加工的特点之一就是具有较高的加工精度，因此对于数控加工的误差必须加以严格控制，以达到加工要求。首先要了解在数控加工中可能造成加工误差的因素及其影响。

　　由机床、夹具、刀具和工件组成的机械加工工艺系统（简称工艺系统）会有各种各样的误差产生，这些误差在各种不同的具体工作条件下都会以各种不同的方式（或扩大、或缩小）反映为工件的加工误差。工艺系统的原始误差主要有工艺系统的原理误差、几何误差、调整误差、装夹误差、测量误差、夹具的制造误差与磨损、机床的制造误差、安装误差及磨损、工艺系统的受力变形引起的加工误差、工艺系统的受热变形引起的加工误差以及由工件内应力重新分布引起的变形等。

　　在交互图形自动编程中，一般仅考虑两个主要误差：插补计算误差和残余高度。

　　刀轨是由圆弧和直线组成的线段集合近似地取代刀具的理想运动轨迹，两者之间存在着一定的误差，称为插补计算误差。插补计算误差是刀轨计算误差的主要组成部分，它与插补周期成正比，插补周期越大，插补计算误差越大。一般情况下，在 CAM 软件上通过设置公差带来控制插补计算误差，即实际刀轨相对理想刀轨的偏差不超过公差带的范围。

　　残余高度是指在数控加工中相邻刀轨间所残留的未加工区域的高度，它的大小决定了所加工表面的表面粗糙度，同时决定了后续的抛光工作量，是评价加工质量的一个重要指标。在利用 CAM 软件进行数控编程时，对残余高度的控制是刀轨行距计算的主要依据。在控制残余高度的前提下，以最大的行间距生成数控刀轨是高效率数控加工所追求的目标。

第2章　Mastercam 的安装及工作界面

本章提要　本章将介绍 Mastercam 安装的基本过程、相关要求及工作界面。
本章内容主要包括：

- 使用 Mastercam 的硬件要求。
- 使用 Mastercam 的操作系统要求。
- Mastercam 安装的一般过程。
- Mastercam 工作界面简介。

2.1　Mastercam 简介

注意：此节包括 Mastercam 简介和 Mastercam X7 新功能两部分。

Mastercam 是美国专业从事计算机数控程序设计专业化的公司 CNC Software Inc. 研制出来的一套计算机辅助制造系统软件。它将 CAD 和 CAM 这两大功能综合在一起，是我国目前十分流行的 CAD/CAM 系统软件。它有以下特点。

（1）Mastercam 除了可产生 NC 程序外，本身也具有 CAD 功能（2D、3D、图形设计、尺寸标注、动态旋转和图形阴影处理等功能）。可直接在系统上制图并转换成 NC 加工程序，也可将用其他绘图软件绘好的图形，经由一些标准的或特定的转换文件，如 DXF（Drawing Exchange File）文件、CADL（CADkey Advanced Design Language）文件及 IGES（Initial Graphic Exchange Specification）文件等转换到 Mastercam 中，再生成数控加工程序。

（2）Mastercam 是一套以图形驱动的软件，应用广泛，操作方便，而且它能同时提供适合目前国际上通用的各种数控系统的后置处理程序文件。以便将刀具路径文件（NCI）转换成相应的 CNC 控制器上所使用的数控加工程序（NC 代码），如 FANUC、MELADS、AGIE、HITACHI 等数控系统。

（3）Mastercam 能预先依据使用者定义的刀具、进给率、转速等，模拟刀具路径和计算加工时间，也可从 NC 加工程序（NC 代码）转换成刀具路径图。

（4）Mastercam 系统设有刀具库及材料库，能根据被加工工件材料及刀具规格尺寸自动确定进给率、转速等加工参数。

（5）提供 RS－232C 接口通信功能及 DNC 功能。

Mastercam 最新发布的 X7 版本具有以下特点。

◆ 支持 Solid Edge V19、AutoCAD 2007、SolidWorks2007、CATIA V5、Rhino（犀牛）等 CAD 软件的新版本格式。

◆ 实体特征的修改功能增强：可创建、移除非参数化建模实体的特征。

◆ 实体圆角修改：可快速修改非参数化模型的圆角，包括相切和相配类型。

◆ 特征孔虚拟轴：创建特征孔虚拟轴，支持无参数模型，创建时可对当前图素的属性（线宽、颜色等）进行设置。

◆ 曲面圆角改善：曲面圆角对话框打开更迅速，改进后增加了预览按钮，替代了原来的预览复选框，输入参数后单击预览按钮，可实时预览设置的效果。

◆ 毛坯模型增强：支持多核系统运算，支持 2-3 轴刀路，计算及重算速度更快。

◆ 着色验证和实体模拟功能更新：更新后的功能更全面、更实用，更新的窗口外观类似于机床模拟现场，包含了更多的分析工具，如增加了刀位源列表、增加了更多的颜色编码；模拟中支持更多的刀具操作，如转换路径和旋转路径；此外着色验证和实体模拟均使用 NCI 数据源来验证，确保了两者验证结果的一致性。

2.2　Mastercam 安装的硬件要求

Mastercam 软件系统可在工作站（Work Station）或个人计算机（PC）上运行，如果在个人计算机上安装，为了保证软件的安全和正常使用，计算机硬件要求如下。

● CPU 芯片：推荐使用 Intel 公司生产的 Pentium4/2.5GHz（或等性能）以上的芯片。

● 内存：一般要求 2GB 以上。如果要装配大型部件或产品，进行结构、运动仿真分析或产生数控加工程序，则建议适当增加内存以提高性能。

● 显卡：显存 256MB 以上的兼容 OpenGL 的图形卡，最好是专业 CAD/CAM 绘图卡，如 NVIDIA Quadro 系列或 AMD FirePro 系列，不支持集成显卡。

● 网卡：无特殊要求。

● 硬盘：建议在硬盘上准备 3.0GB 以上的空间。

2.3　Mastercam 安装的操作系统要求

如果在工作站上运行 Mastercam 软件，操作系统可以为 UNIX 或 Windows NT；如果在个人计算机上运行，操作系统可以为 Windows Vista、Windows 7，建议包含最新的补丁包

和升级包。

2.4　Mastercam 的安装

下面以 Mastercam X7 为例，简单介绍 Mastercam 主程序的安装过程。

Step1. Mastercam 软件一般有一张安装光盘，将安装光盘中的文件复制到电脑中，然后双击 mastercamx7-x86-web.exe 程序，此时系统会弹出图 2.4.1 所示的"Mastercam X7 -InstallShield Wizard"对话框（一），接受系统默认的 中文（简体）选项，单击 确定(O) 按钮。

图 2.4.1　"Mastercam X7 - InstallShield Wizard"对话框（一）

Step2. 此时系统会弹出图 2.4.2 所示的"Mastercam X7 InstallShield Wizard"对话框（二）。

图 2.4.2　"Mastercam X7 InstallShield Wizard"对话框（二）

Step3. 单击 下一步(N) > 按钮，系统弹出图 2.4.3 所示的"Mastercam X7 InstallShield

Wizard"对话框（三），选中 ⊙ 我接受该许可证协议中的条款(A) 单选项。

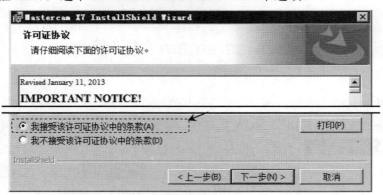

图 2.4.3 "Mastercam X7 InstallShield Wizard"对话框（三）

Step4. 单击 下一步(N) > 按钮，系统弹出"Mastercam X7 InstallShield Wizard"对话框（四），如图 2.4.4 所示。

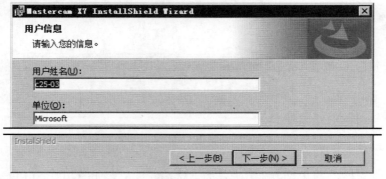

图 2.4.4 "Mastercam X7 InstallShield Wizard"对话框（四）

Step5. 设置用户名称。采用系统默认的用户名（也可以根据个人需要进行设置），单击 下一步(N) > 按钮，系统弹出"Mastercam X7 InstallShield Wizard"对话框（五），如图 2.4.5 所示。

图 2.4.5 "Mastercam X7 InstallShield Wizard"对话框（五）

Step6. 设定安装路径。保持系统默认的安装路径不变（读者也可以根据自己的需求，单击 更改(C)... 按钮选择其他的安装路径），单击 下一步(N) > 按钮，系统弹出"Mastercam X7 InstallShield Wizard"对话框（六），如图 2.4.6 所示。

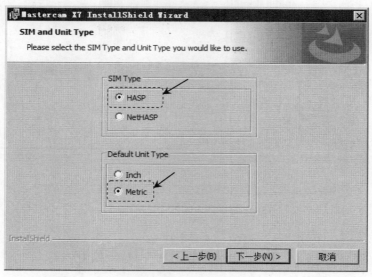

图 2.4.6　"Mastercam X7 InstallShield Wizard"对话框（六）

Step7. 在"Mastercam X7 InstallShield Wizard"对话框（六）中选中 ⊙ HASP 和 ⊙ Metric 单选项，并单击 下一步(N) > 按钮，系统弹出"Mastercam X7 InstallShield Wizard"对话框（七），如图 2.4.7 所示。

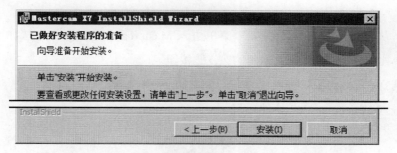

图 2.4.7　"Mastercam X7 InstallShield Wizard"对话框（七）

Step8. 单击 安装(I) 按钮，系统弹出"Mastercam X7 InstallShield Wizard"对话框（八）并开始安装，从该对话框中可以看到安装进度，如图 2.4.8 所示。

图 2.4.8　"Mastercam X7 InstallShield Wizard"对话框（八）

Step9. 稍等片刻，系统弹出"Mastercam X7 InstallShield Wizard"对话框（九），如图 2.4.9 所示，单击 完成(F) 按钮，完成安装。

图 2.4.9　"Mastercam X7 InstallShield Wizard"对话框（九）

2.5　启动 Mastercam X7 软件

一般来说，有两种方法可启动并进入 Mastercam X7 软件环境。

方法一：双击 Windows 桌面上的 Mastercam X7 软件快捷图标，如图 2.5.1 所示。

说明：只要是正常安装，Windows 桌面上会显示 Mastercam X7 软件快捷图标。快捷图标的名称可根据需要进行修改。

方法二：从 Windows 系统"开始"菜单进入 Mastercam X7，操作方法如下：

Step1. 单击 Windows 桌面左下角的 开始 按钮。

Step2. 选择 所有程序 ➡ Mastercam X7 ➡ Mastercam X7 命令，如图 2.5.2 所示，系统便进入 Mastercam X7 软件环境。

图 2.5.1　Mastercam X7 快捷图标

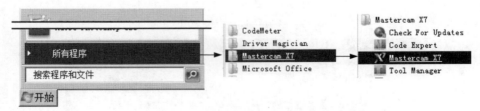

图 2.5.2　Windows "开始"菜单

2.6　Mastercam X7 工作界面

在学习本节时，请先打开一个模型文件。具体的打开方法是：选择下拉菜单 文件(F) ➡

命令，在"文件选择"对话框中选择 D:\mcx7.1\work\ch02 目录，选择
MICRO-OVEN_SWITCH_MOLD_OK.MCX 文件后单击 打开(O) 按钮。

Mastercam X7 用户界面包括操作管理、下拉菜单区、工具栏按钮区、工具条、系统坐标
系、状态栏以及图形区（图 2.6.1）。

1. 操作管理

操作管理被固定在主窗口的左侧，它包括实体操作管理和刀具路径管理。可以通过选
择下拉菜单 视图(V) ➡️ 显示或隐藏操作管理器(O) 命令，进行打开或关闭。通过此管理
Mastercam X7 增强了管理造型和刀具路径的功能。

2. 下拉菜单区

下拉菜单中包含创建、保存、修改模型和设置 Mastercam X7 环境的一些命令。

3. 工具栏按钮区

工具栏中的命令按钮为快速进入命令及设置工作环境提供了极大的方便，用户可以根
据具体情况定制工具栏。

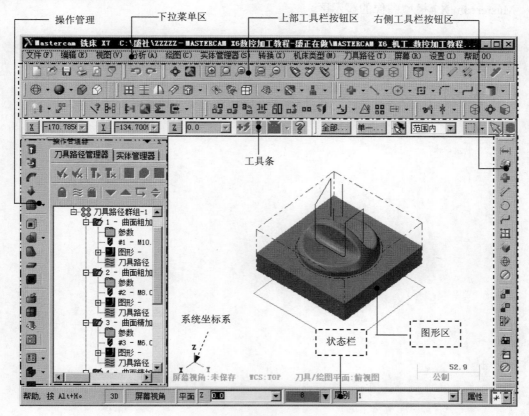

图 2.6.1 Mastercam X7 界面

注意：用户会看到有些菜单命令和按钮处于非激活状态（呈灰色，即暗色），这是因为它们目前还没有处在发挥功能的环境中，一旦进入相关的环境，便会自动激活。

4. 工具栏

工具栏中包括 Mastercam X7 的"坐标输入及捕捉"工具栏（图 2.6.2）和"标准选择"工具栏（图 2.6.3）。

图 2.6.2　"坐标输入及捕捉"工具栏

图 2.6.3　"标准选择"工具栏

5. 状态栏

状态栏用于显示当前所设置的颜色、点类型、线形、线宽、层别及 Z 向深度等状态。

6. 图形区

Mastercam X7 模型图像的显示区。

第3章 Mastercam X7 数控加工入门

本章提要

　　Mastercam X7 的加工模块为我们提供了非常方便、实用的数控加工功能，本章将通过一个简单零件的加工来说明 Mastercam X7 数控加工操作的一般过程。通过本章的学习，希望读者能够清楚地了解数控加工的一般流程及操作方法，并了解其基本原理。

3.1 Mastercam X7 数控加工流程

　　随着科学技术的不断进步与深化，数控技术已成为制造业逐步实现自动化、柔性化和集成化的基础技术。在学习数控加工之前，先介绍一下数控加工的特点和加工流程，以便进一步了解数控加工的应用。

　　数控加工具有两个最大的特点：一是可以极大地提高加工精度；二是可以稳定加工质量，保持加工零件的一致性，即加工零件的质量和时间由数控程序决定，而不是由人为因素决定。概括起来数控加工具有以下优点。

　　（1）提高生产率。

　　（2）提高加工精度且保证加工质量。

　　（3）不需要熟练的机床操作人员。

　　（4）便于设计加工的变更，同时加工设定柔性强。

　　（5）操作过程自动化，一人可以同时操作多台机床。

　　（6）操作容易方便，降低了劳动强度。

　　（7）可以减少工装夹具。

　　（8）降低检查工作量。

　　在国内，Mastercam 加工软件因其操作便捷且比较容易掌握，所以应用较为广泛。Mastercam X7 能够模拟数控加工的全过程，其一般流程如图 3.1.1 所示。

　　（1）创建制造模型，包括创建或获取设计模型以及工件规划。

　　（2）进入加工环境。

　　（3）设置工件。

　　（4）对加工区域进行设置。

（5）选择刀具，并对刀具的参数进行设置。

（6）设置加工参数，包括共性参数及不同的加工方式的特有参数。

（7）进行加工仿真。

（8）利用后处理器生成 NC 程序。

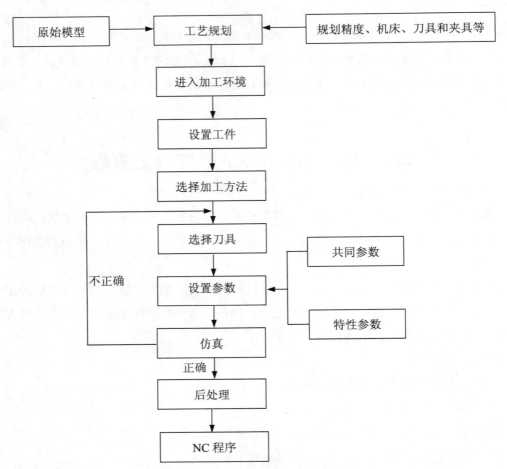

图 3.1.1　Mastercam X7 数控加工流程图

3.2　Mastercam X7 加工模块的进入

在进行数控加工操作之前首先需要进入 Mastercam X7 数控加工环境，其操作如下：

Step1. 打开原始模型。选择下拉菜单 文件(F) ➡ 打开文件(O)... 命令，系统弹出图 3.2.1 所示的"打开"对话框。在"查找范围"下拉列表中选择文件目录 D:\mcx7.1\work\ch03，选择 VOLUME_MILLING.MCX-7 文件，单击 打开(O) 按钮，系统打开模型并进入 Mastercam X7 的建模环境。

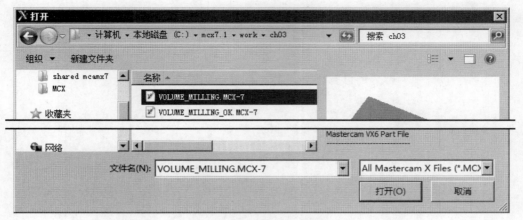

图 3.2.1 "打开"对话框

Step2. 进入加工环境。选择下拉菜单 机床类型(M) ➡ 铣床(M) ➡ 默认(D) 命令，系统进入加工环境，此时零件模型如图 3.2.2 所示。

图 3.2.2 零件模型

关于 Mastercam X7 中原始模型的说明：由于 Mastercam X7 在 CAD 方面的功能较为薄弱，所以在使用 Mastercam X7 进行数控加工前，经常使用其他 CAD 软件完成原始模型的创建，然后另存为 Mastercam 可以读取的文件格式。本书将采用其作为工件模型，对数控加工流程进行讲解。

3.3 设 置 工 件

工件也称毛坯，它是加工零件的坯料。为了在模拟加工时的仿真效果更加真实，我们需要在模型中设置工件；另外，如果需要系统自动运算进给速度等参数时，设置工件也是非常重要的。下面还是以前面打开的模型 VOLUME_MILLING.MCX-7 为例，紧接着上节的操作来继续说明设置工件的一般步骤。

Step1. 在"操作管理"中单击山 属性 - Mill Default 节点前的"+"号，将该节点展开，然后单击◆ 素材设置 节点，系统弹出图 3.3.1 所示的"机器群组属性"对话框。

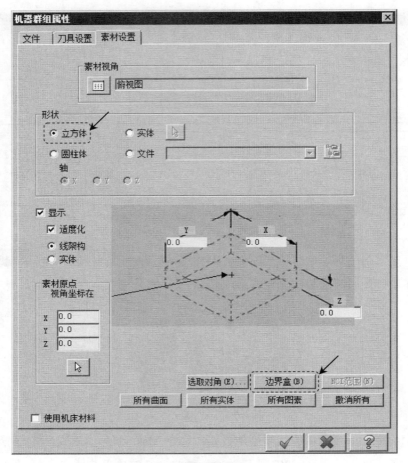

图 3.3.1　"机器群组属性"对话框

图 3.3.1 所示的"机器群组属性"对话框中"素材设置"选项卡的各选项说明如下。

- ▦ 按钮：用于设置素材视角。单击该按钮可以选择被排列的素材样式的视角。例如：如果加工一个系统坐标（WCS）不同于 Top 视角的机件，则可以通过该按钮来选择一个适当的视角。Mastercam 可以根据存储的基于 WCS 或者刀具平面的个别视角创建操作，甚至可以改变组间刀路的 WCS 或者刀具平面。
- ⊙ 立方体 单选项：用于创建一个立方体的工件。
- ⊙ 实体 单选项：用于选取一个实体工件。当选中此单选项时，其后的 ▨ 按钮被激活，单击该按钮可以在绘图区域选取一个实体为工件。
- ⊙ 圆柱体 单选项：用于创建一个圆柱体工件。当选中此单选项时，其下的 ⊙ X 单选项、⊙ Y 单选项和 ⊙ Z 单选项被激活，选中这三个单选项分别可以定义圆柱体的轴线在相对应的坐标轴上。
- ⊙ 文件 单选项：用于设置选取一个来自文件的实体模型（文件类型为 STL）为工

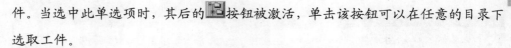

件。当选中此单选项时，其后的![]按钮被激活，单击该按钮可以在任意的目录下选取工件。

- ☑ **显示** 复选框：用于设置工件在绘图区域显示。当选中该复选框时，其下的 ☑ **适度化** 复选框、⊙ **线架构** 构单选项和 ⊙ **实体** 单选项被激活。

- ☑ **适度化** 复选框：用于创建一个恰好包含模型的工件。

- ⊙ **线架构** 单选项：用于设置以线框的形式显示工件。

- ⊙ **实体** 单选项：用于设置以实体的形式显示工件。

- ![]按钮：用于选取模型原点，同时也可以在 **素材原点** 区域的 **X** 文本框、**Y** 文本框和 **Z** 文本框中输入值来定义工件的原点。

- **X** 文本框：用于设置在 X 轴方向的工件长度。此文本框将根据定义的工件类型进行相应的调整。

- **Y** 文本框：用于设置在 Y 轴方向的工件长度。此文本框将根据定义的工件类型进行相应的调整。

- **Z** 文本框：用于设置在 Z 轴方向的工件长度。此文本框将根据定义的工件类型进行相应的调整。

- **选取对角(E)...** 按钮：用于以选取模型对角点的方式定义工件的尺寸。当通过此种方式定义工件的尺寸后，模型的原点也会根据选取的对角点进行相应的调整。

- **边界盒(B)** 按钮：用于根据用户所选取的几何体来创建一个最小的工件。

- **NCI范围(N)** 按钮：用于对限定刀路的模型边界进行计算创建工件尺寸，此功能仅基于进给速率进行计算，不根据快速移动进行计算。

- **所有曲面** 按钮：用于以所有可见的表面来创建工件尺寸。

- **所有实体** 按钮：用于以所有可见的实体来创建工件尺寸。

- **所有图素** 按钮：用于以所有可见的图素来创建工件尺寸。

- **撤消所有** 按钮：用于移除创建的工件尺寸。

Step2. 设置工件的形状。在"机器群组属性"对话框的 **形状** 区域中选中 ⊙ **立方体** 单选项。

Step3. 设置工件的尺寸。在"机器群组属性"对话框中单击 **边界盒(B)** 按钮，系统弹出图 3.3.2 所示的"边界盒选项"对话框，接受系统默认的选项，单击 ✓ 按钮，返回到"机器群组属性"对话框，此时该对话框如图 3.3.3 所示。

图 3.3.2   "边界盒选项"
对话框

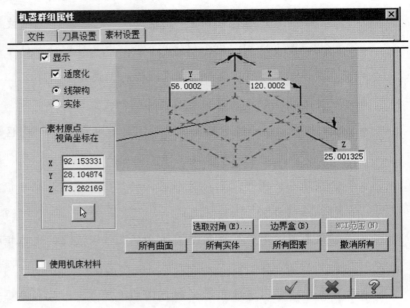

图 3.3.3   "机器群组属性"对话框

图 3.3.2 所示的"边界盒选项"对话框中各选项说明如下。

- 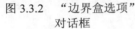 按钮：用于选取创建工件尺寸所需的图素。

- ☑所有图素 复选框：用于选取创建工件尺寸所需的所有图素。

- 绘图 区域：该区域包括 ☑素材 复选框、☑线或弧 复选框、☑点 复选框、☑中心点 复选框和 □实体管 复选框。

  - ☑ ☑素材 复选框：用于创建一个与模型相近的工件坯。

  - ☑ ☑线或弧 复选框：用于创建线或者圆弧。当定义的图形为矩形时，则会创建接近边界的直线；当定义的图形为圆柱形时，则会创建圆弧和线。

  - ☑ ☑点 复选框：用于在边界盒的角或者长宽处创建点。

  - ☑ ☑中心点 复选框：用于创建一个中心点。

  - ☑ □实体管 复选框：用于创建一个与模型相近的实体。

- 展开 区域：该区域包括 X 文本框、Y 文本框和 Z 文本框。此区域根据 形状 区域的不同而有所差异。

  - ☑ X 文本框：用于设置 X 方向的工件延伸量。

  - ☑ Y 文本框：用于设置 Y 方向的工件延伸量。

  - ☑ Z 文本框：用于设置 Z 方向的工件延伸量。

- **形状**区域：该区域包括⊙**立方体**单选项、⊙**圆柱体**单选项、⊙**Z**单选项、⊙**Y**单选项、⊙**X**单选项和☑**中心轴**复选框。

  - ☑ ⊙**立方体**单选项：用于设置工件形状为立方体。
  - ☑ ⊙**圆柱体**单选项：用于设置工件形状为圆柱体。
  - ☑ ⊙**Z**单选项：用于设置圆柱体的轴线在 Z 轴上。此单选项只有在工件形状为圆柱体时方可使用。
  - ☑ ⊙**Y**单选项：用于设置圆柱体的轴线在 Y 轴上。此单选项只有在工件形状为圆柱体时方可使用。
  - ☑ ⊙**X**单选项：用于设置圆柱体的轴线在 X 轴上。此单选项只有在工件形状为圆柱体时方可使用。
  - ☑ ☑**中心轴**复选框：用于设置圆柱体工件的轴心，当选中此复选框时，圆柱体工件的轴心在构图原点上；反之，圆柱体工件的轴心在模型的中心点上。

Step4. 单击"机器群组属性"对话框中的 ☑ 按钮，完成工件的设置。此时零件如图 3.3.4 所示。

图 3.3.4　显示工件

说明：从图 3.3.4 中可以观察到零件的边缘多了红色的双点画线，围成的图形即为工件。

3.4　选择加工方法

Mastercam X7 为用户提供了很多种加工方法，根据加工的零件不同，选择合适的加工方式，才能提高加工效率和加工质量，并通过 CNC 加工刀具路径获取控制机床自动加工的 NC 程序。在编制零件数控加工程序时，还要仔细考虑成型零件公差、形状特点、材料性质以及技术要求等因素，进行合理的加工参数设置，才能保证编制的数控程序高效、准确地加工出质量合格的零件。因此，加工方法的选择非常重要。

下面还是以前面的模型 VOLUME_MILLING.MCX-7 为例，紧接着上节的操作来说明选择加工方法的一般步骤：

Step1. 选择下拉菜单 **刀具路径 (T)** ➡ **曲面粗加工 (R)** ➡ **粗加工挖槽加工 (K)...** 命令，系统弹出图 3.4.1 所示的"输入新 NC 名称"对话框，采用系统默认的 NC 名称，单击 ☑ 按钮。

Step2. 设置加工面。在图形区中选取图 3.4.2 所示的曲面（共 7 个小曲面），然后按 Enter 键，系统弹出图 3.4.3 所示的"刀具路径的曲面选取"对话框。

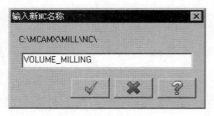

图 3.4.1　"输入新 NC 名称"对话框

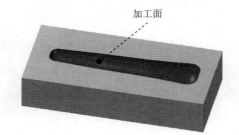

图 3.4.2　选取加工面

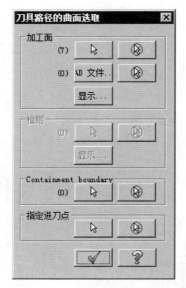

图 3.4.3　"刀具路径的曲面选取"对话框

图 3.4.3 所示的"刀具路径的曲面选取"对话框中各按钮说明如下。

● **加工面** 区域：该区域用于设置各种加工方法的加工曲面。

　☑　 按钮：单击该按钮后，系统返回视图区，用于选取加工曲面。

　☑　 按钮：用于取消所有已选取的加工曲面。

　☑　AD 文件 按钮：单击该按钮后，选取一个 STL 文件，从而指定加工曲面。

　☑　 按钮：用于取消所有通过 STL 文件指定的加工曲面。

　☑　显示… 按钮：单击该按钮后，系统将在视图区中单独显示已选取的加工曲面。

● **检测** 区域：用于干涉面的设置。

　☑　 按钮：单击该按钮后，系统返回视图区，用于选取干涉面。

　☑　 按钮：用于取消所有已选取的干涉面。

　☑　显示… 按钮：单击该按钮后，系统将在视图区中单独显示已选取的干涉面。

● **Containment boundary** 区域：该区域可以对切削范围进行设置。

　☑　 按钮：单击该按钮后，可以通过"串连选项"对话框选取切削范围。

　☑　 按钮：用于取消所有已选取的切削范围。

● **指定进刀点** 区域：该区域可以对进刀点进行设置。

　☑　 按钮：单击该按钮后，系统返回视图区，用于选取进刀点。

　☑　 按钮：用于取消已选取的进刀点。

3.5 选 择 刀 具

在 Mastercam X7 生成刀具路径之前，需选择在加工过程中所使用的刀具。一个零件从粗加工到精加工可能要分成若干步骤，需要使用若干把刀具，而刀具的选择直接影响到加工的成败和效率。所以，在选择刀具之前，要先了解加工零件的特征、机床的加工能力、工件材料的性能、加工工序、切削量以及其他相关的因素，然后再选用合适的刀具。

下面还是以前面的模型 VOLUME_MILLING.MCX-7 为例，紧接着上节的操作来继续说明选择刀具的一般步骤。

Step1. 在"刀具路径的曲面选取"对话框中单击 ✓ 按钮，系统弹出图 3.5.1 所示的"曲面粗加工挖槽"对话框。

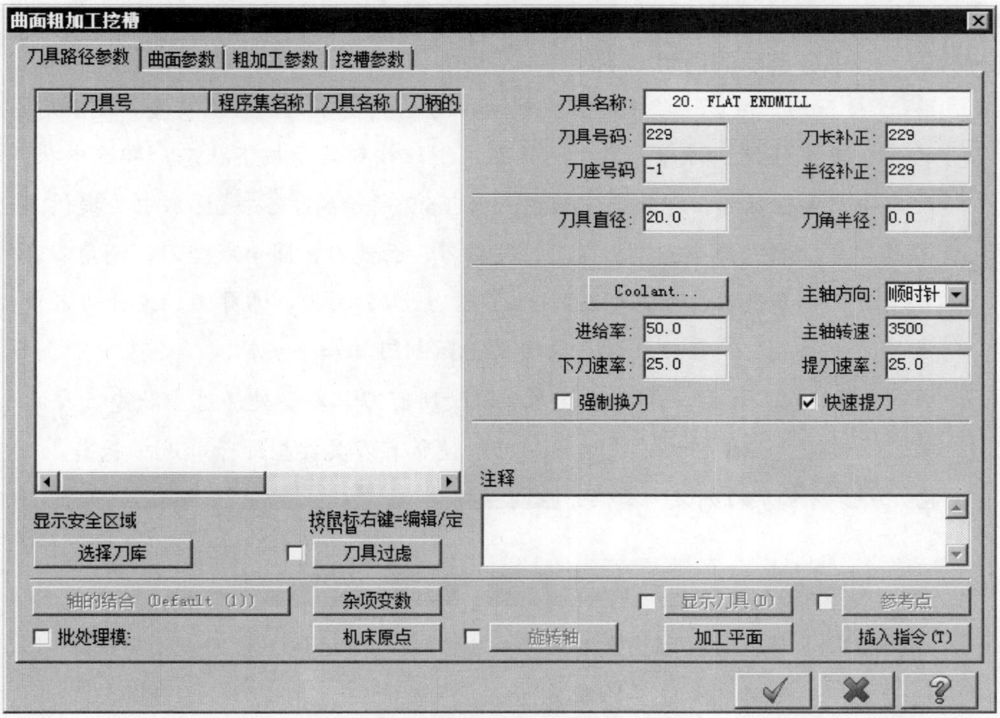

图 3.5.1 "曲面粗加工挖槽"对话框

Step2. 确定刀具类型。在"曲面粗加工挖槽"对话框中单击 刀具过虑 按钮（注：此处软件翻译有误，"过虑"应翻译为"过滤"），系统弹出图 3.5.2 所示的"刀具过滤列表设置"对话框，单击该对话框 刀具类型 中的 无(N) 按钮后，在刀具类型按钮中单击 （圆鼻刀）按钮，单击 ✓ 按钮，关闭"刀具过滤列表设置"对话框，系统返回到"曲面粗加工挖槽"对话框。

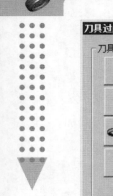

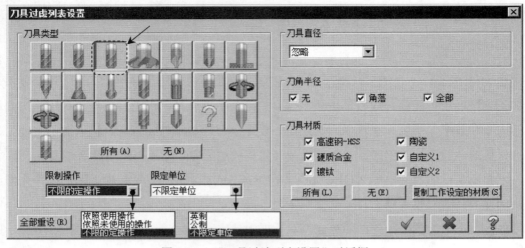

图 3.5.2　"刀具过滤列表设置"对话框

图 3.5.2 所示的"刀具过滤列表设置"对话框的主要功能是可以按照用户的要求对刀具进行检索，其中各选项的说明如下。

- 刀具类型 区域：该区域将根据不同的加工方法列出不同的刀具类型，便于用户进行检索。单击任何一种刀具类型的按钮，则该按钮处于按下状态，即选中状态，再次单击，按钮弹起，即非选中状态。图 3.5.2 所示的 刀具类型 区域中共提供了 22 种刀具类型，依次为平底刀、球刀、圆鼻刀、面铣刀、圆角成型刀、倒角刀、槽刀、锥度刀、鸠尾铣刀、糖球型铣刀、钻头、绞刀、搪刀、右牙刀、左牙刀、中心钻、点钻、沉头孔钻、鱼眼孔钻、未定义、雕刻刀具和平头钻。

  - ☑ 所有(A) 按钮：单击该按钮可以使所有刀具类型处于选中状态。
  - ☑ 无(N) 按钮：单击该按钮可以使所有刀具类型处于非选中状态。
  - ☑ 限制操作 下拉列表：提供了 依照使用操作 、 依照未使用的操作 和 不限的定操作 三种限定方式。
  - ☑ 限制单位 下拉列表：提供了 英制 、 公制 和 不限定单位 三种限制方式。

- 刀具直径 区域：该区域中包含一个下拉列表，通过该下拉列表中的选项可以快速地检索到满足用户所需要的刀具直径。

- 刀角半径 区域：用户可以通过该区域提供的 ☑ 无 、 ☑ 角落 （圆角）和 ☑ 全部 （全圆角）三个复选框，进行刀具圆角类型的检索。

- 刀具材质 区域：用户可通过该区域所提供的六种刀具材料对刀具进行索引。

Step3. 选择刀具。在"曲面粗加工挖槽"对话框中单击 选择刀库... 按钮，系统弹出图 3.5.3 所示的"选择刀具"对话框，在该对话框的列表区域中选择图 3.5.3 所示的刀具。单击 ✓ 按钮，关闭"选择刀具"对话框，系统返回"曲面粗加工挖槽"对话框。

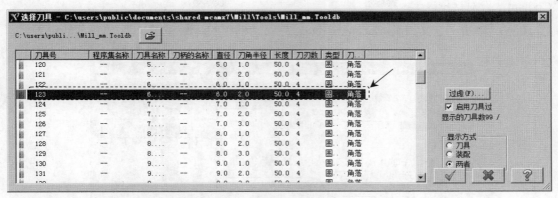

图 3.5.3　"选择刀具"对话框

Step4. 设置刀具参数。

（1）在"曲面粗加工挖槽"对话框的 刀具路径参数 选项卡的列表框中显示出上步选取的刀具，双击该刀具，系统弹出图 3.5.4 所示的"定义刀具-Machine Group-1"对话框。

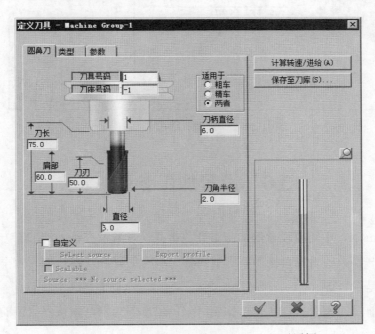

图 3.5.4　"定义刀具-Machine Group-1"对话框

（2）设置刀具号。在"定义刀具-Machine Group-1"对话框的 刀具号码 文本框中，将原有的数值改为 1。

（3）设置刀具的加工参数。单击"定义刀具-Machine Group-1"对话框的 参数 选项卡，设置图 3.5.5 所示的参数。

（4）设置冷却方式。在 参数 选项卡中单击 Coolant... 按钮，系统弹出"Coolant…"对话框，在 Flood （切削液）下拉列表中选择 On 选项，单击该对话框中的 ✓ 按钮，关闭

53

"Coolant…"对话框。

Step5. 单击"定义刀具-Machine Group-1"对话框中的 ✔ 按钮，完成刀具的设置。

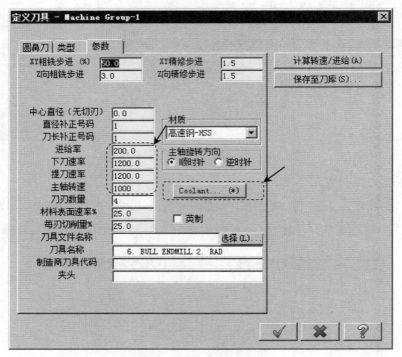

图 3.5.5 "参数"选项卡

3.6 设置加工参数

在 Mastercam X7 中需要设置的加工参数包括共性参数及在不同的加工方式中所采用的特性参数。这些参数的设置直接影响到数控程序编写的好坏，程序加工效率的高低取决于加工参数设置是否合理。

下面还是以前面的模型 VOLUME_MILLING.MCX-7 为例，紧接着上节的操作来继续说明设置加工参数的一般步骤。

Stage1. 设置共同参数

Step1. 设置曲面参数。在"曲面粗加工挖槽"对话框中单击 曲面参数 选项卡，设置图 3.6.1 所示的参数。

Step2. 设置粗加工参数。

（1）在"曲面粗加工挖槽"对话框中单击 粗加工参数 选项卡。

（2）设置参数。在 ^{Z} 轴最大进给量: 文本框中输入值 0.3，其他参数采用系统默认参数，如图 3.6.2 所示。

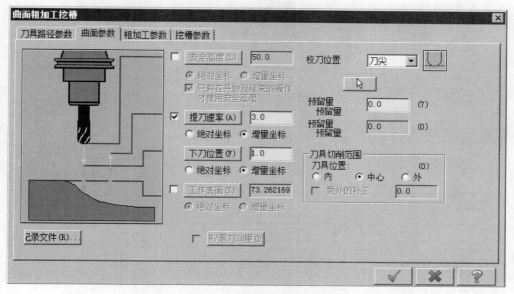

图 3.6.1　"曲面参数"选项卡

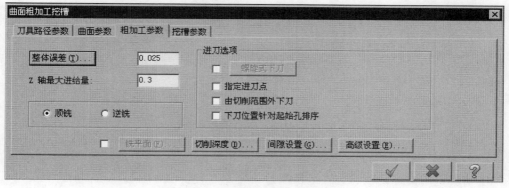

图 3.6.2　"粗加工参数"选项卡

Stage2. 设置挖槽加工特性参数

Step1. 在"曲面粗加工挖槽"对话框中单击 挖槽参数 选项卡，设置图 3.6.3 所示的参数。

Step2. 选中 ☑ 粗车 复选框，并在 切削方式 列表框中选择 高速切削 方式。

Step3. 在"曲面粗加工挖槽"对话框中单击 ✓ 按钮，完成加工参数的设置。此时，系统将自动生成图 3.6.4 所示的刀具路径。

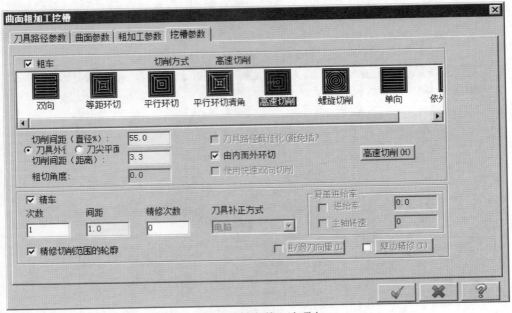

图 3.6.3　"挖槽参数"选项卡

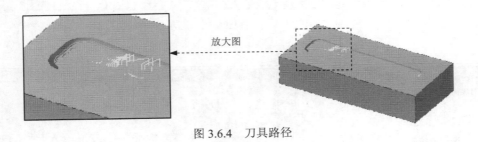

图 3.6.4　刀具路径

3.7　加　工　仿　真

　　加工仿真是用实体切削的方式来模拟刀具路径。对于已生成刀具路径的操作，可在图形窗口中以线框形式或实体形式模拟刀具路径，让用户在图形方式下很直接地观察到刀具切削工件的实际过程，以验证各操作定义的合理性。下面还是以前面的模型 VOLUME_MILLING.MCX-7 为例，紧接着上节的操作来继续说明进行加工仿真的一般步骤。

Step1. 路径模拟。

（1）在"操作管理"中单击 ≋ 刀具路径 - 916.1K - VOLUME_MILLING.NC - 程序号码 0 节点，系统弹出图 3.7.1 所示的"路径模拟"对话框及图 3.7.2 所示的"路径模拟控制"操控板。

图 3.7.1 "路径模拟"对话框

图 3.7.1 所示的"路径模拟"对话框中部分按钮说明如下。

● ⬇ 按钮：用于显示"路径模拟"对话框的其他信息。

说明："路径模拟"对话框的其他信息包括刀具路径群组、刀具的详细资料以及刀具路径的具体信息。

● ◒ 按钮：用于以不同的颜色来显示各种刀具路径。

● ▮ 按钮：用于显示刀具。

● ▮ 按钮：用于显示刀具和刀具卡头。

● ▦ 按钮：用于显示快速移动。如果取消选中此按钮，将不显示刀路的快速移动和刀具运动。

● ◣ 按钮：用于显示刀路中的实体端点。

● ◗ 按钮：用于显示刀具的阴影。

● ❗ 按钮：用于设置刀具路径模拟选项的参数。

● ◿ 按钮：用于移除屏幕上所有刀路。

● ◿ 按钮：用于显示刀路。当 ◿ 按钮处于选中状态时，单击此按钮才有效。

● 📷 按钮：用于将当前状态的刀具和刀具卡头拍摄成静态图像。

● 💾 按钮：用于将可见的刀路存入指定的层。

![路径模拟控制操控板]

图 3.7.2 "路径模拟控制"操控板

图 3.7.2 所示的"路径模拟控制"操控板中各选项的说明如下。

● ▶ 按钮：用于播放刀具路径。

● ■ 按钮：用于暂停播放刀具路径。

● ⏮ 按钮：用于将刀路模拟返回起始点。

● ◀◀ 按钮：用于将刀路模拟返回一段。

● ▶▶ 按钮：用于将刀路模拟前进一段。

● ▶▶▮ 按钮：用于将刀路模拟移动到终点。

● ◿ 按钮：用于显示刀具的所有轨迹。

- 按钮：用于设置逐渐显示刀具的轨迹。
- 滑块：用于设置刀路模拟速度。
- 按钮：用于设置暂停设定的相关参数。

（2）在"路径模拟控制"操控板中单击 按钮，系统将开始对刀具路径进行模拟，结果与上节的刀具路径相同。在"路径模拟"对话框中单击 按钮，关闭对话框。

Step2. 实体切削验证。

（1）在"操作管理"中确认节点被选中，然后单击"验证已选择的操作"按钮 ，系统弹出图 3.7.3 所示的"Mastercam Simulator"对话框。

（2）在"Mastercam Simulator"对话框中单击 按钮。系统将开始进行实体切削仿真，结果如图 3.7.4 所示。单击 X 按钮，关闭对话框。

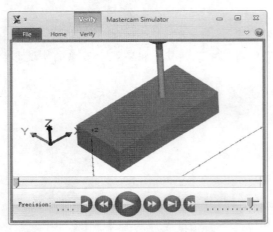

图 3.7.3　"Mastercam Simulator"对话框

图 3.7.4　仿真结果

3.8　利用后处理生成 NC 程序

刀具路径生成并确定其检验无误后，就可以进行后处理操作了。后处理是由 NCI 刀具路径文件转换成 NC 文件，而 NC 文件是可以在机床上实现自动加工的一种途径。

下面还是以前面的模型 VOLUME_MILLING.MCX-7 为例，紧接着上节的操作来继续说明利用后处理器生成 NC 程序的一般步骤。

Step1. 在"操作管理"中单击 **G1** 按钮，系统弹出图 3.8.1 所示的"后处理程序"对话框。

Step2. 设置图 3.8.1 所示的参数，在"后处理程序"对话框中单击 按钮，系统弹出"另存为"对话框，选择合适的存放位置，单击 按钮。

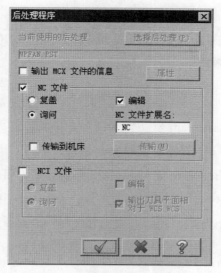

图 3.8.1 "后处理程序"对话框

Step3. 完成上步操作后，系统弹出图 3.8.2 所示的"Mastercam Code Expert"窗口，从中可以观察到，系统已经生成了 NC 程序。

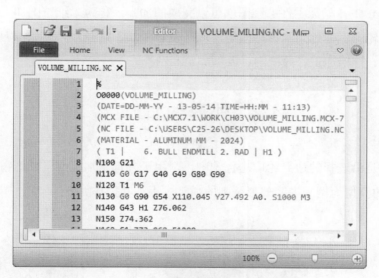

图 3.8.2 "Mastercam Code Expert"窗口

第4章 Mastercam X7 铣削 2D 加工

本章提要　　Mastercam X7 中的 2D 加工功能为用户提供了非常方便、实用的数控加工功能，它可以由简单的 2D 图形直接加工成为三维的立体模型。由于 2D 加工刀具路径的建立简单快捷、不易出错，且程序生成快并容易控制，因此在数控加工中的运用比较广泛。本章将通过几个简单零件的加工来说明 Mastercam 的 2D 加工模块。通过本章的学习，希望读者能够掌握外形铣削、挖槽加工、面铣削、雕刻加工和钻孔加工等刀具路径的建立方法及参数设置。

4.1　概　　述

在 Mastercam 中，只需零件二维图就可以完成的加工，称为二维铣削加工。二维刀路是利用二维平面轮廓，通过二维刀路模组功能产生零件加工路径程序。二维刀具的加工路径包括外形铣削、挖槽加工、面铣削、雕刻加工和钻孔。

4.2　外形铣加工

外形铣加工是沿选择的边界轮廓进行铣削，常用于外形粗加工或者外形精加工。下面以图 4.2.1 所示的模型为例来说明外形铣削的加工过程，其操作如下：

a）2D 图形　　　　　　　　b）加工工件　　　　　　　　c）加工结果

图 4.2.1　外形铣加工

Stage1. 进入加工环境

Step1. 打开原始模型。选择下拉菜单 文件(F) ➡ 打开文件(O)... 命令，系统弹出图 4.2.2 所示的"打开"对话框。在"查找范围"下拉列表中选择文件目录 D:\mcx7.1\work\

ch04.02,选择文件 CONTOUR.MCX。单击 打开(O) 按钮,系统打开模型并进入 Mastercam
X7 的建模环境。

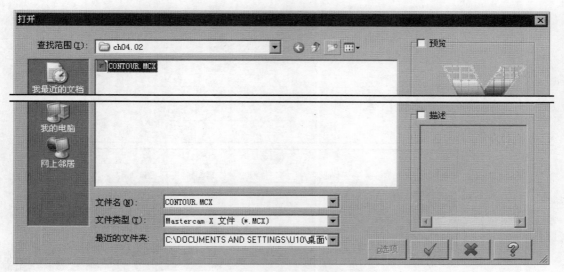

图 4.2.2 "打开"对话框

Step2. 进入加工环境。选择下拉菜单 机床类型(M) ➡ 铣床(M) ➡ 默认(D) 命令,系统
进入加工环境,此时零件模型如图 4.2.3 所示。

图 4.2.3 零件模型二维图

Stage2. 设置工件

Step1. 在"操作管理"中单击山 属性 - Mill Default 节点前的"+"号,将该节点展开,
然后单击◆ 素材设置 节点,系统弹出图 4.2.4 所示的"机器群组属性"对话框。

Step2. 设置工件的形状。在"机器群组属性"对话框的 形状 区域中选中 ⊙ 立方体 单选
项。

Step3. 设置工件的尺寸。在"机器群组属性"对话框中单击 边界盒(B) 按钮,系统弹
出图 4.2.5 所示的"边界盒选项"对话框,接受系统默认的设置,单击 ✓ 按钮,系统返
回至"机器群组属性"对话框,此时该对话框如图 4.2.6 所示。

Step4. 设置工件参数。在"机器群组属性"对话框的 Z 文本框中输入值 2.0,如图 4.2.6
所示。

Step5. 单击"机器群组属性"对话框中的 ✓ 按钮,完成工件的设置,结果如图 4.2.7

所示。从图中可以观察到零件的边缘多了红色的双点画线，双点画线围成的图形即为工件。

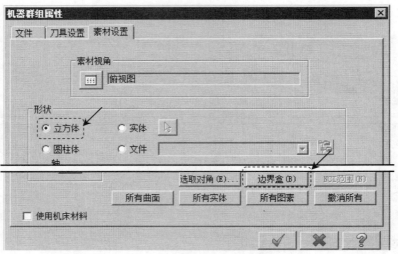

图 4.2.4　"机器群组属性"对话框

图 4.2.5　"边界盒选项"对话框

Stage3. 选择加工类型

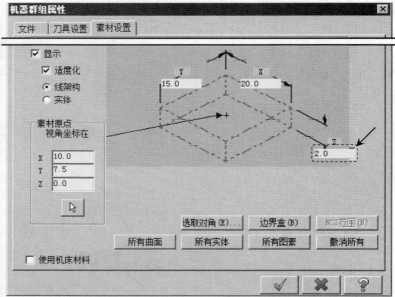

图 4.2.6　"机器群组属性"对话框

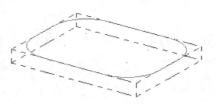

图 4.2.7　显示工件

Step1. 选择下拉菜单 刀具路径(T) ➡ 外形铣削...(C)... 命令，系统弹出图 4.2.8 所示的"输入新 NC 名称"对话框，采用系统默认的 NC 名称，单击 ✓ 按钮，完成 NC 名称的设置，同时系统弹出图 4.2.9 所示的"串连选项"对话框。

说明：用户也可以在"输入新 NC 名称"对话框中输入具体的名称，如"减速箱下箱体的加工程序"。在生成加工程序时，系统会自动以"减速箱下箱体的加工程序.NC"命名程序名，这样就不需要再修改程序的名称。

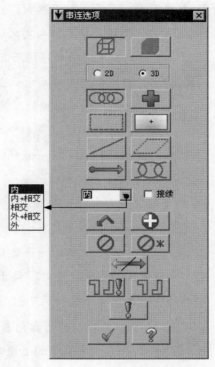

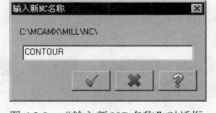

图 4.2.8　"输入新 NC 名称"对话框　　　图 4.2.9　"串连选项"对话框

Step2. 设置加工区域。在 内 ▼ 下拉列表中选择 外 选项，在图形区中选取图 4.2.10 所示的边线，系统自动选取图 4.2.11 所示的边链，单击 ✓ 按钮，完成加工区域的设置，同时系统弹出图 4.2.12 所示的"2D 刀具路径 – 外形"对话框。

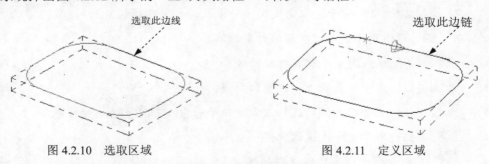

图 4.2.10　选取区域　　　　　　　图 4.2.11　定义区域

图 4.2.9 所示的"串连选项"对话框中各按钮的说明如下。

- ▦ 按钮：用于选择线架中的链。当模型中出现线架时，此按钮会自动处于激活状态；当模型中没有出现线架，此按钮会自动处于不可用状态。

- ▢ 按钮：用于选取实体的边链。当模型中既出现了线架又出现了实体时，此按钮处于可用状态，当该按钮处于按下状态时，与其相关的功能才处于可用状态。当模型中没有出现实体，此按钮会自动处于不可用状态。

- ◉ 2D 单选项：用于选取平行于当前平面中的链。

- ◉ 3D 单选项：用于同时选取 X、Y 和 Z 方向的链。

- ⟳ 按钮：用于直接选取与定义链相连的链，但遇到分支点时选择结束。在选取时基于选择类型单选项的不同而有所差异。

- ✚ 按钮：该按钮既可以用于设置从起始点到终点的快速移动，又可以设置链的起始点的自动化，也可以控制刀具从一个特殊的点进入。

- ▭ 按钮：用于选取定义矩形框内的图素。

- ⊡ 按钮：用于通过单击一点的方式选取封闭区域中的所有图素。

- ╱ 按钮：用于选取单独的链。

- ▱ 按钮：用于选取多边形区域内的所有链。

- ↔ 按钮：用于选取与定义的折线相交叉的所有链。

- ⌘ 按钮：用于选取第一条链与第二条链之间的所有链。当定义的第一条链与第二条链之间存在分支点时，停止自动选取，用户可选择分支继续选取链。在选取时基于选择类型单选项的不同而有所差异。

- 内 ▼ 下拉列表：该下拉列表包括**内**选项、**内+相交**选项、**相交**选项、**外+相交**选项和**外**选项。此下拉列表中的选项只有在 ▭ 按钮或 ╱ 按钮处于被激活的状态下，方可使用。

- ☑ **内**选项：用于选取定义区域内的所有链。

- ☑ **内+相交**选项：用于选取定义区域内以及与定义区域相交的所有链。

- ☑ **相交**选项：用于选取与定义区域相交的所有链。

- ☑ **外+相交**选项：用于选取定义区域外以及与定义区域相交的所有链。

- ☑ **外**选项：用于选取定义区域外的所有链。

- ☑**接续** 复选框：用于选取有折回的链。

- ⌃ 按钮：用于恢复至上一次选取的链。

- ⊕ 按钮：用于结束链的选取。常常用于选中 ☑**等待** 复选框的状态。

- ⊘ 按钮：用于上一次选取的链。

- ⊘* 按钮：用于所有已经选取的链。

- 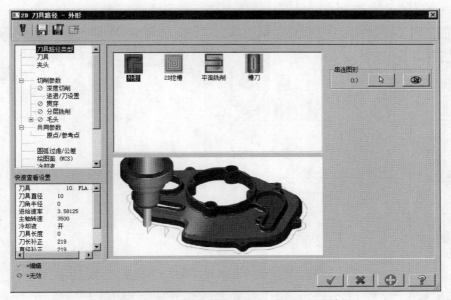 按钮：用于改变链的方向。

- 按钮：用于设置串连特征方式的相关选项。

- 按钮：用于设置串连特征方式选取图形。

- 按钮：用于设置选取链时的相关选项。

- 按钮：用于确定链的选取。

图 4.2.12　"2D 刀具路径 – 外形"对话框

Stage4. 选择刀具

Step1. 确定刀具类型。在"2D 刀具路径 – 外形"对话框的左侧节点列表中单击 刀具 节点，切换到刀具参数界面；单击 过滤(F)… 按钮，系统弹出图 4.2.13 所示的"刀具过滤列表设置"对话框，单击 刀具类型 区域中的 无(N) 按钮后，在刀具类型按钮群中单击 （平底刀）按钮，单击 按钮，关闭"刀具过滤列表设置"对话框，系统返回至"2D 刀具路径 – 外形"对话框。

Step2. 选择刀具。在"2D 刀具路径 – 外形"对话框中单击 选择刀库 按钮，系统弹出图 4.2.14 所示的"选择刀具"对话框，在该对话框的列表框中选择图 4.2.14 所示的刀具，单击 按钮，关闭"选择刀具"对话框，系统返回至"2D 刀具路径 – 外形"对话框。

Step3. 设置刀具参数。

（1）完成上步操作后，在"2D 刀具路径-外形"对话框的刀具列表中双击该刀具，系统弹出图 4.2.15 所示的"定义刀具-Machine Group-1"对话框。

（2）设置刀具号。在"定义刀具-Machine Group-1"对话框的 刀具号码 文本框中，将原有

的数值改为 1。

（3）设置刀具的加工参数。单击"定义刀具-Machine Group-1"对话框的 参数 选项卡，设置图 4.2.16 所示的参数。

（4）设置冷却方式。在 参数 选项卡中单击 Coolant... 按钮，系统弹出"Coolant…"对话框，在 Flood （切削液）下拉列表中选择 On 选项，单击该对话框中的 ✓ 按钮，系统返回至"定义刀具-Machine Group-1"对话框。

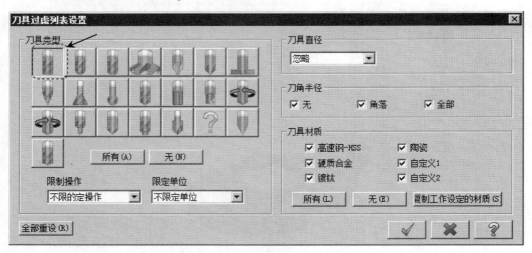

图 4.2.13 "刀具过滤列表设置"对话框

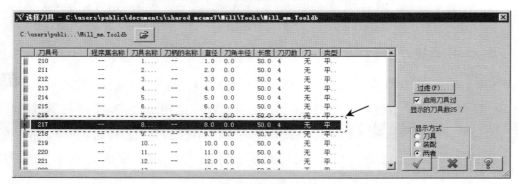

图 4.2.14 "选择刀具"对话框

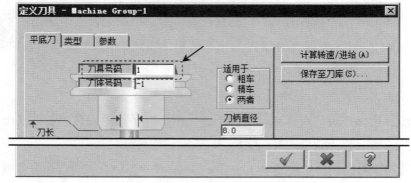

图 4.2.15 "定义刀具-Machine Group-1"对话框

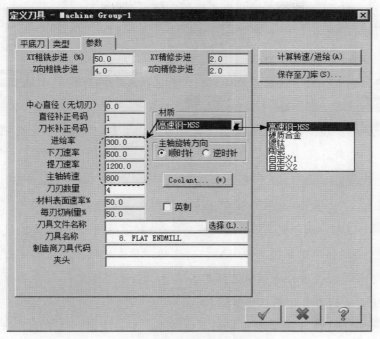

图 4.2.16　"参数"选项卡

Step4. 单击"定义刀具-Machine Group-1"对话框中的  按钮，完成刀具的设置，系统返回至"2D 刀具路径 – 外形"对话框。

图 4.2.16 所示的"参数"选项卡中部分选项的说明如下。

- XY粗铣步进(%) 文本框：用于定义粗加工时，XY 方向的步进量为刀具直径的百分比。
- Z向粗铣步进 文本框：用于定义粗加工时，Z 方向的步进量。
- XY精修步进 文本框：用于定义精加工时，XY 方向的步进量。
- Z向精修步进 文本框：用于定义精加工时，Z 方向的步进量。
- 中心直径（无切刃）文本框：用于设置镗孔、攻螺纹的底孔直径。
- 直径补正号码 文本框：用于设置刀具直径补偿号码。
- 刀长补正号码 文本框：用于设置刀具长度补偿号码。
- 进给率 文本框：用于定义进给速度。
- 下刀速率 文本框：用于定义下刀速度。
- 提刀速率 文本框：用于定义提刀速度。
- 主轴转速 文本框：用于定义主轴旋转速度。
- 刀刃数量 文本框：用于定义刀具切削刃的数量。
- 材料表面速率% 文本框：用于定义刀具切削线速度的百分比。
- 每刃切削量% 文本框：用于定义进给量（每刃）的百分比。
- 刀具文件名称 文本框：用于设置刀具文件的名称。

- **刀具名称** 文本框：用于添加刀具名称和注释。
- **制造商刀具代码** 文本框：用于显示刀具制造商的信息。
- **夹头** 文本框：用于显示夹头的信息。
- **材质** 下拉列表：用于设置刀具的材料，其包括 **高速钢-HSS** 选项、**硬质合金** 选项、**镀钛** 选项、**陶瓷** 选项、**自定义1** 选项和 **自定义2** 选项。
- **主轴旋转方向** 区域：用于定义主轴的旋转方向，其包括 ⊙ **顺时针** 单选项和 ⊙ **逆时针** 单选项。
- **Coolant...** 按钮：用于定义加工时的冷却方式。单击此按钮，系统会弹出"Coolant..."对话框，用户可以在该对话框中设置冷却方式。
- ☑ **英制** 复选框：用于定义刀具的规格。当选中此复选框时，为英制；反之，则为米制。
- **选择 (L)...** 按钮：用于选择刀具文档的名称。单击此按钮，系统弹出"打开"对话框，用户可以在该对话框中选择刀具名称。如果没有选择刀具名称，则系统会自动根据定义的刀具信息创建其结构。
- **计算转速/进给(A)** 按钮：用于计算进给率、下刀速率、提刀速率和主轴转速。单击此按钮，系统将根据工件的材料自动计算进给率、下刀速率、提刀速率以及主轴转速，并自动更新进给率、下刀速率、提刀速率和主轴转速的值。
- **保存至刀库(S)...** 按钮：保存刀具设置的相关参数到刀具资料库。

Stage5. 设置加工参数

Step1. 设置切削参数。在"2D 刀具路径 – 外形"对话框的左侧节点列表中单击 **切削参数** 节点，设置图 4.2.17 所示的参数。

图 4.2.17 所示的"切削参数"界面中部分选项的说明如下。

- **补正方式** 下拉列表：由于刀具都存在各自的直径，如果刀具的中心点与加工的轮廓外形线重合，则加工后的结果将会比正确的结果小，此时就需要对刀具进行补正。刀具的补正是将刀具中心从轮廓外形线上按指定的方向偏移一定的距离。

   Mastercam X7 为用户提供了如下五种刀具补正的形式。

   ☑ **电脑** 选项：该选项表示系统将自动进行刀具补偿，但不进行输出控制的代码补偿。

   ☑ **控制器** 选项：该选项表示系统将自动进行输出控制的代码补偿，但不进行刀具补偿。

   ☑ **磨损** 选项：该选项表示系统将自动对刀具和输出控制代码进行相同的补偿。

   ☑ **反向磨损** 选项：该选项表示系统将自动对刀具和输出控制代码进行相对立的补偿。

第4章 Mastercam X7铣削2D加工

☑ 关 选项：该选项表示系统将不对刀具和输出控制代码进行补偿。

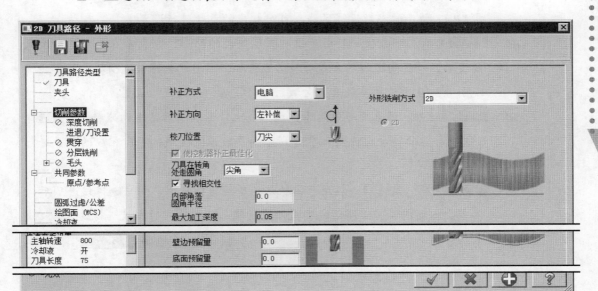

图 4.2.17 "切削参数"界面

- 补正方向 下拉列表：该下拉列表用于设置刀具补正的方向，当选择 左补偿 选项时，刀具将沿着加工方向向左偏移一个刀具半径的距离；当选择 右补偿 选项时，刀具将沿着加工方向向右偏移一个刀具半径的距离。

- 校刀位置 下拉列表：该下拉列表用于设置刀具在 Z 轴方向的补偿方式。

  ☑ 中心 选项：当选择此选项时，系统将自动从刀具球心位置开始计算刀长。

  ☑ 刀尖 选项：当选择此选项时，系统将自动从刀尖位置开始计算刀长。

- 刀具在转角 处走圆角 下拉列表：该下拉列表用于设置刀具在转角处铣削时是否有圆角过渡。

  ☑ 无 选项：该选项表示刀具在转角处铣削时不采用圆角过渡。

  ☑ 尖角 选项：该选项表示刀具在小于或等于135°的转角处铣削时采用圆角过渡。

  ☑ 所有 选项：该选项表示刀具在任何转角处铣削时均采用圆角过渡。

- ☑ 寻找相交性 复选框：用于防止刀具路径相交而产生过切。

- 最大加工深度 文本框：在 3D 铣削时该选项有效。

- 壁边预留量 文本框：用于设置沿 XY 轴方向的侧壁加工预留量。

- 底面预留量 文本框：用于设置沿 Z 轴方向的底面加工预留量。

- 外形铣削方式 下拉列表：该下拉列表用于设置外形铣削的类型，Mastercam X7 为用户提供了如下五种类型。

  ☑ 2D 选项：当选择此选项时，则表示整个刀具路径的切削深度相同，都为之前设置的切削深度值。

  ☑ 2D 倒角 选项：当选择此选项时，则表示需要使用倒角铣刀对工件的外形进行

铣削，其倒角角度需要在刀具中进行设置。用户选择该选项后，其下会出现图 4.2.18 所示的参数设置区域，可对相应的参数进行设置。

☑ **斜插** 选项：该选项一般用于铣削深度较大的外形，它表示在给定的角度或高度后，以斜向进刀的方式对外形进行加工。用户选择该选项后，其下会出现图 4.2.19 所示的参数设置区域，可对相应的参数进行设置。

☑ **残料加工** 选项：该选项一般用于铣削上一次外形加工后留下的残料。用户选择该选项后，其下会出现图 4.2.20 所示的参数设置区域，可对相应的参数进行设置。

☑ **摆线式** 选项：该选项一般用于沿轨迹轮廓线进行铣削。用户选择该选项后，其下会出现图 4.2.21 所示的参数设置区域，可对相应的参数进行设置。

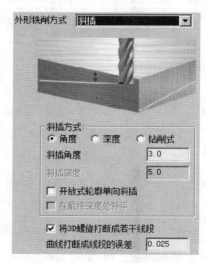

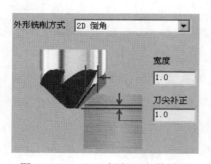

图 4.2.18　"2D 倒角"参数设置

图 4.2.19　"斜插"参数设置

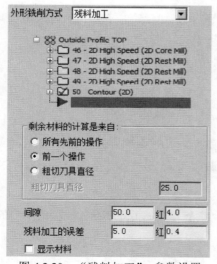

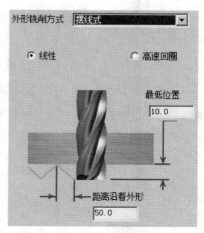

图 4.2.20　"残料加工"参数设置

图 4.2.21　"摆线式"参数设置

Step2. 设置深度参数。在"2D 刀具路径 – 外形"对话框的左侧节点列表中单击⊘ 深度切削 节点，设置图 4.2.22 所示的参数。

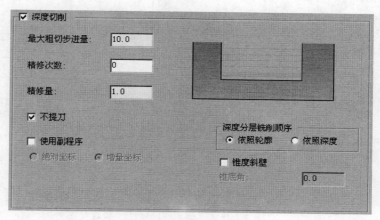

图 4.2.22 "深度切削"参数设置

Step3. 设置进退/刀参数。在"2D 刀具路径 – 外形"对话框的左侧节点列表中单击 进退/刀设置 节点，设置图 4.2.23 所示的参数。

图 4.2.23 所示的"进退/刀参数"参数设置的各选项说明如下。

- ☑ 在封闭轮廓的中点位置执行进/退刀 复选框：当选中该复选框时，将自动从第一个串联的实体的中点处执行进/退刀。

- ☑ 过切检查 复选框：当选中该复选框时，将进行过切的检查。如果在进/退刀过程中产生了过切，系统将自动移除刀具路径。

- 重叠量 文本框：用于设置与上一把刀具的重叠量，以消除接刀痕。重叠量为相邻刀具路径的刀具重合值。

- ☑ 启用 区域：用于设置进刀的相关参数，其包括 线 区域、 圆弧 区域、☑ 指定进刀点 复选框 、 ☑ 使用指定点的深度 复选框 、 ☑ 只在第一层深度加上进刀向量 复选框 、☑ 第一个位移后才下刀 复选框和 ☑ 复盖进给率 复选框。当选中 ☑ 启用 区域前的复选框时，此区域的相关设置方可使用。

  - ☑ 线 区域：用于设置直线进刀方式的参数，其包括 ⊙ 垂直 单选项、 ⊙ 相切 单选项、 长度 文本框和 斜插高度 文本框。 ⊙ 垂直 单选项：该单选项用于设置进刀路径垂直于切削方向。 ⊙ 相切 单选项：该单选项用于设置进刀路径相切于切削方向。 长度 文本框：用于设置进刀路径的长度。 斜插高度 文本框：该文本框用于添加一个斜向高度到进刀路径。

以Mastercam X7

数控加工教程

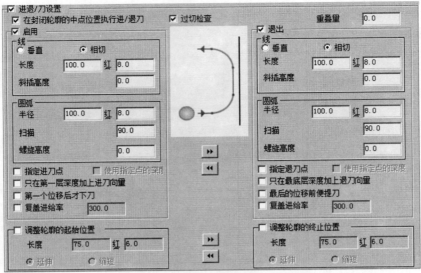

图 4.2.23　"进退/刀参数" 参数设置

☑ 圆弧 区域：用于设置圆弧进刀方式的参数，其中包括 半径 文本框、扫描 文本
框和 螺旋高度 文本框。半径 文本框：该文本框用于设置进刀圆弧的半径，进
刀圆弧总是正切于刀具路径。扫描 文本框：该文本框用于设置进刀圆弧的扫
描角度。螺旋高度 文本框：该文本框用于添加一个螺旋进刀的高度。

☑ ☑ 指定进刀点 复选框：用于设置最后链的点为进刀点。

☑ ☑ 使用指定点的深度 复选框：用于设置在指定点的深度处开始进刀。

☑ ☑ 只在第一层深度加上进刀向量 复选框：用于设置仅第一次切削深度添加进刀移
动。

☑ ☑ 第一个位移后才下刀 复选框：用于设置在第一个位移后开启刀具补偿。

☑ ☑ 复盖进给率 复选框：用于定义一个指定的进刀进给率。

● 调整轮廓的起始位置 区域：用于调整轮廓线的起始位置，其中包括 长度 文本框、⦿延伸
单选项和 ⦿缩短 单选项。当选中 调整轮廓的起始位置 区域前的复选框时，此区域的相
关设置方可使用。

☑ 长度 文本框：用于设置调整轮廓起始位置的刀具路径长度。

☑ ⦿延伸 单选项：用于在刀具路径轮廓的起始处添加一个指定的长度。

☑ ⦿缩短 单选项：用于在刀具路径轮廓的起始处去除一个指定的长度。

● 退刀 区域：用于设置退刀的相关参数，其包括 直线 区域、圆弧 区域、☑ 指定退刀点 复
选框、☑ 使用指定点的深度 复选框、☑ 只在最底层深度加上退刀向量 复选框、
☑ 最后的位移前便提刀 复选框和 ☑ 复盖进给率 复选框。当选中 ☑ 退出 区域前的复选框
时，此区域的相关设置方可使用。

72

☑ 线 区域：用于设置直线退刀方式的参数，其包括⊙ 垂直 单选项、⊙ 相切 单选项、长度 文本框和 斜插高度 文本框。⊙ 垂直 单选项：该单选项用于设置退刀路径垂直于切削方向。⊙ 相切 单选项：该单选项用于设置退刀路径相切于切削方向。长度 文本框：该文本框用于设置退刀路径的长度。斜插高度 文本框：该文本框用于添加一个斜向高度到退刀路径。

☑ 圆弧 区域：用于设置圆弧退刀方式的参数，其中包括 半径 文本框、扫描 文本框和 螺旋高度 文本框。半径 文本框：该文本框用于设置退刀圆弧的半径，退刀圆弧总是正切于刀具路径。扫描 文本框：该文本框用于设置退刀圆弧的扫描角度。螺旋高度 文本框：该文本框用于添加一个螺旋退刀的高度。

☑ ☑ 指定退刀点 复选框：用于设置最后链的点为退刀点。

☑ ☑ 使用指定点的深度 复选框：用于设置在指定点的深度处开始退刀。

☑ ☑ 只在最底层深度加上退刀向量 复选框：用于设置仅最后一次切削深度添加退刀移动。

☑ ☑ 最后的位移前便提刀 复选框：用于设置在最后的位移处后关闭刀具补偿。

☑ ☑ 复盖进给率 复选框：用于定义一个指定的退刀进给率。

● 调整轮廓的终止位置 区域：用于调整轮廓线的起始位置，其中包括 长度 文本框、⊙ 延伸 单选项和⊙ 缩短 单选项。当选中 调整轮廓的终止位置 区域前的复选框时，此区域的相关设置方可使用。

☑ 长度 文本框：用于设置调整轮廓终止位置的刀具路径长度。

☑ ⊙ 延伸 单选项：用于在刀具路径轮廓的终止处添加一个指定的长度。

☑ ⊙ 缩短 单选项：用于在刀具路径轮廓的终止处去除一个指定的长度。

Step4. 设置贯穿参数。在"2D 刀具路径 – 外形"对话框的左侧节点列表中单击◇ 贯穿 节点，设置图 4.2.24 所示的参数。

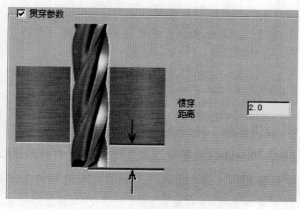

图 4.2.24 "贯穿"参数设置

说明：设置贯穿距离需要在 复选框被选中时方可使用。

Step5. 设置分层切削参数。在"2D 刀具路径-外形"对话框的左侧节点列表中单击 ⊘ 分层铣削 节点，设置图 4.2.25 所示的参数。

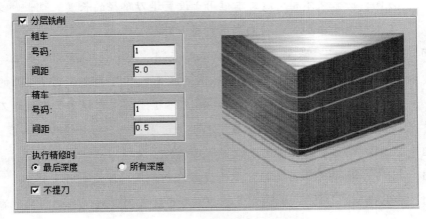

图 4.2.25　"分层铣削"参数设置

Step6. 设置共同参数。在"2D 刀具路径－外形"对话框的左侧节点列表中单击 共同参数 节点，设置图 4.2.26 所示的参数。

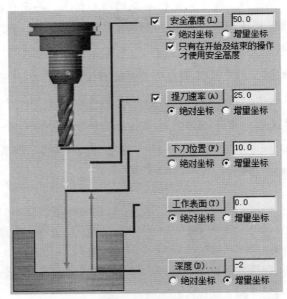

图 4.2.26　"共同参数"参数设置

图 4.2.26 所示的"共同参数"参数设置中部分选项的说明如下。

● 安全高度... 按钮：当该按钮前的复选框处于选中状态时，该按钮可用。单击该按钮后，用户可以直接在图形区中选取一点来确定加工体的最高面与刀尖之间的距离；也可以在其后的文本框中直接输入数值来定义安全高度。

- 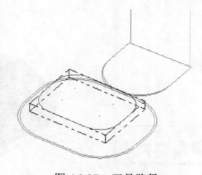绝对座标 单选项：当选中该单选项时，将自动从原点开始计算。

- 增量座标 单选项：当选中该单选项时，将根据关联的几何体或者其他的参数开始计算。

- 提刀速率(A) 按钮：当该按钮前的复选框处于选中状态时，该按钮可用。单击该按钮后，用户可以直接在图形区中选取一点来确定下次走刀的高度，用户也可以在其后的文本框中直接输入数值来定义参考高度。

说明：参考高度应在进给下刀位置前进行设置，如果没有设置安全高度，则在走刀过程中，刀具的起始和返回值将为参考高度所定义的距离。

- 下刀位置(F) 按钮：单击该按钮后，用户可以直接在图形区中选取一点来确定从刀具快速运动转变为刀具切削运动的平面高度，用户也可以在其后的文本框中直接输入数值来定义参考高度。

说明：如果没有设置安全高度和参考高度，则在走刀过程中，刀具的起始值和返回值将为进给下刀位置所定义的距离。

- 工作表面(T) 按钮：单击该按钮后，用户可以直接在图形区中选取一点来确定工件在Z轴方向上的高度，刀具在此平面将根据定义的刀具加工参数生成相应的加工增量。用户也可以在其后的文本框中直接输入数值来定义参考高度。

- 深度(D)... 按钮：单击该按钮后，可以直接在图形区中选取一点来确定最后的加工深度，也可以在其后的文本框中直接输入数值来定义加工深度，但在2D加工中此处的数值一般为负数。

Step7. 单击"2D刀具路径 – 外形"对话框中的 ✓ 按钮，完成参数设置，此时系统将自动生成图4.2.27所示的刀具路径。

图 4.2.27　刀具路径

Stage6. 加工仿真

Step1. 路径模拟。

（1）在"操作管理"中单击 ≋ **刀具路径 - 5.6K - CONTOUR.NC - 程序号码** 0 节点，系统弹出图 4.2.28 所示的"路径模拟"对话框及图 4.2.29 所示"路径模拟控制"操控板。

图 4.2.28   "路径模拟"对话框

图 4.2.29   "路径模拟控制"操控板

（2）在"路径模拟控制"操控板中单击 ▶ 按钮，系统将开始对刀具路径进行模拟，结果与图 4.2.27 所示的刀具路径相同，单击"路径模拟"对话框中的 ✓ 按钮。

Step2. 实体切削验证。

（1）在"操作管理"中确认 📄 **1 - 外形参数 (2D) - [WCS: 俯视图] - [刀具平面: 俯视图]** 节点被选中，然后单击"验证已选择的操作"按钮 📦，系统弹出图 4.2.30 所示的"Mastercam Simulator"对话框。

（2）在"Mastercam Simulator"对话框中单击 ▶ 按钮，系统将开始进行实体切削仿真，结果如图 4.2.31 所示，单击 X 按钮。

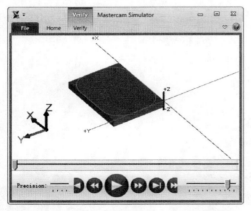

图 4.2.30   "Mastercam Simulator"对话框

图 4.2.31   仿真结果

Step3. 保存模型。选择下拉菜单 **文件(F)** ➡ **保存(S)** 命令，保存模型。

4.3 挖 槽 加 工

挖槽加工是在定义的加工边界范围内进行铣削加工。下面通过两个实例来说明挖槽加工在 Mastercam X7 的 2D 铣削模块中的一般操作过程。

4.3.1 实例1

挖槽加工中的标准挖槽主要用来切削沟槽形状或切除封闭外形所包围的材料，常常用于对凹槽特征的精加工以及对平面的精加工。下面的一个实例（图 4.3.1）主要说明了标准挖槽的一般操作过程。

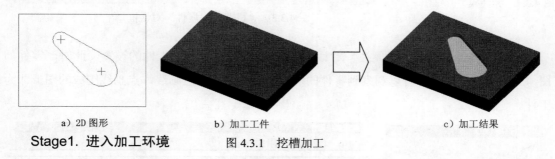

a）2D 图形　　　　　　b）加工工件　　　　　　　c）加工结果

图 4.3.1　挖槽加工

Stage1. 进入加工环境

Step1. 打开文件 D:\mcx7.1\work\ch04.03\POCKET.MCX-7。

Step2. 进入加工环境。选择下拉菜单 机床类型(M) ➡ 铣床(M) ➡ 默认(D) 命令，系统进入加工环境，此时零件模型如图 4.3.2 所示。

Stage2. 设置工件

Step1. 在"操作管理"中单击山 属性 - Mill Default 节点前的"+"号，将该节点展开，然后单击◆ 素材设置 节点，系统弹出图 4.3.3 所示的"机器群组属性"对话框。

Step2. 设置工件的形状。在"机器群组属性"对话框的 形状 区域中选中 ⊙ 立方体 单选项。

Step3. 设置工件的尺寸。在"机器群组属性"对话框中单击 边界盒(B) 按钮，系统弹出图 4.3.4 所示的"边界盒选项"对话框，接受系统默认的设置，单击 ✓ 按钮，返回至"机器群组属性"对话框，此时该对话框如图 4.3.5 所示。

Step4. 设置工件参数。在"机器群组属性"对话框的 Z 文本框中输入值 10.0，如图 4.3.5 所示。

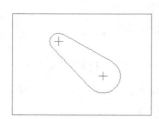

图 4.3.2　零件模型二维图

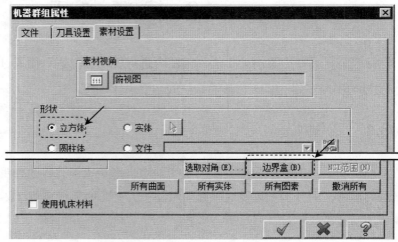

图 4.3.3　"机器群组属性"对话框

Step5. 单击"机器群组属性"对话框中的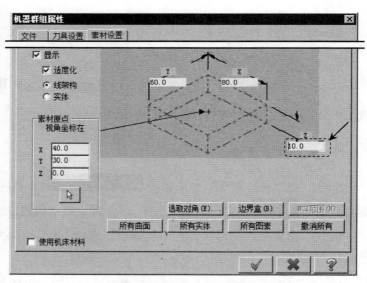按钮，完成工件的设置。此时，零件如图 4.3.6 所示，从图中可以观察到零件的边缘多了红色的双点画线，点画线围成的图形即为工件。

图 4.3.4　"边界盒选项"对话框

图 4.3.5　"机器群组属性"对话框

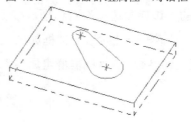

图 4.3.6　显示工件

第 **4** 章　Mastercam X7铣削2D加工

Stage3. 选择加工类型

Step1. 选择下拉菜单 刀具路径(T) ➡ 2D挖槽(2)... 命令，系统弹出图 4.3.7 所示的"输入新 NC 名称"对话框，采用系统默认的 NC 名称，单击 ✓ 按钮，完成 NC 名称的设置，同时系统弹出图 4.3.8 所示的"串连选项"对话框。

Step2. 设置加工区域。在图形区中选取图 4.3.9 所示的边线，系统自动选择图 4.3.10 所示的边链，单击 ✓ 按钮，完成加工区域的设置，同时系统弹出图 4.3.11 所示的"2D 刀具路径 – 2D 挖槽"对话框。

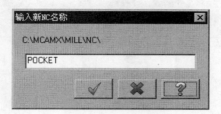

图 4.3.7　"输入新 NC 名称"对话框

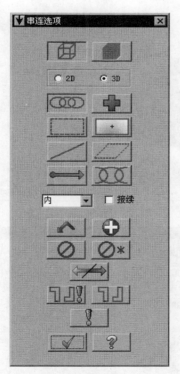

图 4.3.8　"串连选项"对话框

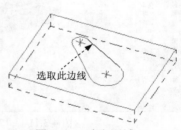

图 4.3.9　选取区域

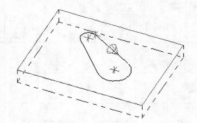

图 4.3.10　定义区域

Stage4. 选择刀具

Step1. 确定刀具类型。在"2D 刀具路径 – 2D 挖槽"对话框的左侧节点列表中单击 刀具 节点，切换到刀具参数界面；单击 过滤(F)... 按钮，系统弹出图 4.3.12 所示的"刀具过滤列表设置"对话框，单击 刀具类型 区域中的 无(N) 按钮后，在刀具类型按钮群中单击 ▉（圆鼻刀）按钮，单击 ✓ 按钮，关闭"刀具过滤列表设置"对话框，系统返回至"2D 刀具路径 – 2D 挖槽"对话框。

Step2. 选择刀具。在"2D 刀具路径 – 2D 挖槽"对话框中单击 选择刀库 按钮，系统弹出图 4.3.13 所示的"选择刀具"对话框，在该对话框的列表框中选择图 4.3.13 所示的刀具。单击 ✓ 按钮，关闭"选择刀具"对话框，系统返回至"2D 刀具路径 – 2D 挖槽"对话框。

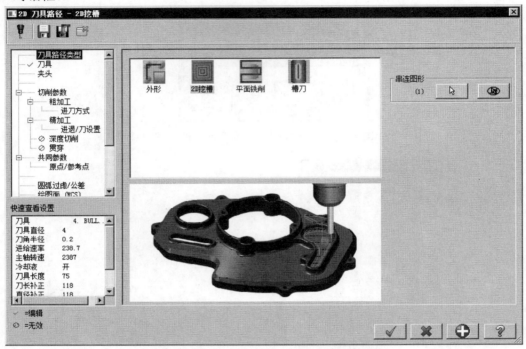

图 4.3.11 "2D 刀具路径 – 2D 挖槽"对话框

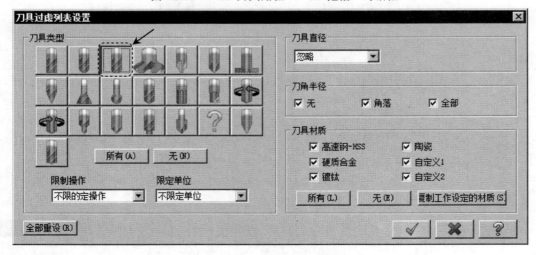

图 4.3.12 "刀具过滤列表设置"对话框

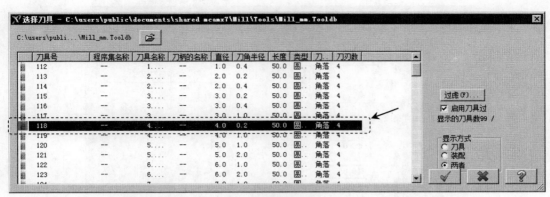

图 4.3.13　"刀具选择"对话框

Step3. 设置刀具参数。

（1）完成上步操作后，在"2D 刀具路径 － 2D 挖槽"对话框刀具列表中双击该刀具，系统弹出图 4.3.14 所示的"定义刀具 － Machine Group-2"对话框。

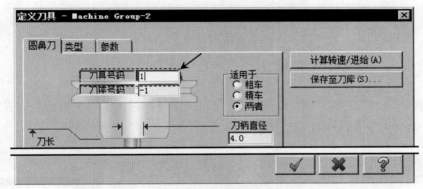

图 4.3.14　"定义刀具 - Machine Group -2"对话框

（2）设置刀具号。在"定义刀具 - Machine Group -2"对话框的 刀具号码 文本框中，将原有的数值改为 1。

（3）设置刀具的加工参数。单击"定义刀具 - Machine Group -2"对话框的 参数 选项卡，设置图 4.3.15 所示的参数。

（4）设置冷却方式。在 参数 选项卡中单击 Coolant... 按钮，系统弹出"Coolant…"对话框，在 Flood （切削液）下拉列表中选择 On 选项，单击该对话框中的 ✓ 按钮，关闭"Coolant…"对话框。

Step4. 单击"定义刀具 - Machine Group -2"对话框中的 ✓ 按钮，完成刀具的设置，系统返回至"2D 刀具路径 － 2D 挖槽"对话框。

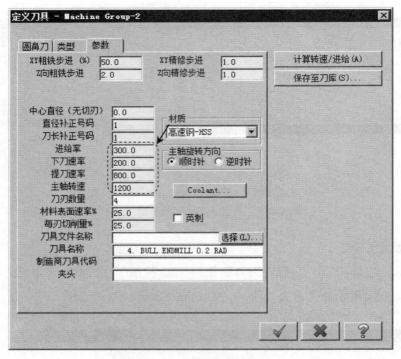

图 4.3.15　"参数"选项卡

Stage5．设置加工参数

Step1．设置切削参数。在"2D 刀具路径 － 2D 挖槽"对话框的左侧节点列表中单击 切削参数 节点，设置图 4.3.16 所示的参数。

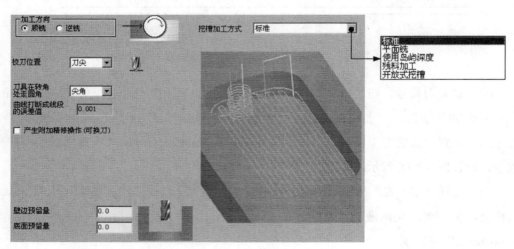

图 4.3.16　"切削参数"参数设置

图 4.3.16 所示的"切削参数"设置界面部分选项的说明如下。

● 挖槽加工方式 下拉列表：用于设置挖槽加工的类型，其中包括 标准 选项、 平面铣 选项、 使用岛屿深度 选项、 残料加工 选项和 开放式挖槽 选项。

- ☑ 标准 选项：该选项为标准的挖槽方式，此种挖槽方式仅对定义的边界内部的材料进行铣削。

- ☑ 平面铣 选项：该选项为平面挖槽的加工方式，此种挖槽方式是对定义的边界所围成的平面的材料进行铣削。

- ☑ 使用岛屿深度 选项：该选项为对岛屿进行加工的方式，此种加工方式能自动地调整铣削深度。

- ☑ 残料加工 选项：该选项为残料挖槽的加工方式，此种加工方式可以对先前的加工自动进行残料计算并对剩余的材料进行切削。当使用这种加工方式时，其下会激活相关选项，可以对残料加工的参数进行设置。

- ☑ 开放式挖槽 选项：该选项为对未封闭串连进行铣削的加工方式。当使用这种加工方式时，其下会激活相关选项，可以对残料加工的参数进行设置。

Step2. 设置粗加工参数。在"2D 刀具路径 – 2D 挖槽"对话框的左侧节点列表中单击 粗加工 节点，设置图 4.3.17 所示的参数。

图 4.3.17 "粗加工"参数设置

图 4.3.17 所示的"粗加工"参数设置界面中部分选项的说明如下。

- ● ☑ 粗车 复选框：用于创建粗加工。

- ● 切削方式 列表框：该列表框包括 双向 、 等距环切 、 平行环切 、 平行环切清角 、 依外形环切 、 高速切削 、 单向 和 螺旋切削 八种切削方式。

- ☑ 双向 选项：该选项表示根据粗加工的角采用 Z 形走刀，其加工速度快，但刀具容易磨损，采用此种切削方式的刀具路线如图 4.3.18 所示。

- ☑ 等距环切 选项：该选项表示根据剩余的部分重新计算出新的剩余部分，直到加工完成，刀具路线如图 4.3.19 所示。此种加工方法的切削范围比"平行环切"方法的切削范围大，比较适合加工规则的单型腔，加工后型腔的底部和侧壁的质量较好。

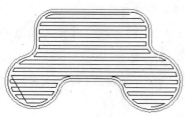

图 4.3.18 "双向"

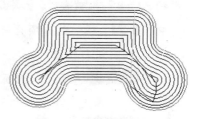

图 4.3.19 "等距环切"

☑ 平行环切选项：该选项是根据每次切削边界产生一定偏移量，直到加工完成，刀具路线如图 4.3.20 所示。由于刀具进刀方向一致，使刀具切削稳定，但不能保证清除切削残料。

☑ 平行环切清角选项：该选项与"平行环切"类似，但加入了清除角处的残量刀路，刀具路线如图 4.3.21 所示。

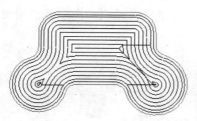

图 4.3.20 "平行环切"

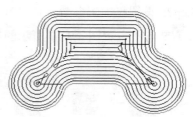

图 4.3.21 "平行环切清角"

☑ 依外形环切选项：该选项是根据凸台或凹槽间的形状，从某一个点逐渐地递进进行切削，刀具路线如图 4.3.22 所示。此种切削方法适合于加工型腔内部存在的一个或多个岛屿。

☑ 高速切削选项：该选项是在圆弧处生成平稳的切削，且不易使刀具受损的一种加工方式，但加工时间较长，刀具路线如图 4.3.23 所示。

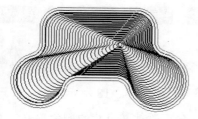

图 4.3.22 "依外形环切"

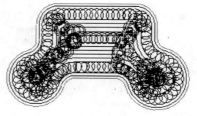

图 4.3.23 "高速切削"

☑ 单向选项：该选项是始终沿一个方向切削，适合切削深度较大时选用，但加工时间较长，刀具路线如图 4.3.24 所示。

☑ 螺旋切削选项：该选项是从某一点开始，沿螺旋线切削，刀具路线如图 4.3.25

所示。此种切削方式在切削时比较平稳，适合非规则型腔时选用，有较好的切削效果且生成的程序较短。

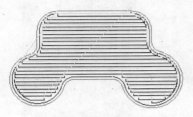

图 4.3.24　"单向"

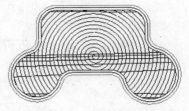

图 4.3.25　"螺旋切削"

说明：读者可以打开 D:\mcx7.1\work\ch04.03\EXMPLE.MCX-7 文件，通过更改其切削方式，仔细观察它们的特点。

- 切削间距（直径%）文本框：用于设置切削间距为刀具直径的定义百分比。

- 切削间距（距离）文本框：用于设置 XY 方向上的切削间距，XY 方向上的切削间距为距离值。

- 粗切角度 文本框：用于设置粗加工时刀具加工角的角度限制。此文本框仅在 切削方式 为 双向 和 单向 时可用。

- ☑ 刀具路径最佳化（避免插刀）复选框：用于防止在切削凸台或凹槽周围区域时因切削量过大而产生的刀具损坏。此选项仅在 切削方式 为 双向 、 等距环切 、 平行环切 和 平行环切清角 时可用。

- ☑ 由内而外环切 复选框：用于设置切削方向。选中此复选框，则切削方向为由内向外切削；反之，则由外向内切削。此选项在 切削方式 为 双向 和 单向切削 时不可用。

- 残料加工及等距环切的公差 文本框：设置粗加工的加工公差，可在第一个的文本框中输入刀具直径的百分比或在第二个文本框中输入具体值。

Step3. 设置粗加工进刀模式。在"2D 刀具路径 – 2D 挖槽"对话框的左侧节点列表中单击 粗加工 节点下的 进刀方式 节点，设置图 4.3.26 所示的参数。

图 4.3.26 所示的"进刀模式"参数设置界面中部分选项的说明如下。

- ◉ 螺旋式下刀 单选项：用于设置螺旋方式下刀。

  ☑ 最小半径 文本框：用于设置螺旋的最小半径。可在第一个文本框中输入刀具直径的百分比或在第二个文本框中输入具体值。

  ☑ 最大半径 文本框：用于设置螺旋的最大半径。可在第一个文本框中输入刀具直径的百分比或在第二个文本框中输入具体值。

  ☑ Z 高度 文本框：用于设置刀具在工件表面的某个高度开始螺旋下刀。

  ☑ XY 方向预留量 文本框：用于设置刀具螺旋下刀时距离边界的距离。

  ☑ 垂直进刀角度 文本框：用于设置刀具螺旋下刀时螺旋角度。

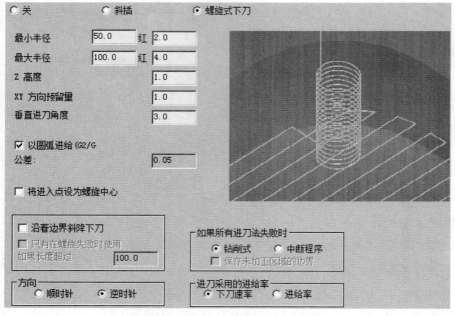

图 4.3.26　"进刀模式"参数设置

Step4. 设置精加工参数。在"2D 刀具路径 – 2D 挖槽"对话框的左侧节点列表中单击 精加工 节点，设置图 4.3.27 所示的参数。

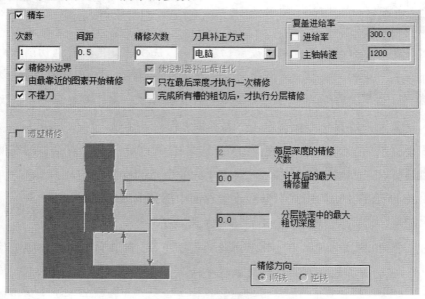

图 4.3.27　"精加工"参数设置

图 4.3.27 所示的"精加工"参数设置界面中部分选项的说明如下。

● ☑精车 复选框：用于创建精加工。

● 次数 文本框：用于设置精加工的次数。

● 间距 文本框：用于设置每次精加工的切削间距。

- **精修次数** 文本框：用于设置在同一路径精加工的精修次数。
- **刀具补正方式** 文本框：用于设置刀具的补正方式。
- **复盖进给率** 区域：用于设置精加工进给参数，该区域包括**进给率**文本框和**主轴转速**文本框。
  - ☑ **进给率**文本框：用于设置加工时的进给率。
  - ☑ **主轴转速**文本框：用于设置加工时的主轴转速。
- ☑ **精修外边界** 复选框：用于设置精加工内/外边界。当选中此复选框，则精加工外部边界；反之，则精加工内部边界。
- ☑ **由最靠近的图素开始精修** 复选框：用于设置粗加工后精加工的起始位置为最近的端点。当选中此复选框，则将最近的端点作为精加工的起始位置；反之，则将按照原先定义的顺序进行精加工。
- ☑ **不提刀** 复选框：用于设置在精加工时是否返回到预先定义的进给下刀位置。
- ☑ **使控制器补正最佳化** 复选框：用于设置控制器补正的优化。
- ☑ **只在最后深度才执行一次精修** 复选框：用于设置只在最后一次切削时进行精加工。当选中此复选框，则只在最后一次切削时进行精加工；反之，则将对每次切削进行精加工。
- ☑ **完成所有槽的粗切后，才执行分层精修** 复选框：用于设置完成所有粗加工后才进行多层的精加工。

Step5. 设置共同参数。在"2D 刀具路径 – 2D 挖槽"对话框的左侧节点列表中单击 **共同参数** 节点，设置图 4.3.28 所示的参数。

Step6. 单击"2D 刀具路径 – 2D 挖槽"对话框中的 ✓ 按钮，完成挖槽加工参数的设置，此时系统将自动生成图 4.3.29 所示的刀具路径。

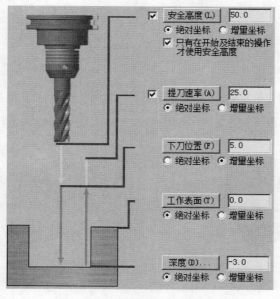

图 4.3.28 "共同参数"参数设置

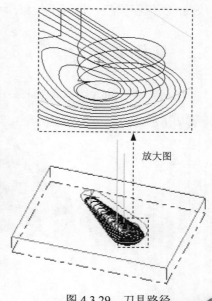

图 4.3.29 刀具路径

Stage6. 加工仿真

Step1. 路径模拟。

（1）在"操作管理"中单击 ≋ 刀具路径 - 167.7K - POCKET.NC - 程序号码 0 节点，系统弹出"路径模拟"对话框及"路径模拟控制"操控板。

（2）在"路径模拟控制"操控板中单击 ▶ 按钮，系统将开始对刀具路径进行模拟，结果与图 4.3.29 所示的刀具路径相同，在"路径模拟"对话框中单击 ✓ 按钮。

Step2. 切削实体验证。

（1）在"操作管理"中确认 📄 1 - 2D挖槽 (标准) - [WCS: 俯视图] - [刀具平面: 俯视图] 节点被选中，然后单击"验证已选择的操作"按钮 📦，系统弹出图 4.3.30 所示的"Mastercam Simulator"对话框。

（2）在"Mastercam Simulator"对话框中单击 ▶ 按钮，系统将开始进行实体切削仿真，结果如图 4.3.31 所示，单击 ✕ 按钮。

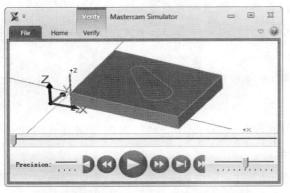

图 4.3.30 "Mastercam Simulator"对话框

图 4.3.31 仿真结果

Step3. 保存模型。选择下拉菜单 文件(F) ➡ 🖫 保存(S) 命令，保存模型。

4.3.2 实例 2

凹槽加工凸台的方法不同于上一小节中的标准挖槽加工，它是直接加工出平面从而得到所需要加工的凸台。下面通过一个实例（图 4.3.32）来说明凹槽加工凸台的一般操作过程。

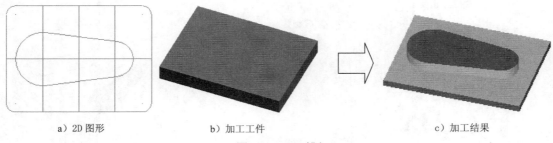

a）2D 图形   b）加工工件   c）加工结果

图 4.3.32 凹槽加工

Stage1. 进入加工环境

Step1. 打开文件 D:\mcx7.1\work\ch04.03\POXKET_2.MCX-7。

Step2. 进入加工环境。选择下拉菜单 机床类型(M) → 铣床(M) → 默认(D) 命令，系统进入加工环境，此时零件模型如图 4.3.33 所示。

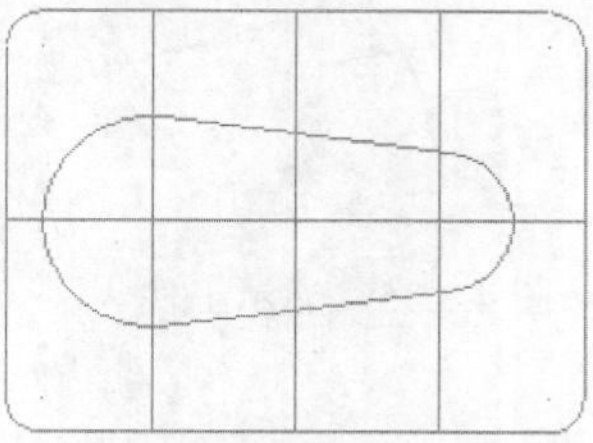

图 4.3.33 零件模型二维图

Stage2. 设置工件

Step1. 在“操作管理”中单击 属性 - Mill Default 节点前的“+”号，将该节点展开，然后单击 素材设置 节点，系统弹出“机器群组属性”对话框。

Step2. 设置工件的形状。在“机器群组属性”对话框的 形状 区域中选中 ⊙ 立方体 单选项。

Step3. 设置工件的尺寸。在“机器群组属性”对话框中单击 边界盒(B) 按钮，系统弹出“边界盒选项”对话框，接受系统默认的设置，单击 ✓ 按钮，返回至“机器群组属性”对话框，此时该对话框如图 4.3.34 所示。

Step4. 设置工件参数。在“机器群组属性”对话框的 Z 文本框中输入值 10.0，如图 4.3.34 所示。

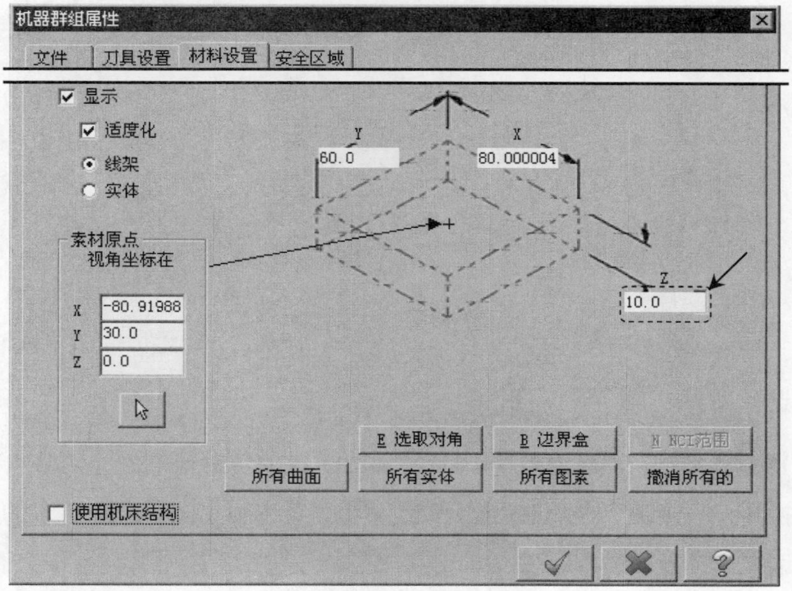

图 4.3.34 “机器群组属性”对话框

Step5. 单击"机器群组属性"对话框中的 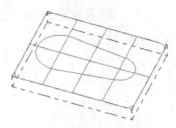 按钮，完成工件的设置。此时工件如图 4.3.35 所示，从图中可以观察到零件的边缘多了红色的双点画线，点画线围成的图形即为工件。

图 4.3.35　显示工件

Stage3. 选择加工类型

Step1. 选择下拉菜单 刀具路径(T) ➡ 2D挖槽(2)... 命令，系统弹出"输入新 NC 名称"对话框，采用系统默认的 NC 名称，单击 ✓ 按钮，完成 NC 名称的设置，同时系统弹出"串连选项"对话框。

Step2. 设置加工区域。在图形区中选取图 4.3.36 所示的边线，系统自动选取图 4.3.37 所示的边链 1；在图形区中选取图 4.3.38 所示的边线，系统自动选取图 4.3.39 所示的边链 2，单击 ✓ 按钮，完成加工区域的设置，同时系统弹出 "2D 刀具路径 - 2D 挖槽"对话框。

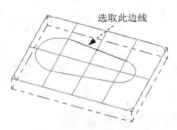

图 4.3.36　选取区域

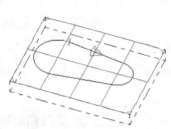

图 4.3.37　定义区域

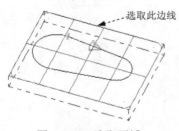

图 4.3.38　选取区域

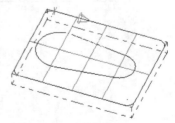

图 4.3.39　定义区域

Stage4. 选择刀具

Step1. 确定刀具类型。在"2D 刀具路径 - 2D 挖槽"对话框的左侧节点列表中单击 刀具 节点，切换到刀具参数界面；单击 过滤(F)... 按钮，系统弹出图 4.3.40 所示的"刀具过滤列表设置"对话框，单击 刀具类型 区域中的 无(N) 按钮后，在刀具类型按钮群中单击

（平底刀）按钮，单击 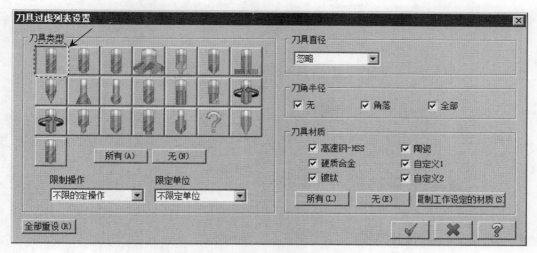 按钮，关闭"刀具过滤列表设置"对话框，系统返回至"2D刀具路径 - 2D挖槽"对话框。

图4.3.40 "刀具过滤列表设置"对话框

Step2. 选择刀具。在"2D刀具路径 - 2D挖槽"对话框中单击 选择刀库 按钮，系统弹出"选择刀具"对话框，在该对话框的列表框中选择图4.3.41所示的刀具。单击 按钮，关闭"选择刀具"对话框，系统返回至"2D刀具路径 - 2D挖槽"对话框。

图4.3.41 "选择刀具"对话框

Step3. 设置刀具参数。

（1）完成上步操作后，在"2D刀具路径 - 2D挖槽"对话框的刀具列表中双击该刀具，系统弹出"定义刀具 - Machine Group-2"对话框。

（2）设置刀具号。在"定义刀具 - Machine Group-2"对话框的 刀具号码 文本框中，将原有的数值改为1。

（3）设置刀具的加工参数。单击"定义刀具 - Machine Group-2"对话框的 参数 选项卡，设置图4.3.42所示的参数。

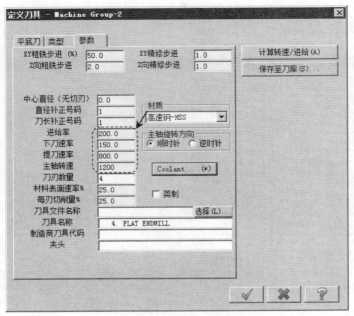

图 4.3.42 "参数"选项卡

（4）设置冷却方式。在 参数 选项卡中单击 Coolant... 按钮，系统弹出"Coolant..."
对话框，在 Flood （切削液）下拉列表中选择 On 选项，单击该对话框中的 ✓ 按钮，关闭
"Coolant..."对话框。

Step4. 单击"定义刀具 - Machine Group -2"对话框中的 ✓ 按钮，完成刀具的设置，
系统返回至"2D 刀具路径 - 2D 挖槽"对话框。

Stage5. 设置加工参数

Step1. 设置切削参数。在"2D 刀具路径 - 2D 挖槽"对话框的左侧节点列表中单击
切削参数 节点，设置图 4.3.43 所示的参数。

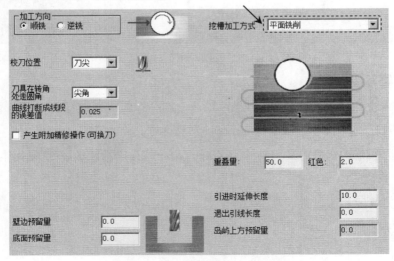

图 4.3.43 "切削参数"参数设置

Step2. 设置粗加工参数。在"2D 刀具路径 – 2D 挖槽"对话框的左侧节点列表中单击 **粗加工** 节点，设置图 4.3.44 所示的参数。

图 4.3.44 "粗加工"参数设置

Step3. 设置精加工参数。在"2D 刀具路径 – 2D 挖槽"对话框的左侧节点列表中单击 **精加工** 节点，设置图 4.3.45 所示的参数。

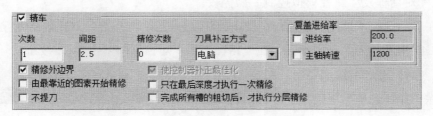

图 4.3.45 "精加工"参数设置

Step4. 设置共同参数。在"2D 刀具路径 – 2D 挖槽"对话框的左侧节点列表中单击 **共同参数** 节点，设置图 4.3.46 所示的参数。

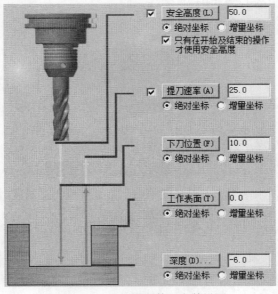

图 4.3.46 "共同参数"参数设置

Step5. 单击"2D 刀具路径 – 2D 挖槽"对话框中的 ✓ 按钮，完成加工参数的设置，此时系统将自动生成图 4.3.47 所示的刀具路径。

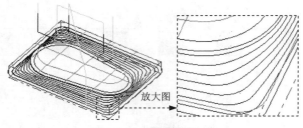

图 4.3.47　刀具路径

Stage6. 加工仿真

Step1. 路径模拟。

（1）在"操作管理"中单击 ≋ 刀具路径 – 113.4K – POXKET_2.NC – 程序号码 0 节点，系统弹出"路径模拟"对话框及"路径模拟控制"操控板。

（2）在"路径模拟控制"操控板中单击 ▶ 按钮，系统将开始对刀具路径进行模拟，结果与图 4.3.47 所示的刀具路径相同，在"路径模拟"对话框中单击 ✓ 按钮。

Step2. 实体切削验证。

（1）在"操作管理"中确认 📁 1 – 2D挖槽（平面加工）– [WCS: 俯视图] – [刀具平面: 俯视图]

节点被选中，然后单击"验证已选择的操作"按钮 📦，系统弹出"Mastercam Simulator"对话框。

（2）在"Mastercam Simulator"对话框中单击 ▶ 按钮，系统将开始进行实体切削仿真，结果如图 4.3.48 所示，单击 ✕ 按钮。

图 4.3.48　仿真结果

Step3. 保存模型。选择下拉菜单 文件(F) ➡ 🖫 保存(S) 命令，保存模型。

4.4　面 铣 加 工

面铣加工是通过定义加工边界对平面进行铣削，常常用于工件顶面和台阶面的加工。下面通过一个实例（图 4.4.1）来说明 Mastercam X7 面铣加工的一般过程，其操作步骤如下：

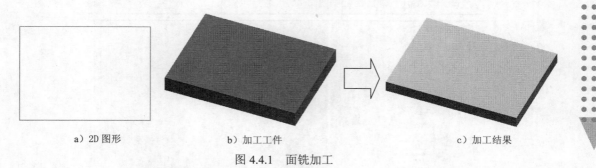

a）2D 图形　　　b）加工工件　　　c）加工结果

图 4.4.1　面铣加工

Stage1. 进入加工环境

Step1. 打开文件 D:\mcx7.1\work\ch04.04\FACE.MCX-7。

Step2. 进入加工环境。选择下拉菜单 机床类型(M) ➡ 铣床(M) ➡ 默认(D) 命令，系统进入加工环境，此时零件模型如图 4.4.2 所示。

图 4.4.2　零件模型二维图

Stage2. 设置工件

Step1. 在"操作管理"中单击 属性 - Mill Default 节点前的"+"号，将该节点展开，然后单击 素材设置 节点，系统弹出"机器群组属性"对话框。

Step2. 设置工件的形状。在"机器群组属性"对话框的 形状 区域中选中 立方体 单选项。

Step3. 设置工件的尺寸。在"机器群组属性"对话框中单击 边界盒(B) 按钮，系统弹出"边界盒选项"对话框，接受系统默认的设置，单击 ✓ 按钮，返回至"机器群组属性"对话框，如图 4.4.3 所示。

Step4. 设置工件参数。在"机器群组属性"对话框的 Z 文本框中输入值 10.0，如图 4.4.3 所示。

Step5. 单击"机器群组属性"对话框中的 ✓ 按钮，完成工件的设置。此时，零件如图 4.4.4 所示，从图中可以观察到零件的边缘多了红色的双点画线，点画线围成的图形即为工件。

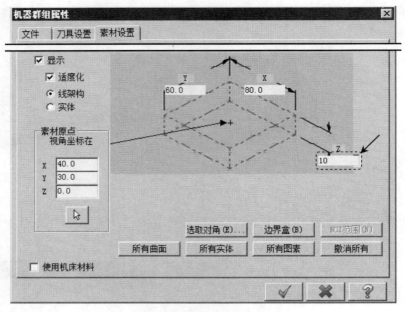

图 4.4.3 "机器群组属性"对话框

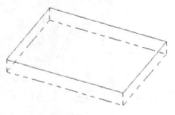

图 4.4.4 显示工件

Stage3. 选择加工类型

Step1. 选择下拉菜单 刀具路径(T) ➡ 平面铣(A)... 命令，系统弹出"输入新 NC 名称"对话框，采用系统默认的 NC 名称，单击 按钮，完成 NC 名称的设置，同时系统弹出"串连选项"对话框。

Step2. 设置加工区域。在图形区中选取图 4.4.5 所示的边线，系统自动选择图 4.4.6 所示的边链，单击 按钮，完成加工区域的设置，同时系统弹出图 4.4.7 所示的"2D 刀具路径－平面铣削"对话框。

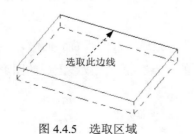

选取此边线

图 4.4.5 选取区域   图 4.4.6 定义区域

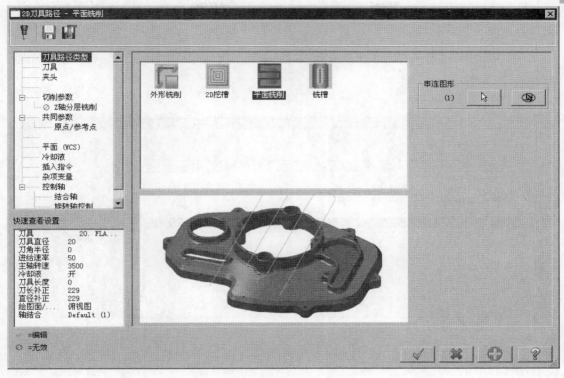

图 4.4.7 "2D 刀具路径 – 平面铣削"对话框

Stage4. 选择刀具

Step1. 确定刀具类型。在"2D 刀具路径 – 平面铣削"对话框的左侧节点列表中单击 刀具 节点，切换到刀具参数界面；单击 过虑(F)... 按钮，系统弹出图 4.4.8 所示的"刀具过滤列表设置"对话框，单击 刀具类型 区域中的 无(N) 按钮后，在刀具类型按钮群中单击 （平底刀）按钮，单击 ✓ 按钮，关闭"刀具过滤列表设置"对话框，系统返回至"2D 刀具路径 – 平面铣削"对话框。

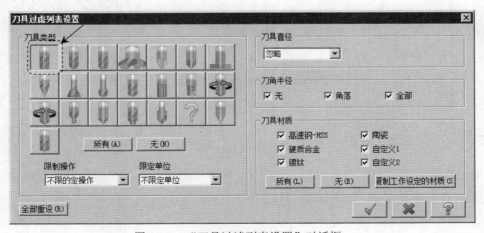

图 4.4.8 "刀具过滤列表设置"对话框

Step2. 选择刀具。在"2D 刀具路径 - 平面铣削"对话框中单击 选择刀库 按钮，系统弹出图 4.4.9 所示的"选择刀具"对话框，在该对话框的列表框中选择图 4.4.9 所示的刀具。单击 ✓ 按钮，关闭"选择刀具"对话框，系统返回至"2D 刀具路径 - 平面铣削"对话框。

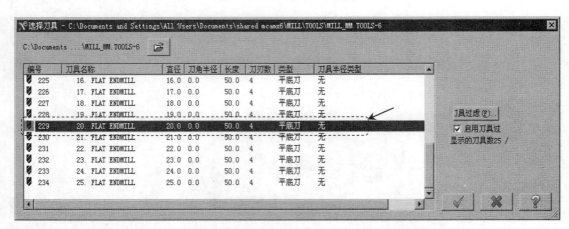

图 4.4.9 "选择刀具"对话框

Step3. 设置刀具参数。

（1）完成上步操作后，在"2D 刀具路径 - 平面铣削"对话框框的刀具列表中双击该刀具，系统弹出"定义刀具 - Machine Group-1"对话框。

（2）设置刀具号。在"定义刀具 - Machine Group -1"对话框的 刀具号码 文本框中，将原有的数值改为 1。

（3）设置刀具的加工参数。单击"定义刀具 - Machine Group -1"对话框的 参数 选项卡，在 进给率 文本框中输入值 500.0，在 下刀速率 文本框中输入值 200.0，在 提刀速率 文本框中输入值 800.0，在 主轴转速 文本框中输入值 600.0。

（4）设置冷却方式。在 参数 选项卡中单击 Coolant... 按钮，系统弹出"Coolant…"对话框，在 Flood （切削液）下拉列表中选择 On 选项，单击该对话框中的 ✓ 按钮，关闭"Coolant…"对话框。

Step4. 单击"定义刀具 - Machine Group -1"对话框中的 ✓ 按钮，完成刀具的设置，系统返回至"2D 刀具路径 - 平面铣削"对话框。

Stage5. 设置加工参数

Step1. 设置加工参数。在"2D 刀具路径 - 平面铣削"对话框的左侧节点列表中单击 切削参数 节点，设置图 4.4.10 所示的参数。

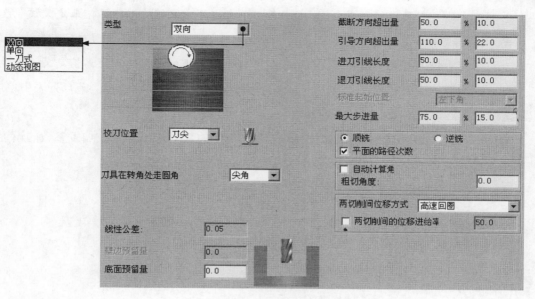

图 4.4.10 "切削参数"参数设置界面

图 4.4.10 所示的"切削参数"设置界面中部分选项的说明如下。

- 类型 下拉列表:用于选择切削类型,包括 双向 、 单向 、 一刀式 和 动态视图 四种切削类型。
  - ☑ 双向 选项:该选项为切削方向往复变换的铣削方式。
  - ☑ 单向 选项:该选项为切削方向固定是某个方向的铣削方式。
  - ☑ 一刀式 选项:该选项为在工件中心进行单向一次性的铣削加工。
  - ☑ 动态视图 选项:该选项为切削方向动态调整的铣削方式。
- 两切削间位移方式 下拉列表:用于定义两切削间的运动方式,其包括 高速回圈 、 线性 和 快速进给 三种运动方式。
  - ☑ 高速回圈 选项:该选项为在两切削间自动创建 180° 圆弧的运动方式。
  - ☑ 线性 选项:该选项为在两切削间自动创建一条直线的运动方式。
  - ☑ 快速进给 选项:该选项为在两切削间采用快速移动的运动方式。
- 截断方向超出量 文本框:用于设置平面加工时垂直于切削方向的刀具重叠量。用户可在第一个文本框中输入刀具直径的百分比,或在第二个文本框中直接输入距离值来定义重叠量。在 一刀式 切削类型时,此文本框不可用。
- 引导方向超出量 文本框:用于设置平面加工时平行于切削方向的刀具重叠量。用户可在第一个文本框中输入刀具直径的百分比,或在第二个文本框中直接输入距离值来定义重叠量。
- 进刀引线长度 文本框:用于在第一次切削前添加额外的距离。用户可在第一个文本

框中输入刀具直径的百分比,或在第二个文本框中直接输入距离值来定义该长度。

● 退刀引线长度 文本框:用于在最后一次切削后添加额外的距离。用户可在第一个文本框中输入刀具直径的百分比,或在第二个文本框中直接输入距离值定义该长度。

Step2. 设置共同参数。在"2D 刀具路径 – 平面铣削"对话框的左侧节点列表中单击 共同参数 节点,设置图 4.4.11 所示的参数。

Step3. 单击"2D 刀具路径 – 平面铣削"对话框中的 ✓ 按钮,完成加工参数的设置,此时系统将自动生成图 4.4.12 所示的刀具路径。

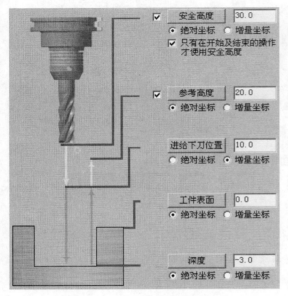

图 4.4.11 "共同参数"设置界面

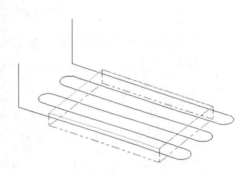

图 4.4.12 刀具路径

Stage6. 加工仿真

Step1. 路径模拟。

(1) 在"操作管理"中单击 ≋ 刀具路径 – 5.4K – FACE.NC – 程序号码 0 节点,系统弹出"路径模拟"对话框及"路径模拟控制"操控板。

(2) 在"路径模拟控制"操控板中单击 ▶ 按钮,系统将开始对刀具路径进行模拟,结果与图 4.4.12 所示的刀具路径相同,在"路径模拟"对话框中单击 ✓ 按钮。

Step2. 切削实体验证。

(1) 在"操作管理"中确认 📁 1 – 平面铣削 – [WCS: 俯视图] – [刀具平面: 俯视图] 节点被选中,然后单击"验证已选择的操作"按钮 📦 ,系统弹出"Mastercam Simulator"对话框。

(2) 在"Mastercam Simulator"对话框中单击 ▶ 按钮,系统将开始进行实体切削仿真,结果如图 4.4.13 所示,单击 X 按钮。

图 4.4.13 仿真结果

Step3. 保存模型。选择下拉菜单 文件(F) ➡ 📘 保存(S) 命令，保存模型文件。

4.5 雕刻加工

雕刻加工属于铣削加工的一个特例，它被包含在铣削加工范围，其加工图形一般是平面上的各种文字和图案。下面通过图 4.5.1 所示的实例，讲解一个雕刻加工的操作，其操作如下：

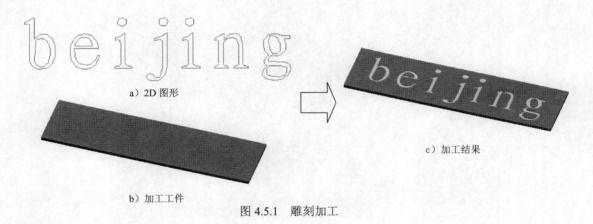

a）2D 图形

c）加工结果

b）加工工件

图 4.5.1 雕刻加工

Stage1. 进入加工环境

Step1. 打开文件 D:\mcx7.1\work\ch04.05\TEXT.MCX-7。

Step2. 进入加工环境。选择下拉菜单 机床类型(M) ➡ 铣床(M) ➡ 默认(D) 命令，系统进入加工环境，此时零件模型如图 4.5.2 所示。

图 4.5.2 零件模型二维图

Stage2. 设置工件

Step1. 在"操作管理"中单击山 属性 - Mill Default 节点前的"+"号，将该节点展开，然后单击◇ 素材设置 节点，系统弹出"机器群组属性"对话框。

Step2. 设置工件的形状。在"机器群组属性"对话框的 形状 区域中选中 ⊙ 立方体 单选项。

Step3. 设置工件的尺寸。在"机器群组属性"对话框中单击 边界盒(B) 按钮，系统弹出"边界盒选项"对话框，接受系统默认的参数设置，单击 ✓ 按钮，系统返回至"机器群组属性"对话框。

Step4. 设置工件参数。在"机器群组属性"对话框的 X 文本框中输入值 260.0，在 Y 文本框中输入值 65.0，在 Z 文本框中输入值 10.0，如图 4.5.3 所示。

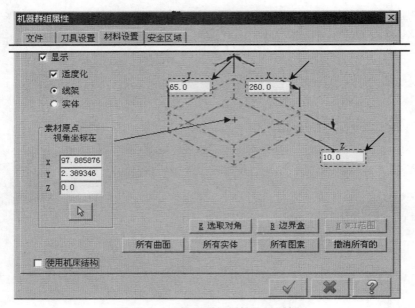

图 4.5.3　"机器群组属性"对话框

Step5. 单击"机器群组属性"对话框中的 ✓ 按钮，完成工件的设置。此时，零件如图 4.5.4 所示，从图中可以观察到零件的边缘多了红色的双点画线，点画线围成的图形即为工件。

图 4.5.4　显示工件

Stage3. 选择加工类型

Step1. 选择下拉菜单 刀具路径(T) ➡ 雕刻 命令，系统弹出"输入新 NC 名称"对话框，采用系统默认的 NC 名称，单击 ✓ 按钮，完成 NC 名称的设置，同时系统弹出"串连选项"对话框。

Step2. 设置加工区域。在"串连选项"对话框中单击 按钮，在图形区中框选图 4.5.5 所示的模型零件，在空白处单击，系统自动选取图 4.5.6 所示的边链，单击 ✓ 按钮，完成加工区域的设置，同时系统弹出图 4.5.7 所示的"雕刻"对话框。

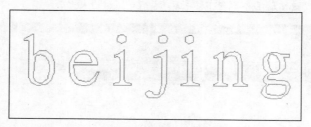

图 4.5.5　选取区域

图 4.5.6　定义区域

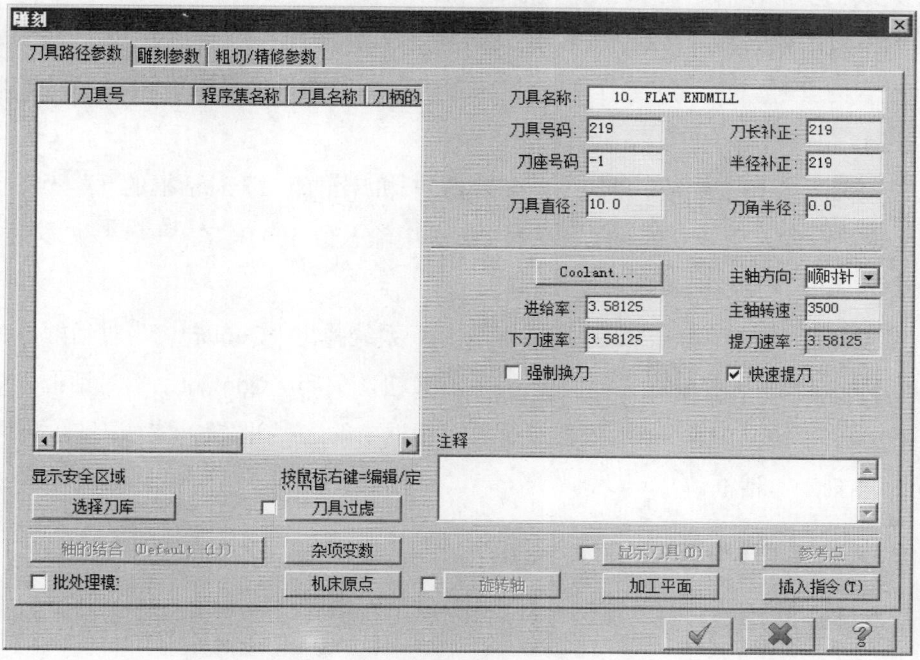

雕刻		
刀具路径参数	雕刻参数	粗切/精修参数

刀具名称: 10. FLAT ENDMILL
刀具号码: 219　　　刀长补正: 219
刀座号码: -1　　　半径补正: 219
刀具直径: 10.0　　　刀角半径: 0.0

Coolant...　　　主轴方向: 顺时针
进给率: 3.58125　　　主轴转速: 3500
下刀速率: 3.58125　　　提刀速率: 3.58125
☐ 强制换刀　　　☑ 快速提刀

注释

显示安全区域　　　按鼠标右键=编辑/定
选择刀库　　　☐　刀具过虑

轴的结合 (Default (1))　　　杂项变数　　　☐ 显示刀具(D)　　　☐ 参考点
☐ 批处理模式　　　机床原点　　　☐ 旋转轴　　　加工平面　　　插入指令(T)

✓　✗　？

图 4.5.7　"雕刻"对话框

Stage4. 选择刀具

Step1. 确定刀具类型。在"雕刻"对话框中单击 刀具过滤 按钮，系统弹出"刀具过滤列表设置"对话框，单击 刀具类型 区域中的 无(N) 按钮后，在刀具类型按钮群中单击 ▣ （平底刀）按钮，单击 ✓ 按钮，关闭"刀具过滤列表设置"对话框，系统返回至"雕刻"对话框。

Step2. 选择刀具。在"雕刻"对话框中单击 选择刀库 按钮，系统弹出图 4.5.8 所示的"选择刀具"对话框，在该对话框的列表框中选择图 4.5.8 所示的刀具。单击 ✓ 按钮，关闭"选择刀具"对话框，系统返回至"雕刻"对话框。

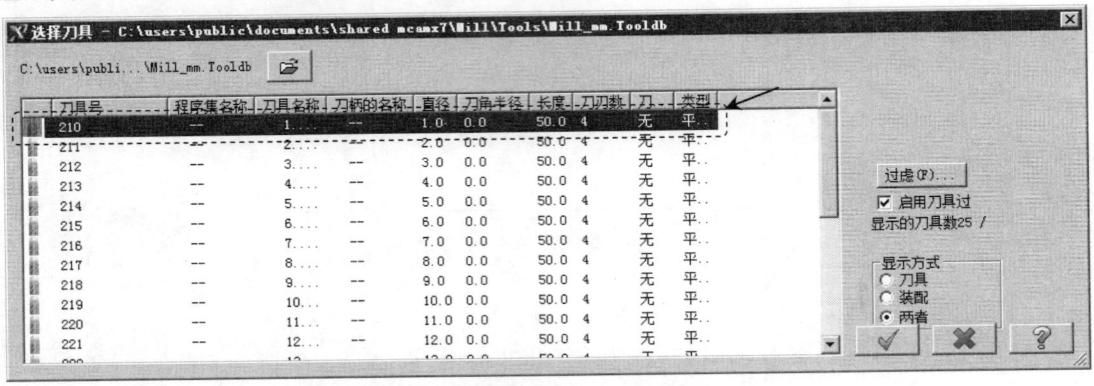

图 4.5.8　"选择刀具"对话框

Step3. 设置刀具参数。

（1）完成上步操作后，在"雕刻"对话框的 刀具路径参数 选项卡的列表框中显示出上步选取的刀具，双击该刀具，系统弹出"定义刀具 – 机床群组-1"对话框。

（2）设置刀具号。在"定义刀具 – 机床群组-1"对话框的 刀具号码 文本框中，将原有的数值改为 1。

（3）设置刀具的加工参数。单击"定义刀具 – 机床群组-1"对话框的 参数 选项卡，在 进给率 文本框中输入值 300.0，在 下刀速率 文本框中输入值 500.0，在 提刀速率 文本框中输入值 1000.0，在 主轴转速 文本框中输入值 1200.0。

（4）设置冷却方式。单击 Coolant... 按钮，系统弹出"Coolant..."对话框，在 Flood （切削液）下拉列表中选择 On 选项，单击 ✓ 按钮，关闭"Coolant..."对话框。

Step4. 单击"定义刀具 – 机床群组-1"对话框中的 ✓ 按钮，完成刀具的设置，系统返回至"雕刻"对话框。

Stage5. 设置加工参数

Step1. 设置加工参数。在"雕刻"对话框中单击 雕刻参数 选项卡，设置图 4.5.9 所示的参数。

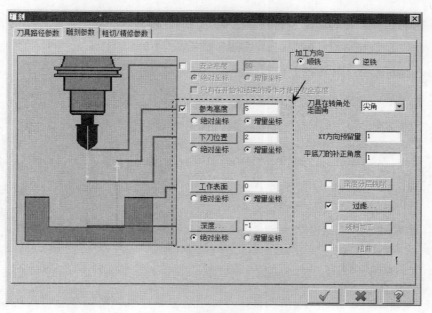

图 4.5.9　"雕刻参数"选项卡

图 4.5.9 所示的"雕刻参数"选项卡中部分选项的说明如下。

- 加工方向 区域：该区域包括 ● 顺铣 单选项和 ● 逆铣 单选项。

  ☑ ● 顺铣 单选项：切削方向与刀具运动方向相反。

  ☑ ● 逆铣 单选项：切削方向与刀具运动方向相同。

- 扭曲 按钮：用于设置两条曲线之间或在曲面上扭曲刀具路径的参数。这种加工方法在 4 轴或 5 轴加工时比较常用。当该按钮前的复选框被选中时方可使用，否则此按钮为不可用状态。

Step2. 设置加工参数。在"雕刻"对话框中单击 粗切/精修参数 选项卡，设置图 4.5.10 所示的参数。

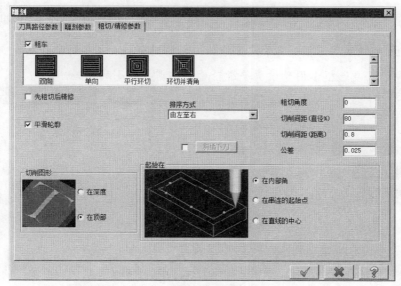

图 4.5.10　"粗切/精修参数"选项卡

图 4.5.10 所示的"粗切/精修参数"选项卡的部分选项说明如下。

● "粗车"：包括 双向 、单向 、平行环切 和 环切并清角 四种切削方式。

☑ 双向 选项：刀具往复的切削方式，刀具路径如图 4.5.11 所示。

☑ 单向 选项：刀具始终沿一个方向进行切削，刀具路径如图 4.5.12 所示。

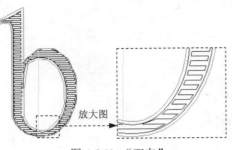
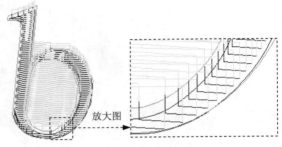

图 4.5.11 "双向" 　　　　　　　　　　　　图 4.5.12 　"单向"

☑ 平行环切 选项：该选项是根据每次切削边界产生一定偏移量，直到加工完成，刀具路径如图 4.5.13 所示。此种加工方法不保证清除每次的切削残量。

☑ 环切并清角 选项：该选项与 平行环切 类似，但加入了清除拐角处的残量刀路，刀具路径如图 4.5.14 所示。

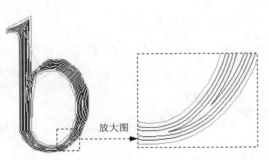
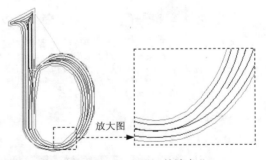

图 4.5.13 "平行环切" 　　　　　　　　　　图 4.5.14 "环切并清角"

● ☑ 先粗切后精修 复选框：用于设置精加工之前进行粗加工，同时可以减少换刀次数。

● ☑ 平滑轮廓 复选框：用于设置平滑轮廓而不需要较小的公差。

● 排序方式 下拉列表：用于设置加工顺序，包括 选择顺序 、由上而下切削 和 由左至右 选项。

☑ 选择顺序 选项：按选取的顺序进行加工。

☑ 由上而下切削 选项：按从上往下的顺序进行加工。

☑ 由左至右 选项：按从左往右的顺序进行加工。

● 斜插下刀 按钮：用于设置以一个特殊的角度下刀。当此按钮前的复选框被选中时方可使用，否则此按钮为不可用状态。

● 公差 文本框：用于调整走刀路径的精度。

- 切削图形区域：该区域包括 ⊙ 在深度 单选项和 ⊙ 在顶部 单选项。
    - ☑ ⊙ 在深度 单选项：用于设置以 Z 轴方向上的深度值来设计加工深度。
    - ☑ ⊙ 在顶部 单选项：用于设置在 Z 轴方向上从工件顶部开始计算加工深度，以至于不会达到定义的加工深度。

Step3. 单击"雕刻"对话框中的 ☑ 按钮，完成加工参数的设置，此时系统将自动生成图 4.5.15 所示的刀具路径。

放大图

图 4.5.15　刀具路径

Stage6. 加工仿真

Step1. 路径模拟。

（1）在"操作管理"中单击 ≋ 刀具路径 - 116.9K - TEXT.NC - 程序号码 0 节点，系统弹出"路径模拟"对话框及"路径模拟控制"操控板。

（2）在"路径模拟控制"操控板中单击 ▶ 按钮，系统将开始对刀具路径进行模拟，结果与图 4.5.15 所示的刀具路径相同，在"路径模拟"对话框中单击 ☑ 按钮。

Step2. 实体切削验证。

（1）在"操作管理"中确认 ☑ 1 - 雕刻操作 - [WCS: 俯视图] - [刀具平面: 俯视图] 节点被选中，然后单击"验证已选择的操作"按钮 ◆，系统弹出"Mastercam Simulator"对话框。

（2）在"Mastercam Simulator"对话框中单击 ▶ 按钮，系统将开始进行实体切削仿真，结果如图 4.5.16 所示，单击 ✖ 按钮。

图 4.5.16　仿真结果

Step3. 保存模型。选择下拉菜单 文件(F) ➡ 🖫 保存(S) 命令，保存模型。

4.6 钻 孔 加 工

钻孔加工是以点或圆弧中心确定加工位置来加工孔或者螺纹，其加工方式有钻孔、攻螺纹和镗孔等。下面通过图 4.6.1 所示的实例说明钻孔的加工过程，其操作如下：

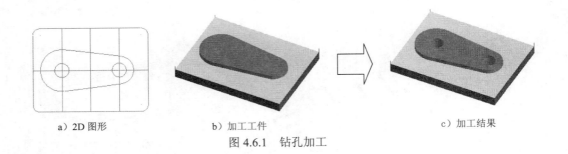

a）2D 图形   b）加工工件   c）加工结果

图 4.6.1   钻孔加工

Stage1. 进入加工环境

打开文件 D:\mcx7.1\work\ch04.06\POXKET_DRILLING.MCX-7，零件模型如图 4.6.2 所示。

图 4.6.2   零件模型

Stage2. 选择加工类型

Step1. 选择下拉菜单 刀具路径(T) ➡ 钻孔(D)... 命令，系统弹出图 4.6.3 所示的 "选取钻孔的点" 对话框，选取图 4.6.4 所示的两个圆的中心点为钻孔点。

Step2. 单击 ✓ 按钮，完成选取钻孔点的操作，同时系统弹出 "2D 刀具路径 – 钻孔/全圆铣削 深孔钻-无啄孔" 对话框。

图 4.6.3 所示的 "选取钻孔的点" 对话框中各按钮的说明如下。

- ⬚ 按钮：用于选取个别点。
- 自动 按钮：用于自动选取定义的第一点、第二点和第三点之间的点，并自动排序。其中定义的第一点为自动选取的起始点，第二点为自动选取的选取方向，

第三点为自动选取的结束点。

图 4.6.3 "选取钻孔的点"对话框

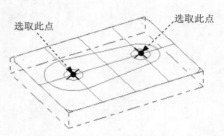

图 4.6.4 定义钻孔点

- **图素** 按钮：用于自动选取图素中的点，如果选取的图素为圆弧，则系统会自动选取它的中心点作为钻孔中心点；如果选取的图素为其他的图素，则系统会自动选取它的端点作为钻孔中心点；并且点的顺序与图素的创建顺序保持一致。
- **窗选** 按钮：用于选取定义的矩形区域中的点，选取的点定义为钻孔中心点。
- **限定圆弧** 按钮：用于选取符合定义范围的所有圆心。
- ☑ **直径** 文本框：用于设置定义圆的直径。
- ☑ **公差** 文本框：用于设置定义圆直径的公差，在定义圆直径公差范围内的圆心均被选取。
- ☑ **副程序...** 按钮：用于将先前操作中选取的点定义为本次的加工点，此种选择方式仅适合于以前有钻孔、扩孔、铰孔操作的加工。
- ☑ **选择上次(ⓐA)** 按钮：用于选择上一次选取的所有点，并能在上次选取点的基础上加入新的定义点。
- ☑ **排序...** 按钮：用于设置加工点位的顺序，单击此按钮，系统弹出"排序"窗口，其中图 4.6.5a 所示"2D 排序"选项卡中适合平面孔位的矩形排序，图 4.6.5b 所示"旋转排序"选项卡中适合平面孔位的圆周排序，图 4.6.5c 所示"交叉断面排序"选项卡适合旋转面上的孔位排序。
- ☑ **编辑...** 按钮：用于编辑定义点的相关参数。如在某点时的跳跃高度、深度等。
- ☑ **撤消选择** 按钮：用于撤消上一步中所选择的加工点。

☑ 全部撤消 按钮：用于撤消所有已经选择的加工点。

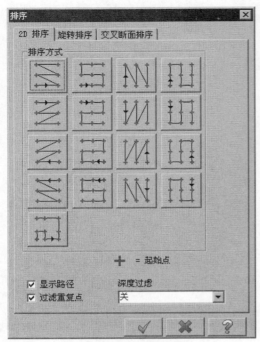

a) "2D 排序"选项卡

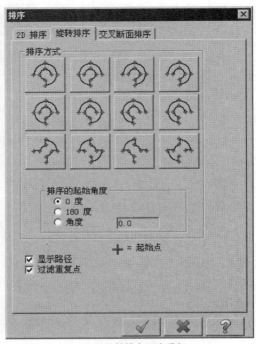

b) "旋转排序"选项卡

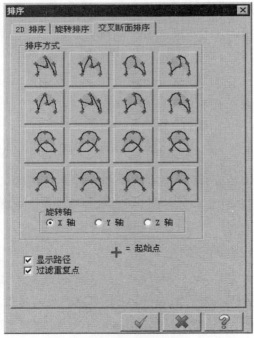

c) "交叉断面排序"选项卡

图 4.6.5 "排序"窗口

Stage3. 选择刀具

Step1. 确定刀具类型。在"2D 刀具路径 – 钻孔/全圆铣削 深孔钻-无啄孔"对话框中，单击 刀具 节点，切换到刀具参数界面；单击 过滤(F)... 按钮，系统弹出"刀具过滤列表设置"对话框，单击 刀具类型 区域中的 无(N) 按钮后，在刀具类型按钮群中单击 （钻头）按钮，单击 ✓ 按钮，关闭"刀具过滤列表设置"对话框，系统返回至"2D 刀具路径 – 钻孔/全圆铣削 深孔钻-无啄孔"对话框。

Step2. 选择刀具。在"2D 刀具路径 – 钻孔/全圆铣削 深孔钻-无啄孔"对话框中单击 选择刀库 按钮，系统弹出图 4.6.6 所示的"选择刀具"对话框，在该对话框的列表框中选择图 4.6.6 所示的刀具。单击 ✓ 按钮，关闭"选择刀具"对话框，系统返回至"2D 刀具路径 – 钻孔/全圆铣削 深孔钻-无啄孔"对话框。

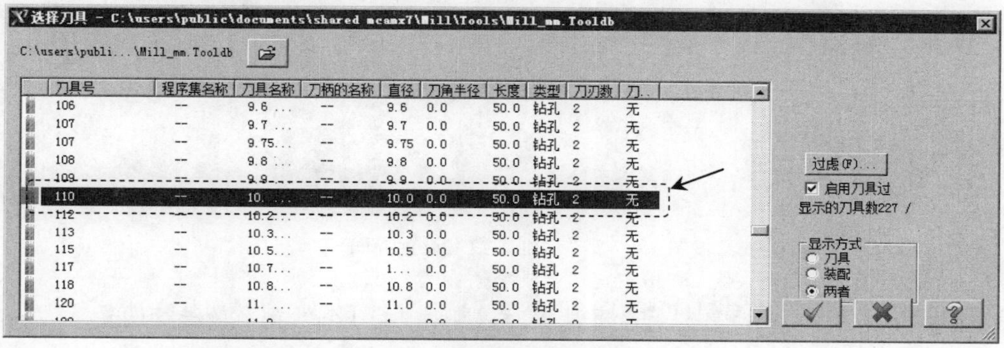

图 4.6.6 "选择刀具"对话框

Step3. 设置刀具参数。

（1）在"2D 刀具路径 – 钻孔/全圆铣削 深孔钻-无啄孔"对话框的刀具列表中双击该刀具，系统弹出"定义刀具 – 机床群组-1"对话框。

（2）设置刀具号。在"定义刀具 – 机床群组-1"对话框的 刀具号码 文本框中，将原有的数值改为 2。

（3）设置刀具的加工参数。单击 参数 选项卡，在 进给率 文本框中输入值 300.0，在 下刀速率 文本框中输入值 200.0，在 提刀速率 文本框中输入值 1000.0，在 主轴转速 文本框中输入值 1200.0。

（4）设置冷却方式。在 参数 选项卡中单击 Coolant... 按钮，系统弹出"Coolant..."对话框，在 Flood （切削液）下拉列表中选择 On 选项，单击该对话框的 ✓ 按钮，关闭"Coolant..."对话框。

Step4. 单击"定义刀具 – 机床群组-1"对话框中的 ✓ 按钮，完成刀具的设置，系统返回至"2D 刀具路径 – 钻孔/全圆铣削 深孔钻-无啄孔"对话框。

Stage4. 设置加工参数

Step1. 设置切削参数。在"2D 刀具路径 – 钻孔/全圆铣削 深孔钻-无啄孔"对话框的

Mastercam X7

数控加工教程

左侧节点列表中单击 切削参数 节点，设置图 4.6.7 所示的参数。

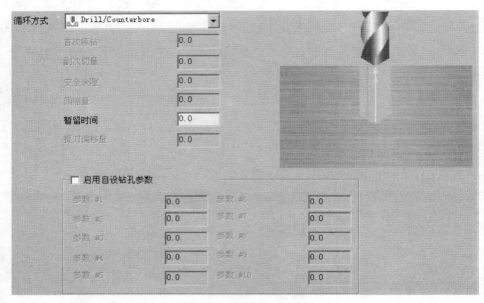

图 4.6.7　"切削参数"设置界面

说明：当选中 ☑ 启用自设钻孔参数 复选框时，可对 1~10 个钻孔参数进行设置。

Step2. 设置共同参数。在"2D 刀具路径 – 钻孔/全圆铣削 深孔钻-无啄孔"对话框左侧节点列表中单击 共同参数 节点，设置图 4.6.8 所示的参数。

Step3. 单击"2D 刀具路径 – 钻孔/全圆铣削 深孔钻-无啄孔"对话框中的 ✓ 按钮，完成加工参数的设置，此时系统将自动生成图 4.6.9 所示的刀具路径。

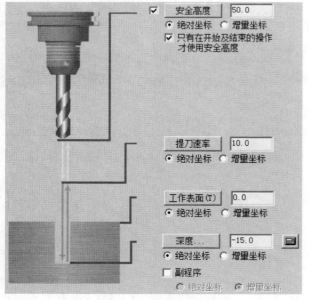

图 4.6.8　"共同参数"设置界面

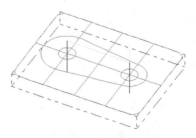

图 4.6.9　刀具路径

112

Stage5.　加工仿真

Step1.　路径模拟。

（1）在"操作管理"中单击刀具路径 - 4.8K - POXKET_2.NC - 程序号码 0节点，系统弹出"路径模拟"对话框及"路径模拟控制"操控板。

（2）在"路径模拟控制"操控板中单击▶按钮，系统将开始对刀具路径进行模拟，结果与图4.6.9所示的刀具路径相同，在"路径模拟"对话框中单击✓按钮。

Step2.　实体切削验证。

（1）在 刀具路径管理器 选项卡中单击✓按钮，然后单击"验证已选择的操作"按钮，系统弹出"Mastercam Simulator"对话框。

（2）在"Mastercam Simulator"对话框中单击●按钮，系统将开始进行实体切削仿真，结果如图4.6.10所示，单击 X 按钮。

图4.6.10　仿真结果

Step3.　保存模型。选择下拉菜单文件(F) ➡ 保存(S)命令，保存模型。

4.7　全圆铣削路径

全圆铣削路径加工是针对圆形轮廓的 2D 铣削加工，可以通过指定点进行孔的螺旋铣削等，下面介绍创建常用的全圆铣削路径的操作方法。

4.7.1　全圆铣削

全圆铣削主要是用较小直径的刀具加工较大直径的圆孔，可对孔壁和底面进行粗精加工。下面以图4.7.1所示例子介绍全圆铣削的一般操作过程。

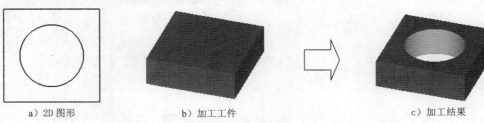

a）2D 图形　　　b）加工工件　　　c）加工结果

图4.7.1　全圆铣削加工

Stage1. 进入加工环境

打开文件 D:\mcx7.1\work\ch04.07.01\CIRCLE_MILL.MCX-7，系统默认进入铣削加工环境。

Stage2. 设置工件

Step1. 在"操作管理"中单击 山 属性 – Mill Default MM 节点前的"+"号，将该节点展开，然后单击 ◆ 素材设置 节点，系统弹出"机器群组属性"对话框。

Step2. 设置工件的形状。在"机器群组属性"对话框的 形状 区域中选中 ⊙ 立方体 单选项。在"机器群组属性"对话框的 X 文本框中输入值 150.0，在 Y 文本框中输入值 150.0，在 Z 文本框中输入值 50.0。

Step3. 单击"机器群组属性"对话框中的 ✓ 按钮，完成工件的设置，从图中可以观察到零件的边缘多了红色的双点画线，双点画线围成的图形即为工件。

Stage3. 选择加工类型

Step1. 选择下拉菜单 刀具路径(T) → 全圆铣削路径(L) → 全圆铣削(C)... 命令，系统弹出"输入新 NC 名称"对话框，采用系统默认的 NC 名称，单击 ✓ 按钮，完成 NC 名称的设置，同时系统弹出"选取钻孔的点"对话框。

Step2. 设置加工区域。在图形区中选取图 4.7.2 所示的点，单击 ✓ 按钮，完成加工点的设置，同时系统弹出图 4.7.3 所示的"2D 刀具路径–全圆铣削"对话框。

选取此点

图 4.7.2 选取钻孔点

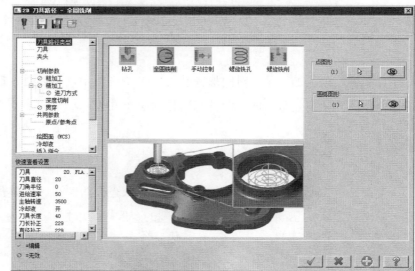

图 4.7.3 "2D 刀具路径–全圆铣削"对话框

Stage4. 选择刀具

Step1. 确定刀具类型。在"2D 刀具路径 – 全圆铣削"对话框的左侧节点列表中单击

刀具 节点，切换到刀具参数界面；单击 过虑(F)... 按钮，系统弹出"刀具过滤列表设置"对话框，单击 刀具类型 区域中的 无(N) 按钮后，在刀具类型按钮群中单击 ▮ （平底刀）按钮，单击 ✓ 按钮，关闭"刀具过滤列表设置"对话框，系统返回至"2D刀具路径 – 全圆铣削"对话框。

Step2. 选择刀具。在"2D刀具路径-全圆铣削"对话框中单击 选择刀库 按钮，系统弹出"选择刀具"对话框，在该对话框的列表框中选择 ▮ 229   20. FLAT ENDMILL   20.0   0.0   50.0   4   平底刀 刀具。单击 ✓ 按钮，关闭"选择刀具"对话框，系统返回至"2D刀具路径 – 全圆铣削"对话框。

Step3. 设置刀具参数。

（1）完成上步操作后，在"2D刀具路径-全圆铣削"对话框刀具列表中双击该刀具，系统弹出"定义刀具 – 机床群组-1"对话框。

（2）设置刀具号。在"定义刀具 – 机床群组-1"对话框的 刀具号码 文本框中，将原有的数值改为1。

（3）设置刀具的加工参数。单击"定义刀具 – 机床群组-1"对话框的 参数 选项卡，设置图4.7.4所示的参数。

（4）设置冷却方式。在 参数 选项卡中单击 Coolant... 按钮，系统弹出"Coolant…"对话框，在 Flood （切削液）下拉列表中选择 On 选项，单击该对话框的 ✓ 按钮，关闭"Coolant…"对话框。

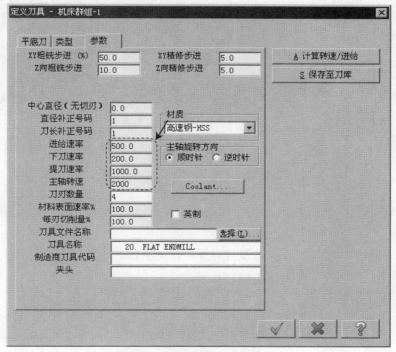

图4.7.4　"参数"选项卡

Step4. 单击"定义刀具 – 机床群组-1"对话框中的 按钮，完成刀具的设置，系统返回至"2D 刀具路径 - 全圆铣削"对话框。

Stage5. 设置加工参数

Step1. 设置切削参数。在"2D 刀具路径 – 全圆铣削"对话框的左侧节点列表中单击 切削参数 节点，设置图 4.7.5 所示的参数。

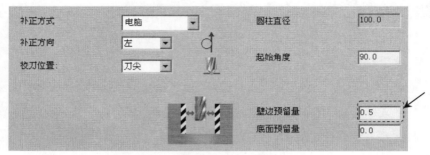

图 4.7.5 "切削参数"参数设置

Step2. 设置粗加工参数。在"2D 刀具路径 – 全圆铣削"对话框的左侧节点列表中单击 粗加工 节点，设置图 4.7.6 所示的参数。

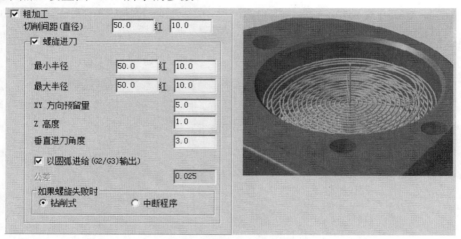

图 4.7.6 "粗加工"参数设置

Step3. 设置精加工参数。在"2D 刀具路径 – 全圆铣削"对话框的左侧节点列表中单击 精加工 节点，设置图 4.7.7 所示的参数。

图 4.7.7 所示的"精加工"参数设置界面中部分选项的说明如下。

- 精加工 复选框：选中该选项，将创建精加工刀具路径。
- 局部精修 复选框：选中该选项，将创建局部精加工刀具路径。
  - ☑ 号码: 文本框：用于设置精加工的次数。
  - ☑ 间距 文本框：用于设置每次精加工的切削间距。

☑ **复盖进给率** 区域：用于设置精加工进给参数。

☑ **进给率** 文本框：用于设置加工时的进给率。

☑ **主轴转速** 文本框：用于设置加工时的主轴转速。

● **执行精修时** 区域：用于设置精加工的深度位置。

☑ ⊙ **所有深度** 单选项：用于设置在每层切削时进行精加工。

☑ ⊙ **最后深度** 单选项：用于设置只在最后一次切削时进行精加工。

● ☑ **不提刀** 复选框：用于设置在精加工时是否返回到预先定义的进给下刀位置。

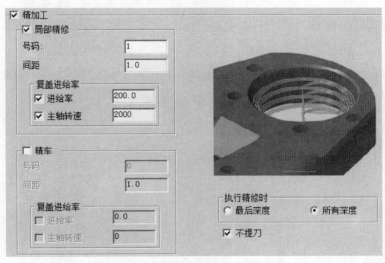

图 4.7.7 "精加工"参数设置

Step4. 设置精加工进刀模式。在"2D 刀具路径 — 全圆铣削"对话框的左侧节点列表中单击 **精加工** 节点下的 **进刀方式** 节点，设置图 4.7.8 所示的参数。

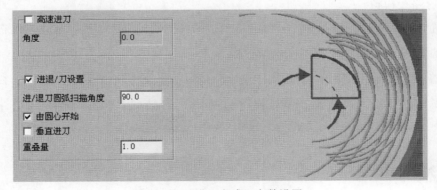

图 4.7.8 "进刀方式"参数设置

Step5. 设置深度参数。在"2D 刀具路径 — 全圆铣削"对话框的左侧节点列表中单击 ⊘ **深度切削** 节点，设置图 4.7.9 所示的参数。

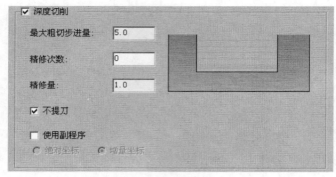

图 4.7.9 "深度切削"参数设置

Step6. 设置共同参数。在"2D 刀具路径 – 全圆铣削"对话框的左侧节点列表中单击 共同参数 节点，在 深度 文本框中输入值-50，其余采用默认参数。

Step7. 单击"2D 刀具路径 – 全圆铣削"对话框中的 ✓ 按钮，完成钻孔加工参数的设置，此时系统将自动生成图 4.7.10 所示的刀具路径。

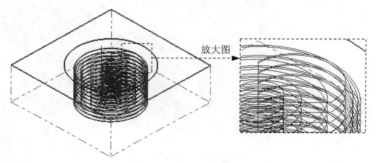

放大图

图 4.7.10 刀具路径

Stage6. 加工仿真

Step1. 路径模拟。

（1）在"操作管理"中单击 刀具路径 - 167.7K - POCKET.NC - 程序号码 0 节点，系统弹出"路径模拟"对话框及"路径模拟控制"操控板。

（2）在"路径模拟控制"操控板中单击 ▶ 按钮，系统将开始对刀具路径进行模拟，结果与图 4.7.10 所示的刀具路径相同，在"路径模拟"对话框中单击 ✓ 按钮。

Step2. 保存模型。选择下拉菜单 文件(F) ➡ 保存(S) 命令，保存模型。

4.7.2 螺旋钻孔

螺旋钻孔是以螺旋线的走刀方式加工较大直径的圆孔，可对孔壁和底面进行粗精加工。下面以图 4.7.11 所示例子说明螺旋钻孔的一般操作过程。

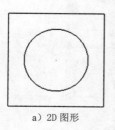

a）2D 图形

b）加工工件

c）加工结果

图 4.7.11　螺旋钻孔加工

Stage1. 进入加工环境

打开文件 D:\mcx7.1\work\ch04.07.02\HELIX_MILL.MCX-7，系统默认进入铣削加工环境。

Stage2. 选择加工类型

Step1. 选择下拉菜单 刀具路径 (T) ➡ 全圆铣削路径 (L) ➡ 螺旋铣孔 (H)... 命令，系统弹出"选取钻孔的点"对话框。

Step2. 设置加工区域。在图形区中选取图 4.7.12 所示的点，单击 ✓ 按钮，完成加工点的设置，同时系统弹出"2D 刀具路径 – 螺旋铣孔"对话框。

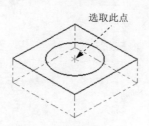

选取此点

图 4.7.12　选取钻孔点

Stage3. 选择刀具

Step1. 选择刀具。在"2D 刀具路径 – 螺旋铣孔"对话框的左侧节点列表中单击 刀具 节点，切换到刀具参数界面；在该对话框的列表框中选择已有的刀具。

Step2. 其余参数采用上次设定的默认参数。

Stage4. 设置加工参数

Step1. 设置切削参数。在"2D 刀具路径 – 螺旋铣孔"对话框的左侧节点列表中单击 切削参数 节点，设置图 4.7.13 所示的参数。

Mastercam X7 数控加工教程

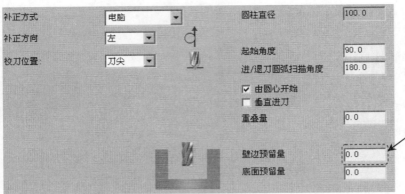

图 4.7.13　"切削参数"参数设置

Step2. 设置粗加工参数。在"2D 刀具路径－螺旋铣孔"对话框的左侧节点列表中单击 **粗/精加工** 节点，设置图 4.7.14 所示的参数。

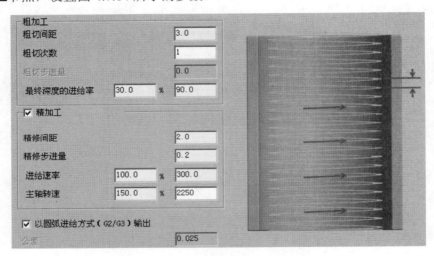

图 4.7.14　"粗/精加工"参数设置

Step3. 设置共同参数。在"2D 刀具路径－螺旋铣孔"对话框的左侧节点列表中单击 **共同参数** 节点，在 **深度(D)...** 文本框中输入值-50，其余采用默认参数。

Step4. 单击"2D 刀具路径－螺旋铣孔"对话框中的 按钮，完成钻孔加工参数的设置，此时系统将自动生成图 4.7.15 所示的刀具路径。

图 4.7.15　刀具路径

120

Stage5. 加工仿真

Step1. 路径模拟。

（1）在"操作管理"中单击 刀具路径 - 167.7K - POCKET.NC - 程序号码 0 节点，系统弹出"路径模拟"对话框及"路径模拟控制"操控板。

（2）在"路径模拟控制"操控板中单击 按钮，系统将开始对刀具路径进行模拟，结果与图 4.7.15 所示的刀具路径相同，在"路径模拟"对话框中单击 按钮。

Step2. 保存模型。选择下拉菜单 文件(F) ➡ 保存(S) 命令，保存模型。

4.7.3　铣键槽

铣键槽加工是常用的铣削加工，这种加工方式只能加工两端半圆形的矩形键槽。下面以图 4.7.16 所示例子说明铣键槽的一般操作过程。

a）2D 图形　　　　b）加工工件　　　　c）加工结果

图 4.7.16　铣键槽加工

Stage1. 进入加工环境

打开文件 D:\mcx7.1\work\ch04.07.03\ SLOT_MILL.MCX-7，系统默认进入铣削加工环境。

Stage2. 设置工件

Step1. 在"操作管理"中单击 属性 - Mill Default MM 节点前的"+"号，将该节点展开，然后单击 素材设置 节点，系统弹出"机器群组属性"对话框。

Step2. 设置工件的形状。在"机器群组属性"对话框的 形状 区域中选中 立方体 单选项。在"机器群组属性"对话框的 X 文本框中输入值 150.0，在 Y 文本框中输入值 100.0，在 Z 文本框中输入值 20.0。

Step3. 单击"机器群组属性"对话框中的 按钮，完成工件的设置，从图中可以观察到零件的边缘多了红色的双点画线，双点画线围成的图形即为工件。

Stage3. 选择加工类型

Step1. 选择下拉菜单 刀具路径(T) ➡ L 全圆铣削路径 ▸ ➡ 铣键槽(L)... 命令，

系统"输入新 NC 名称"对话框，采用系统默认的 NC 名称，单击  按钮，完成 NC 名称的设置，同时系统弹出"串连选项"对话框。

Step2. 设置加工区域。在图形区中选取图 4.7.17 所示的 2 条曲线链，单击 按钮，完成加工点的设置，同时系统弹出"2D 刀具路径 – 铣槽"对话框。

选取此 2 条曲线链

图 4.7.17　选取曲线链

Stage4. 选择刀具

Step1. 选择刀具。在"2D 刀具路径 – 铣槽"对话框的左侧节点列表中单击 刀具 节点，切换到刀具参数界面；单击 过滤(F)... 按钮，系统弹出"刀具过滤列表设置"对话框，单击 刀具类型 区域中的 无(N) 按钮后，在刀具类型按钮群中单击 (平底刀)按钮，单击 按钮，关闭"刀具过滤列表设置"对话框，系统返回至"2D 刀具路径 – 铣槽"对话框。

Step2. 选择刀具。在"2D 刀具路径 – 铣槽"对话框中单击 选择刀库 按钮，系统弹出"选择刀具"对话框，在该对话框的列表框中选择 219 10. FLAT ENDMILL 10.0 0.0 50.0 4 平底刀 刀具。单击 按钮，关闭"选择刀具"对话框，系统返回至"2D 刀具路径 – 铣槽"对话框。

Step3. 设置刀具参数。

（1）完成上步操作后，在"2D 刀具路径 – 铣槽"对话框刀具列表中双击该刀具，系统弹出"定义刀具 – 机床群组-1"对话框。

（2）设置刀具号。在"定义刀具 – 机床群组-1"对话框的 刀具号码 文本框中，将原有的数值改为 1。

（3）设置刀具的加工参数。单击"定义刀具 – 机床群组-1"对话框的 参数 选项卡，设置图 4.7.18 所示的参数。

（4）设置冷却方式。在 参数 选项卡中单击 Coolant... 按钮，系统弹出"Coolant..."对话框，在 Flood （切削液）下拉列表中选择 On 选项，单击该对话框中的 按钮，关闭"Coolant..."对话框。

Step4. 单击"定义刀具-机床群组-1"对话框中的 按钮，完成刀具的设置，系统返回至"2D 刀具路径 – 铣槽"对话框。

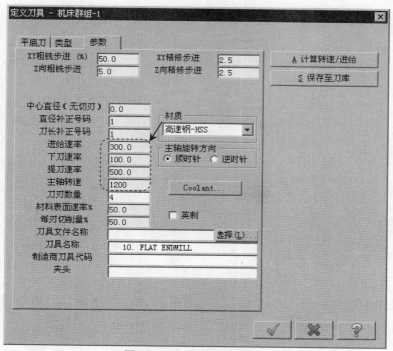

图 4.7.18 "参数"选项卡

Stage5. 设置加工参数

Step1. 设置切削参数。在"2D 刀具路径－铣槽"对话框的左侧节点列表中单击 切削参数 节点，设置图 4.7.19 所示的参数。

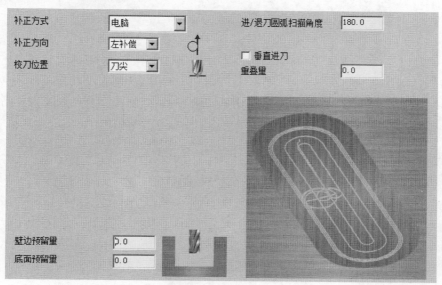

图 4.7.19 "切削参数"参数设置

Step2. 设置粗加工参数。在"2D 刀具路径－铣槽"对话框的左侧节点列表中单击 粗/精加工 节点，设置图 4.7.20 所示的参数。

Mastercam X7
数控加工教程

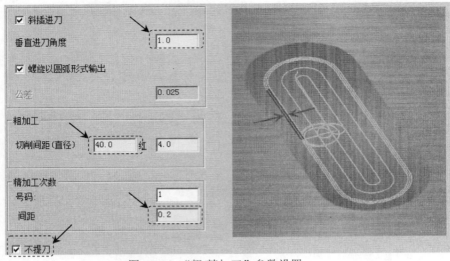

图 4.7.20 "粗/精加工"参数设置

Step3. 设置深度参数。在"2D 刀具路径 – 铣槽"对话框的左侧节点列表中单击 ◇ 深度切削 节点，设置图 4.7.21 所示的参数。

图 4.7.21 设置深度切削参数

Step4. 设置共同参数。在"2D 刀具路径 – 铣槽"对话框的左侧节点列表中单击 共同参数 节点，在 深度(D)... 文本框中输入值-10，其余采用默认参数。

Step5. 单击"2D 刀具路径 – 铣槽"对话框中的 ✓ 按钮，完成铣键槽加工参数的设置，此时系统将自动生成图 4.7.22 所示的刀具路径。

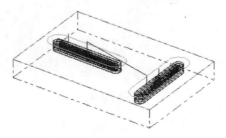

图 4.7.22 刀具路径

124

Stage6. 加工仿真

Step1. 路径模拟。

（1）在"操作管理"中单击 刀具路径 - 29.6K - SLOT_MILL.NC - 程序号码 0 节点，系统弹出"路径模拟"对话框及"路径模拟控制"操控板。

（2）在"路径模拟控制"操控板中单击 按钮，系统将开始对刀具路径进行模拟，结果与图 4.7.22 所示的刀具路径相同，在"路径模拟"对话框中单击 按钮。

Step2. 保存模型。选择下拉菜单 文件(F) ➡ 保存(S) 命令，保存模型。

4.8 综合实例

通过对前面二维加工刀具路径的参数设置和操作方法的学习，用户能掌握面铣削加工、挖槽加工、钻孔加工和外形铣削加工等二维数控加工方法。下面结合二维加工的各种方法来加工一个综合实例（图 4.8.1），其操作如下：

Stage1. 进入加工环境

打开文件 D:\mcx7.1\work\ch04.08\EXAMPLE.MCX-7，系统进入加工环境，此时零件模型如图 4.8.2 所示。

Stage2. 设置工件

Step1. 在"操作管理"中单击 属性 - Generic Mill 节点前的"+"号，将该节点展开，然后单击 素材设置 节点，系统弹出"机器群组属性"对话框。

Step2. 设置工件的形状。在"机器群组属性"对话框的 形状 区域中选中 立方体 单选项。

Step3. 设置工件的尺寸。在"机器群组属性"对话框中单击 边界盒(B) 按钮，系统弹出"边界盒选项"对话框，接受系统默认的选项，单击 按钮，返回至"机器群组属性"对话框。

Step4. 设置工件参数。在"机器群组属性"对话框的 Y 文本框中输入值 140.0，在 X 文本框中输入值 165.0，在 Z 文本框中输入值 50.0，如图 4.8.3 所示。

Step5. 单击"机器群组属性"对话框中的 按钮，完成工件的设置。此时零件如图 4.8.4 所示，从图中可以观察到零件的边缘多了红色的双点画线，点画线围成的图形即为工件。

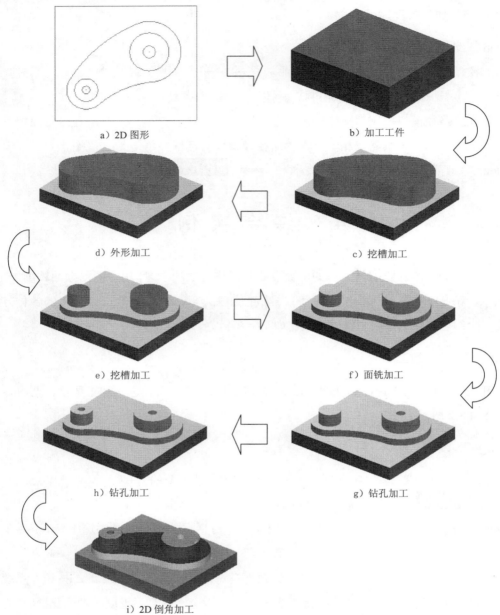

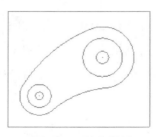

图 4.8.1　加工流程图

a）2D 图形
b）加工工件
d）外形加工
c）挖槽加工
e）挖槽加工
f）面铣加工
h）钻孔加工
g）钻孔加工
i）2D 倒角加工

图 4.8.2　零件模型

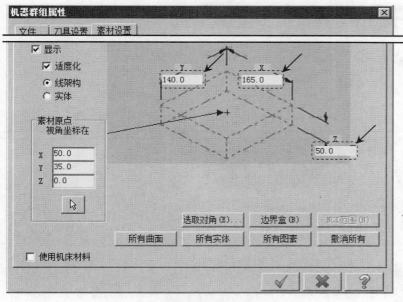

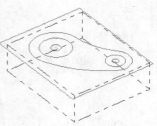

图 4.8.3　"机器群组属性"对话框

图 4.8.4　显示工件

Stage3. 挖槽加工

Step1. 选择下拉菜单 刀具路径(T) ➡ 2D挖槽(2)... 命令，系统弹出"输入新 NC 名称"对话框，采用系统默认的 NC 名称，单击 ✓ 按钮，完成 NC 名称的设置，同时系统弹出"串连选项"对话框。

Step2. 设置加工区域。在图形区中选取图 4.8.5 所示的边线，系统自动选取图 4.8.6 所示的边链 1；在图形区中选取图 4.8.7 所示的边线，系统自动选取图 4.8.8 所示的边线。单击 ✓ 按钮，完成加工区域的设置，系统弹出图 4.8.9 所示的"2D 刀具路径 - 2D 挖槽"对话框。

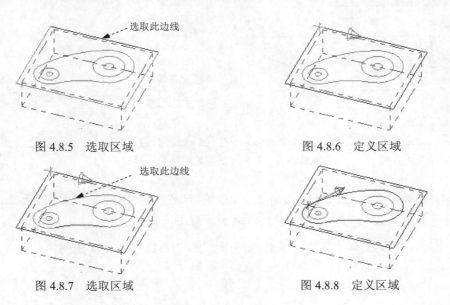

图 4.8.5　选取区域

图 4.8.6　定义区域

图 4.8.7　选取区域

图 4.8.8　定义区域

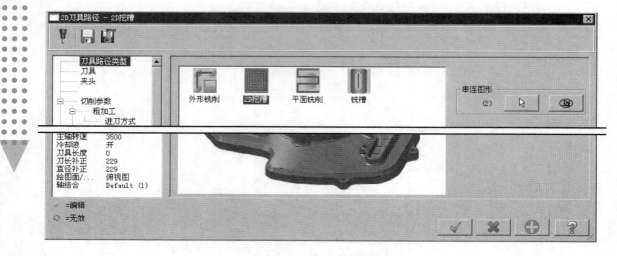

图 4.8.9　"2D 刀具路径 - 2D 挖槽"对话框

Step3. 确定刀具类型。在图 4.8.9 所示的对话框左侧节点列表中单击 刀具 节点,切换到刀具参数界面;单击 过滤(F)… 按钮,系统弹出图 4.8.10 所示的"刀具过滤列表设置"对话框,单击 刀具类型 区域的 无(N) 按钮后,在刀具类型按钮群中单击 （平底刀）按钮,单击 按钮,关闭"刀具过滤列表设置"对话框,系统返回至"2D 刀具路径 - 2D 挖槽"对话框。

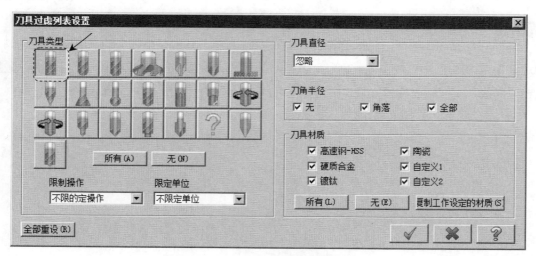

图 4.8.10　"刀具过滤列表设置"对话框

Step4. 选择刀具。在"2D 刀具路径 - 2D 挖槽"对话框中单击 选择刀库 按钮,系统弹出"选择刀具"对话框,在该对话框的列表框中选择图 4.8.11 所示的刀具。单击 按钮,关闭"选择刀具"对话框,系统返回至"2D 刀具路径 - 2D 挖槽"对话框。

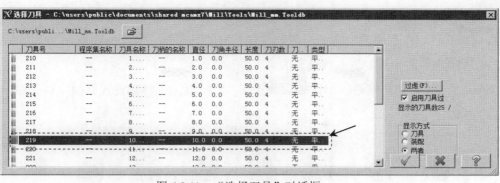

图 4.8.11　"选择刀具"对话框

Step5. 设置刀具参数。

（1）完成上步操作后，在"2D 刀具路径-2D 挖槽"对话框刀具列表中双击该刀具，系统弹出"定义刀具 – Machine Group-1"对话框。

（2）设置刀具号。在"定义刀具 – Machine Group-1"对话框的刀具号码文本框中，将原有的数值改为 1。

（3）设置刀具的加工参数。单击"定义刀具 – Machine Group-1"对话框中的 参数 选项卡，设置图 4.8.12 所示的参数。

（4）设置冷却方式。在 参数 选项卡中单击 Coolant... 按钮，系统弹出"Coolant…"对话框，在 Flood （切削液）下拉列表中选择 On 选项，单击该对话框中的 ✓ 按钮，关闭"Coolant…"对话框。

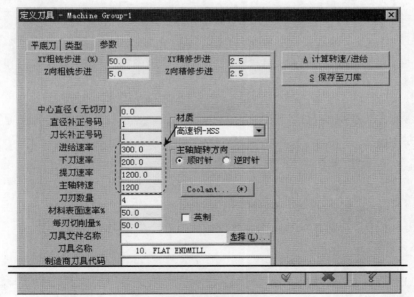

图 4.8.12　"参数"选项卡

Step6. 单击"定义刀具 – Machine Group-1"对话框中的 ✓ 按钮，完成刀具的设置，系统返回至"2D 刀具路径-2D 挖槽"对话框。

Step7. 设置挖槽切削参数。在"2D 刀具路径 - 2D 挖槽"对话框的左侧节点列表中单击 切削参数 节点，在系统弹出的切削参数设置界面的 挖槽加工方式 下拉列表中选择 平面铣削 选项；在 壁边预留量 文本框中输入数值 1.0。

Step8. 设置粗加工参数。单击 粗加工 节点，显示粗加工参数设置界面，设置图 4.8.13 所示的参数。

图 4.8.13　"粗加工"设置界面

Step9. 设置粗加工进刀模式。单击 粗加工 节点下的 进刀方式 节点，显示粗加工进刀模式设置界面，选中 ⊙ 螺旋形 单选项。

Step10. 设置精加工参数。单击 精加工 节点，显示精加工参数设置界面，设置图 4.8.14 所示的参数。

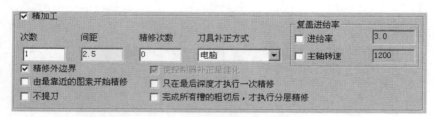

图 4.8.14　"精加工"设置界面

Step11. 设置深度切削参数。单击 ⊘ 深度切削 节点，显示深度切削参数设置界面，设置图 4.8.15 所示的参数。

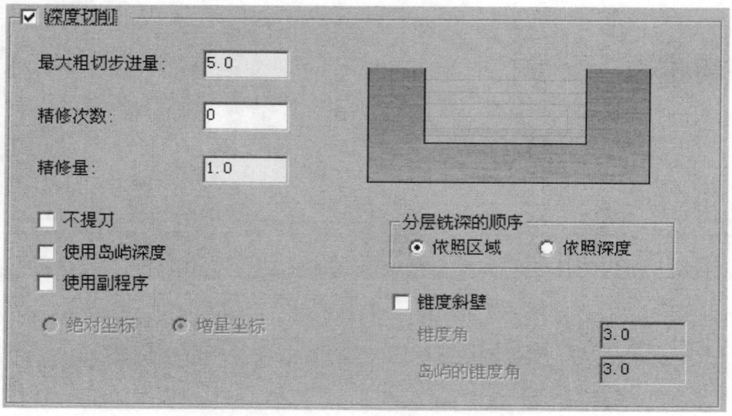

图 4.8.15　"深度切削"设置界面

Step12. 设置共同参数。单击 共同参数 节点，切换到共同参数设置界面，设置图 4.8.16 所示的参数。

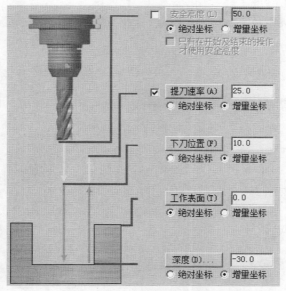

图 4.8.16　"共同参数"设置界面

Step13. 单击 "2D 刀具路径 - 2D 挖槽" 对话框中的 ✓ 按钮，完成加工参数的设置，此时系统将自动生成图 4.8.17 所示的刀具路径。

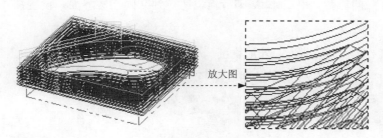

图 4.8.17　刀具路径

Stage4. 外形加工

Step1. 选择下拉菜单 刀具路径(T) ➡ 外形铣削...(C)... 命令，系统弹出 "串连选项" 对话框。

Step2. 设置加工区域。在图形区中选取图 4.8.18 所示的边线，系统自动选取图 4.8.19 所示的边链，单击 ✓ 按钮，完成加工区域的设置，同时系统弹出 "2D 刀具路径 - 外形铣削" 对话框。

Step3. 选择刀具。在 "2D 刀具路径 - 外形铣削" 对话框的左侧节点列表中单击 刀具 节点，切换到刀具参数界面；在刀具列表中选择前面所创建的平底刀为外形加工的刀具。

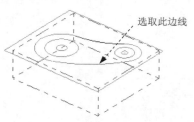

图 4.8.18　选取区域

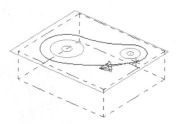

图 4.8.19　定义区域

Step4. 设置深度切削参数。单击 ⊘深度切削 节点，切换到深度切削参数界面，设置图 4.8.20 所示的参数。

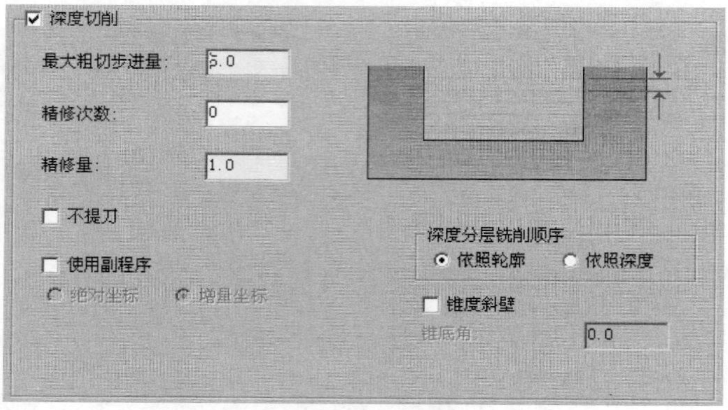

图 4.8.20　"深度切削"设置界面

Step5. 设置共同参数。单击 共同参数 节点，切换到共同参数界面，设置图 4.8.21 所示的参数。

Step6. 单击"2D 刀具路径 - 外形铣削"对话框中的 ✓ 按钮，完成加工参数的设置，此时系统将自动生成图 4.8.22 所示的刀具路径。

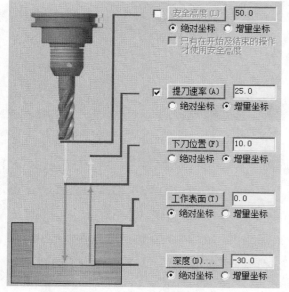

图 4.8.21　"共同参数"设置界面

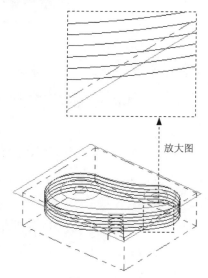

放大图

图 4.8.22　刀具路径

Stage5. 挖槽加工

Step1. 选择下拉菜单 刀具路径(T) ➝ 📄 2D挖槽(2)... 命令，系统弹出"串连选项"对话框。

Step2. 设置加工区域。在图形区中依次选择图 4.8.23 所示的三条边线链，单击 ✓ 按钮，完成加工区域的设置，同时系统弹出"2D 刀具路径 - 2D 挖槽"对话框。

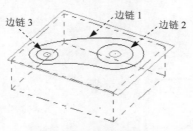

边链 3　边链 1　边链 2

图 4.8.23　定义区域

Step3. 确定刀具类型。在"2D 刀具路径 - 2D 挖槽"对话框左侧节点列表中单击 刀具 节点，切换到刀具参数界面；单击 过滤(F)... 按钮，系统弹出"刀具过滤列表设置"对话框，单击 刀具类型 区域中的 无(N) 按钮后，在刀具类型按钮群中单击 ▌（平底刀）按钮，单击 ✓ 按钮，关闭"刀具过滤列表设置"对话框，系统返回至"2D 刀具路径 - 2D 挖槽"对话框。

Step4. 选择刀具。单击 选择刀库 按钮，系统弹出"选择刀具"对话框，在该对话框的列表框中选择图 4.8.24 所示的刀具。单击 ✓ 按钮，关闭"选择刀具"对话框，系统返回至"2D 刀具路径 - 2D 挖槽"对话框。

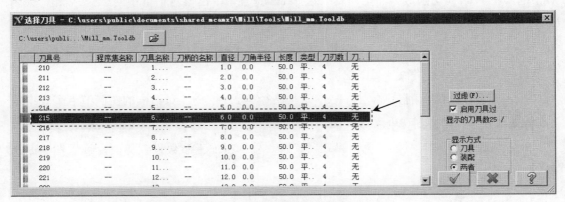

图 4.8.24　"选择刀具"对话框

Step5. 设置刀具参数。

（1）完成上步操作后，在"2D 刀具路径 - 2D 挖槽"对话框的刀具列表中双击上步选取的刀具，系统弹出"定义刀具 - Machine Group-1"对话框。

（2）设置刀具号。在"定义刀具 - Machine Group-1"对话框的 刀具号码 文本框中，将原有的数值改为2。

（3）设置刀具的加工参数。单击"定义刀具 – Machine Group-1"对话框的参数选项卡，设置图4.8.25所示的参数。

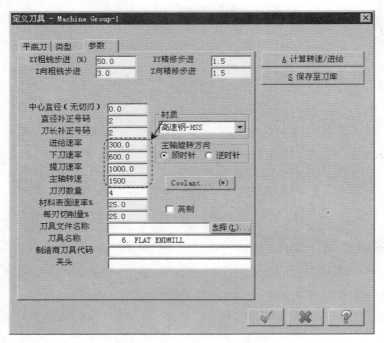

图4.8.25　"参数"选项卡

（4）设置冷却方式。在参数选项卡中单击Coolant...按钮，系统弹出"Coolant..."对话框，在Flood（切削液）下拉列表中选择On选项，单击该对话框中的✓按钮，关闭"Coolant..."对话框。

Step6. 单击"定义刀具 – Machine Group-1"对话框中的✓按钮，完成刀具的设置，系统返回至"2D 刀具路径 – 2D 挖槽"对话框。

Step7. 设置挖槽切削参数。在"2D 刀具路径 - 2D 挖槽"对话框的左侧节点列表中单击切削参数节点，切换到切削参数界面，在挖槽加工方式下拉列表中选取平面铣选项。

Step8. 设置粗加工参数。单击粗加工节点，显示粗加工参数设置界面，设置图 4.8.26 所示的参数。

图4.8.26　"粗加工"参数设置界面

134

Step9. 设置粗加工进刀模式。单击 粗加工 节点下的 进刀方式 节点，显示粗加工进刀模式设置界面，选中 ⊙ 螺旋形 单选项。

Step10. 设置深度切削参数。单击 ⊘ 深度切削 节点，切换到深度切削参数界面，设置图 4.8.27 所示的参数。

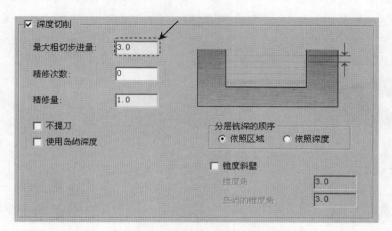

图 4.8.27　"深度切削"设置界面

Step11. 设置共同参数。单击 共同参数 节点，切换到共同参数界面，设置图 4.8.28 所示的参数。

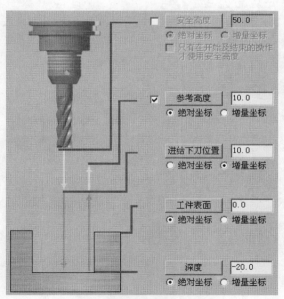

图 4.8.28　"共同参数"设置界面

Step12. 单击"2D 刀具路径 - 2D 挖槽"对话框中的 ✓ 按钮，完成加工参数的设置，此时系统将自动生成图 4.8.29 所示的刀具路径。

Stage6. 面铣加工

Step1. 选择下拉菜单 刀具路径(T) ➡️ 平面铣(A)... 命令，系统弹出"串连选项"对话框。

Step2. 设置加工区域。在图形区中依次选择图 4.8.30 所示的两条边链，单击 ✓ 按钮，完成加工区域的设置，系统弹出"2D 刀具路径–平面铣削"对话框。

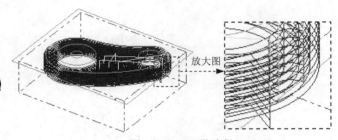

图 4.8.29　刀具路径

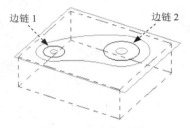

图 4.8.30　定义区域

Step3. 选择刀具。在"2D 刀具路径–平面铣削"对话框左侧节点列表中单击 刀具 节点，切换到刀具参数界面；在刀具列表中单击刀具号为 1 的平底刀为加工刀具。

Step4. 设置平面加工切削参数。在"2D 刀具路径–平面铣削"对话框中单击 切削参数 节点，切换到切削参数界面；设置图 4.8.31 所示的参数。

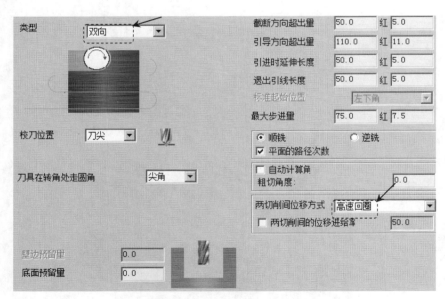

图 4.8.31　"切削参数"设置界面

Step5. 设置共同参数。单击 共同参数 节点，切换到共同参数界面，设置图 4.8.32 所示的参数。

Step6. 单击"2D 刀具路径–平面铣削"对话框中的 ✓ 按钮，完成加工参数的设置，此时系统将自动生成图4.8.33所示的刀具路径。

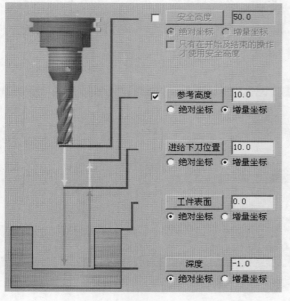

图4.8.32 "共同参数"设置界面

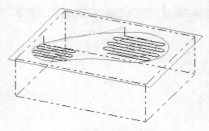

图4.8.33 刀具路径

Stage7. 钻孔加工

Step1. 钻孔加工1。

（1）选择下拉菜单 刀具路径(T) ➡ 钻孔(D)... 命令，系统弹出"选取钻孔的点"对话框。

（2）设置加工区域。在图形区中选取图4.8.34所示的圆弧的中心点，单击 ✓ 按钮，完成选取钻孔点的操作，同时系统弹出"2D刀具路径 – 钻孔/全圆铣削 深孔钻-无啄孔"对话框。

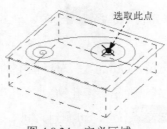

选取此点

图4.8.34 定义区域

（3）确定刀具类型。在"2D刀具路径 – 钻孔/全圆铣削 深孔钻-无啄孔"对话框左侧节点列表中单击 刀具 节点，切换到刀具参数界面；单击 过滤(F)... 按钮，系统弹出"刀具过滤列表设置"对话框，单击 刀具类型 区域中的 无(N) 按钮后，在刀具类型按钮群中单击 🔩（钻头）按钮，单击 ✓ 按钮，关闭"刀具过滤列表设置"对话框，系统返回至"2D刀具

路径 – 钻孔/全圆铣削 深孔钻-无啄孔"对话框。

（4）选择刀具。单击 选择刀库 按钮，系统弹出图 4.8.35 所示的"选择刀具"对话框，在该对话框的列表框中选择图 4.8.35 所示的刀具。单击 ✓ 按钮，关闭"选择刀具"对话框，系统返回至"2D 刀具路径 – 钻孔/全圆铣削 深孔钻-无啄孔"对话框。

刀具号	程序集名称	刀具名称	刀柄的名称	直径	刀角半径	长度	类型	刀	刀刃数
118	--	10.8...	--	10.8	0.0	50.0	钻孔	无	2
120	--	11....	--	11.0	0.0	50.0	钻孔	无	2
122	--	11.2...	--	1....	0.0	50.0	钻孔	无	2
125	--	11.5...	--	11.5	0.0	50.0	钻孔	无	2
130	--	12....	--	12.0	0.0	50.0	钻孔	无	2
135	--	12.5...	--	12.5	0.0	50.0	钻孔	无	2
137	--	12.7...	--	1....	0.0	50.0	钻孔	无	2
140	--	13....	--	13.0	0.0	50.0	钻孔	无	2
142	--	13.2...	--	13.2	0.0	50.0	钻孔	无	2
145	--	13.5...	--	13.5	0.0	50.0	钻孔	无	2
150	--	14....	--	14.0	0.0	50.0	钻孔	无	2
155	--	14.5...	--	14.5	0.0	50.0	钻孔	无	2

图 4.8.35 "选择刀具"对话框

（5）设置刀具参数。

① 完成上步操作后，在"2D 刀具路径 – 钻孔/全圆铣削 深孔钻-无啄孔"对话框刀具列表中双击该刀具，系统弹出"定义刀具 – Machine Group-1"对话框。

② 设置刀具号。在"定义刀具 –Machine Group-1"对话框 刀具号码 文本框中，将原有的数值改为 3。

③ 设置刀具的加工参数。单击 参数 选项卡，在 进给率 文本框中输入值 300.0，在 下刀速率 文本框中输入值 200.0，在 提刀速率 文本框中输入值 800.0，在 主轴转速 文本框中输入值 1000.0。

④ 设置冷却方式。在 参数 选项卡中单击 Coolant... 按钮，系统弹出"Coolant..."对话框，在 Flood （切削液）下拉列表中选择 On 选项，单击该对话框中的 ✓ 按钮，关闭"Coolant..."对话框。

（6）单击"定义刀具 – Machine Group-1"对话框中的 ✓ 按钮，完成刀具的设置，系统返回至"2D 刀具路径-钻孔/全圆铣削 深孔钻-无啄孔"对话框。

（7）设置共同参数。单击 共同参数 节点，切换到共同参数界面；设置图 4.8.36 所示的参数。

（8）单击"2D 刀具路径 – 钻孔/全圆铣削 深孔钻-无啄孔"对话框中的 ✓ 按钮，完成加工参数的设置，此时系统将自动生成图 4.8.37 所示的刀具路径。

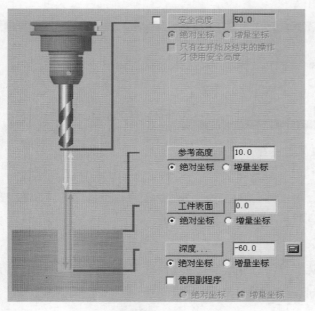

图 4.8.36 "共同参数"设置界面

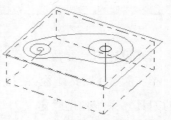

图 4.8.37 刀具路径

Step2. 钻孔加工 2。

（1）选择下拉菜单 刀具路径(T) ➡️ 钻孔(D)... 命令，系统弹出"选取钻孔的点"对话框。

（2）设置钻孔点。在图形区中选取图 4.8.38 所示的圆弧的中心点，单击 ✓ 按钮，完成钻孔点的设置，同时系统弹出"2D 刀具路径 – 钻孔/全圆铣削 深孔钻-无啄孔"对话框。

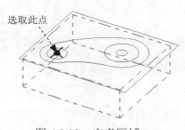

图 4.8.38 定义区域

（3）选择刀具。在"2D 刀具路径 – 钻孔/全圆铣削 深孔钻-无啄孔"对话框左侧节点列表中单击 刀具 节点，切换到刀具参数界面；单击 选择刀库 按钮，系统弹出图 4.8.39 所示的"选择刀具"对话框，在该对话框的列表框中选择图 4.8.39 所示的刀具。单击 ✓ 按钮，关闭"选择刀具"对话框，系统返回至"2D 刀具路径 – 钻孔/全圆铣削 深孔钻-无啄孔"对话框。

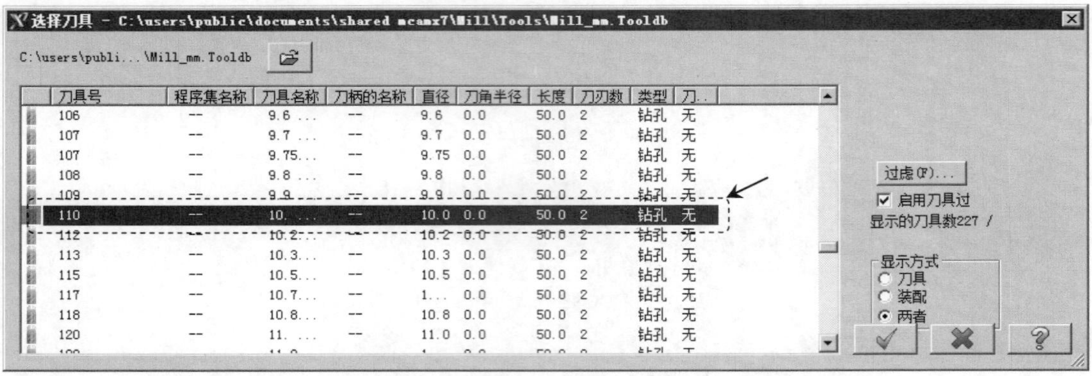

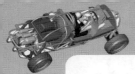

图 4.8.39 “选择刀具”对话框

（4）设置刀具参数。

① 在“2D 刀具路径–钻孔/全圆铣削 深孔钻-无啄孔”对话框刀具列表中双击上一步选取的刀具，系统弹出“定义刀具-Machine Group-1”对话框。

② 设置刀具号。在“定义刀具-Machine Group-1”对话框刀具号码文本框中，将原有的数值改为 4。

③ 设置刀具的加工参数。单击参数选项卡，在进给率文本框中输入值 300.0，在下刀速率文本框中输入值 200.0，在提刀速率文本框中输入值 800.0，在主轴转速文本框中输入值 1000.0。

④ 设置冷却方式。在参数选项卡中单击Coolant...按钮，系统弹出“Coolant...”对话框，在Flood（切削液）下拉列表中选择On选项，单击该对话框中的✓按钮，关闭“Coolant...”对话框。

（5）单击“定义刀具-Machine Group-1”对话框中的✓按钮，完成刀具的设置，系统返回至“2D 刀具路径–钻孔/全圆铣削 深孔钻-无啄孔”对话框。

（6）设置共同参数。在“2D 刀具路径 – 钻孔/全圆铣削 深孔钻-无啄孔”对话框左侧节点列表中单击共同参数节点，切换到共同参数界面；设置图 4.8.40 所示的参数。

（7）单击“2D 刀具路径 – 钻孔/全圆铣削 深孔钻-无啄孔”对话框中的✓按钮，完成加工参数的设置，此时系统将自动生成图 4.8.41 所示的刀具路径。

Stage8. 外形倒角加工

Step1. 选择下拉菜单刀具路径(T) → 外形铣削... (C)...命令，系统弹出“串连选项”对话框。

Step2. 设置加工区域。在图形区中选取图 4.8.42 所示的 2 条边线，并单击⇄按钮调整其方向，如图 4.8.43 所示；单击✓按钮，完成加工区域的设置，同时系统弹出“2D

刀具路径-外形"对话框。

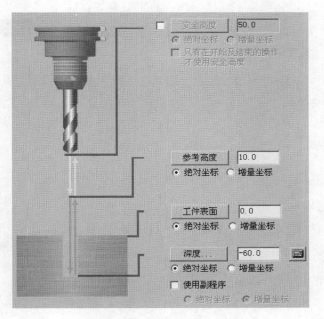

图 4.8.40 "共同参数"设置界面

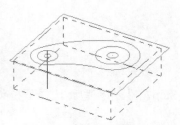

图 4.8.41 刀具路径

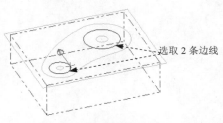

图 4.8.42 选取边链

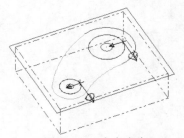

图 4.8.43 定义方向

Step3. 选择刀具。

（1）在"2D 刀具路径-外形"对话框的左侧节点列表中单击 刀具 节点，切换到刀具参数界面；单击 过滤(F)... 按钮，系统弹出"刀具过滤列表设置"对话框，单击 刀具类型 区域中的 无(N) 按钮后，在刀具类型按钮群中单击 （倒角刀）按钮，单击 ✓ 按钮，关闭"刀具过滤列表设置"对话框，系统返回至"2D 刀具路径–外形铣削"对话框。

（2）在"2D 刀具路径–外形铣削"对话框中单击 选择刀库 按钮，系统弹出"选择 刀 具"对话框，在该对话框的列表框中选择 252 10 / 45 Chamfer Mill 10.0-45 0.0 25.0 4 倒角刀 刀具。单击 ✓ 按钮，关闭"选择刀具"对话框，系统返回至"2D 刀具路径–外形铣削"对话框。

Step4. 设置切削参数。在"2D 刀具路径-外形"对话框的左侧节点列表中单击 切削参数节点，在 补正方向 下拉列表中选择 左 选项，在 外形铣削方式 下拉列表中选择 2D 倒角 选项，其余参数采用系统默认设置值。

Step5. 设置切削参数。在"2D 刀具路径-外形"对话框的左侧节点列表中单击 切削参数 节点下的 深度切削 节点，取消选中 ☐ 深度切削 复选框。

Step6. 单击"2D 刀具路径-外形"对话框中的 ✓ 按钮，完成加工参数的设置，此时系统将自动生成图 4.8.44 所示的刀具路径。

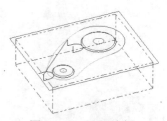

图 4.8.44　刀具路径

Step7. 保存模型。选择下拉菜单 文件(F) ➡ 🖫 保存(S) 命令，保存模型文件。

第**5**章　Mastercam X7 曲面粗加工

本章提要

　　Mastercam X7 为用户提供了非常方便的曲面粗加工方法，分别为
"粗加工平行铣削加工"、"粗加工放射状加工"、"粗加工投影加工"、"粗加工流线加工"、
"粗加工等高外形加工"、"粗加工残料加工"、"粗加工挖槽加工"和"粗加工钻削式加工"。
本章主要通过具体实例讲解粗加工中各个加工方法的一般操作过程。

5.1　概　　述

　　粗加工阶段，从计算时间和加工效率方面考虑，以曲面挖槽加工为主。对于外形余量
均匀的零件使用等高外形加工，可快速完成计算和加工。平坦的顶部曲面直接使用平行粗
加工，采用大的背吃刀量，然后再使用平行精加工改善加工表面质量。

5.2　粗加工平行铣削加工

　　平行铣削加工（Parallel）通常用来加工陡斜面或圆弧过渡曲面的零件，是一种分层切
削加工的方法，加工后零件（工件）的表面刀路呈平行条纹状。此加工方法刀路计算时间
长，提刀次数多，加工效率不高，故实际加工中不常采用。下面以图 5.2.1 所示的模型为例
讲解粗加工平行铣削加工的一般过程。

  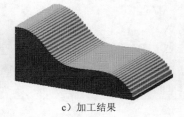

　　a）加工模型　　　　　　　b）加工工件　　　　　　c）加工结果

图 5.2.1　粗加工平行铣削加工

Stage1. 进入加工环境

　　打开文件 D:\mcx7.1\work\ch05.02\ROUGH_PARALL.MCX-7，系统进入加工环
境。

Stage2. 设置工件

Step1. 在"操作管理"中单击 山 属性 - Generic Mill 节点前的"+"号，将该节点展开，然后单击 ◇ 素材设置 节点，系统弹出图 5.2.2 所示的"机器群组属性"对话框。

Step2. 设置工件的形状。在"机器群组属性"对话框的 形状 区域中选中 ⊙ 立方体 单选项。

Step3. 设置工件的尺寸。在"机器群组属性"对话框中单击 边界盒(B) 按钮，系统弹出图 5.2.3 所示的"边界盒选项"对话框，接受系统默认的选项，单击 ✓ 按钮，返回至"机器群组属性"对话框。在 素材原点 区域的 Z 文本框中输入值 73，然后在右侧的预览区 Z 下面的文本框中输入值 73。

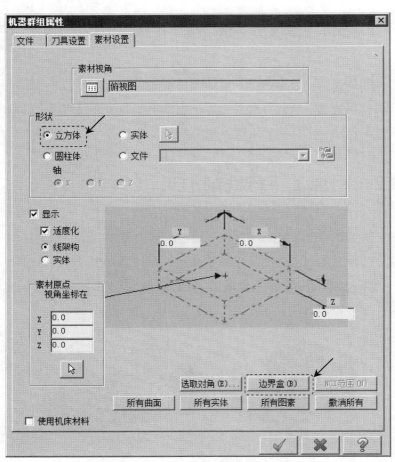

图 5.2.2 "机器群组属性"对话框

图 5.2.3 "边界盒选项"对话框

Step4. 单击"机器群组属性"对话框中的 ✓ 按钮，完成工件的设置。此时工件如图 5.2.4 所示，从图中可以观察到零件的边缘出现了红色的双点画线，点画线围成的图形即为工件。

Stage3. 选择加工类型

Step1. 选择加工方法。选择下拉菜单 刀具路径(T) ➡ 曲面粗加工(R) ➡
◀ 平行铣削加工(P)... 命令，系统弹出"选择工件形状"对话框，采用系统默认的设置，单击 ✓
按钮，系统弹出"输入新 NC 名称"对话框，采用系统默认的名称，单击 ✓ 按钮。

Step2. 选取加工面。在图形区中选取图 5.2.5 所示的曲面，然后按 Enter 键，系统弹出
"刀具路径的曲面选取"对话框，采用系统默认的设置，单击 ✓ 按钮，系统弹出"曲面
粗加工平行铣削"对话框。

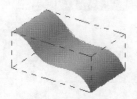

图 5.2.4　显示工件

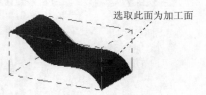

选取此面为加工面

图 5.2.5　选取加工面

Stage4. 选择刀具

Step1. 选择刀具。

（1）确定刀具类型。在"曲面粗加工平行铣削"对话框中单击 刀具过滤 按钮，系统弹
出图"刀具过滤列表设置"对话框，单击 刀具类型 区域中的 无(N) 按钮后，在刀具类型
按钮群中单击 （圆鼻刀）按钮，单击 ✓ 按钮，关闭"刀具过滤列表设置"对话框，
系统返回至"曲面粗加工平行铣削"对话框。

（2）选择刀具。在"曲面粗加工平行铣削"对话框中单击 选择刀库 按钮，系统
弹出图 5.2.6 所示的"选择刀具"对话框，在该对话框的列表中选择图 5.2.6 所示的刀具。
单击 ✓ 按钮，关闭"选择刀具"对话框，系统返回至"曲面粗加工平行铣削"对话框。

刀具号	程序集名称	刀具名称	刀柄的名称	直径	刀角半径	长度	类型	刀刃数	刀...
128	---	8...	---	8.0	2.0	50.0	圆	4	角落
129	---	8...	---	8.0	3.0	50.0	圆	4	角落
130	---	9...	---	9.0	1.0	50.0	圆	4	角落
131	---	9...	---	9.0	2.0	50.0	圆	4	角落
132	---	9...	---	9.0	3.0	50.0	圆	4	角落
133	---	9...	---	9.0	4.0	50.0	圆	4	角落
134	---	10...	---	10.0	1.0	50.0	圆	4	角落
135	---	10...	---	10.0	2.0	50.0	圆	4	角落
136	---	10...	---	10.0	3.0	50.0	圆	4	角落
137	---	10...	---	10.0	4.0	50.0	圆	4	角落
138	---	11...	---	11.0	1.0	50.0	圆	4	角落
139	---	11...	---	11.0	2.0	50.0	圆	4	角落

过虑(F)...
☑ 启用刀具过
显示的刀具数99 /

显示方式
○ 刀具
○ 装配
● 两者

图 5.2.6　"选择刀具"对话框

Step2. 设置刀具相关参数。

（1）在"曲面粗加工平行铣削"对话框 刀具路径参数 选项卡的列表框中双击上一步选择的刀具，系统弹出"定义刀具 – Machine Group-1"对话框。

（2）设置刀具号。在"定义刀具 – Machine Group-1"对话框的 刀具号码 文本框中，将原有的数值改为1。

（3）设置刀具参数。单击"定义刀具 – Machine Group-1"对话框的 参数 选项卡，设置图5.2.7所示的参数。

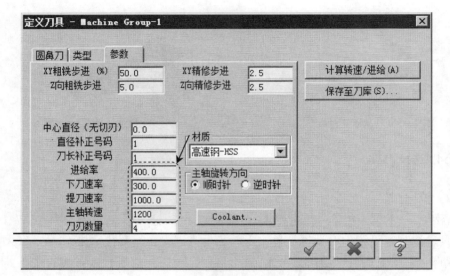

图5.2.7 "参数"选项卡

（4）设置冷却方式。在 参数 选项卡中单击 Coolant... 按钮，系统弹出"Coolant…"对话框，在 Flood （切削液）下拉列表中选择 On 选项，单击该对话框中的 ✓ 按钮，关闭"Coolant…"对话框。

（5）单击"定义刀具 – Machine Group -1"对话框中的 ✓ 按钮，完成刀具的设置。

Stage5.设置加工参数

Step1. 设置曲面参数。在"曲面粗加工平行铣削"对话框中单击 曲面参数 选项卡，设置图5.2.8所示的参数。

说明：此处设置的"曲面参数"在粗加工中属于共性参数，在进行粗加工时都要进行类似设置。

图5.2.8所示的"曲面参数"选项卡中部分选项的说明如下：

- /退刀向量(D). 按钮：在加工过程中如需设置进/退刀向量时选中其复选框。单击此按钮系统弹出"方向"对话框，如图5.2.9所示。在此对话框中可以对进刀和退刀向量进行详细设置。

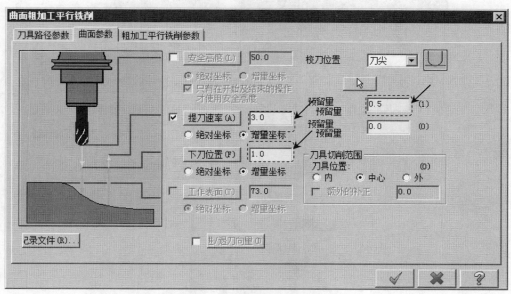

图 5.2.8　"曲面参数"选项卡

- 按钮：单击此按钮，系统弹出"刀具路径的曲面选取"对话框，可以对加工面及干涉面等进行相应设置。

- 预留量(此处翻译有误，应为"加工面预留量")文本框：此文本框用于设置加工面的预留量。

- 预留量(此处翻译有误，应为"干涉面预留量")文本框：此文本框用于设置干涉面的预留量。

- 刀具切削范围区域：主要是在加工过程中控制刀具与边界的位置关系。

  - ☑ ⦿内单选项：设置刀具中心在加工曲面的边界内进行加工。

  - ☑ ⦿中心单选项：设置刀具中心在加工曲面的边界上进行加工。

  - ☑ ⦿外单选项：设置刀具中心在加工曲面的边界外进行加工。

  - ☑ ☑额外的补正复选框：此选项用于设置对刀具的补偿值。只有在刀具的切削范围选中⦿内或⦿外单选项时，☑额外的补正复选框才被激活。

图 5.2.9 所示的"方向"对话框中部分选项的说明如下。

- 进刀向量区域：用于设置进刀向量的相关参数，其包括向量(V)...按钮、参考线(L)...按钮、垂直进刀角度文本框、XY角度(垂直角≠0)文本框、进刀引线长度文本框和相对于刀具下拉列表。

  - ☑ 向量(V)...按钮：用于设置进刀向量在坐标系的分向量值。单击此按钮，系统弹出图 5.2.10 所示的"向量"对话框，用户可以在相应的坐标系方向上定义分向量的值。

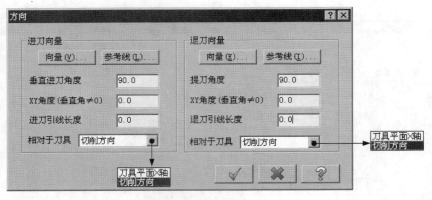

图 5.2.9 "方向"对话框

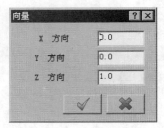

图 5.2.10 "向量"对话框

☑ 参考线(L)... 按钮：可在绘图区域直接选取直线作为进刀向量。

☑ 垂直进刀角度 文本框：用于定义进刀向量与水平面的角度。

☑ XY角度(垂直角≠0) 文本框：用于定义进刀运动的水平角度。

☑ 进刀引线长度 文本框：用于定义进刀向量沿进刀角度方向的长度。

☑ 相对于刀具 下拉列表：用于定义进刀向量的参照对象，其包括 刀具平面X轴 选项和 切削方向 选项。

● 退刀向量 区域：用于设置退刀向量的相关参数，其包括 向量(E)... 按钮、参考线(I)... 按钮、提刀角度 文本框、XY角度(垂直角≠0) 文本框、退刀引线长度 文本框和 相对于刀具 下拉列表。

☑ 向量(E)... 按钮：用于设置退刀向量在坐标系的分向量值。单击此按钮，系统弹出"向量"对话框，用户可以在相应的坐标系方向上定义分向量的值。

☑ 参考线(I)... 按钮：用于在绘图区域直接选取直线作为退刀向量。

☑ 提刀角度 文本框：用于定义退刀向量与水平面的角度。

☑ XY角度(垂直角≠0) 文本框：用于定义退刀向量的水平角度。

☑ 退刀引线长度 文本框：用于定义退刀向量沿退刀角度方向的长度。

☑ 相对于刀具 下拉列表：用于定义退刀向量的参照对象，其包括 刀具平面X轴 选项和 切削方向 选项。

Step2. 设置粗加工平行铣削参数。

（1）在"曲面粗加工平行铣削"对话框中单击 粗加工平行铣削参数 选项卡，如图 5.2.11 所示。

（2）设置切削间距。在 大切削间距(M) 文本框中输入值 3.0。

（3）设置切削方式。在"粗加工平行铣削参数"选项卡的 切削方式 下拉列表中选择 双向 选项。

（4）完成参数设置。其他参数设置保持系统默认设置值，单击"曲面粗加工平行铣削"对话框中的 ✓ 按钮，同时在图形区生成图 5.2.12 所示的刀路轨迹。

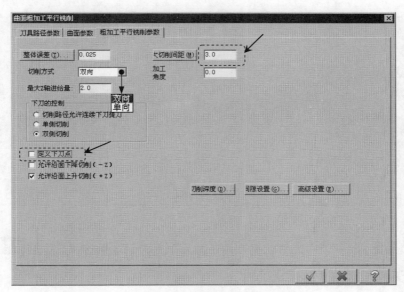

图 5.2.11　"粗加工平行铣削参数"选项卡

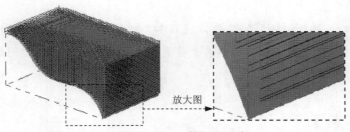

图 5.2.12　工件加工刀路

图 5.2.11 所示的"粗加工平行铣削参数"选项卡中部分选项的说明如下。

● 整体误差(T)... 按钮：单击该按钮，系统弹出"圆弧过滤/公差"对话框，如图 5.2.13 所示。在"圆弧过滤/公差"对话框中可以对加工误差进行详细设置。

说明：如果安装了"HSM Performance Pack for Mastercam"软件包，并激活高级 3D 优化刀具路径功能，此处系统弹出"优化刀具路径"对话框；否则系统弹出的是"圆弧过滤/

公差"对话框。

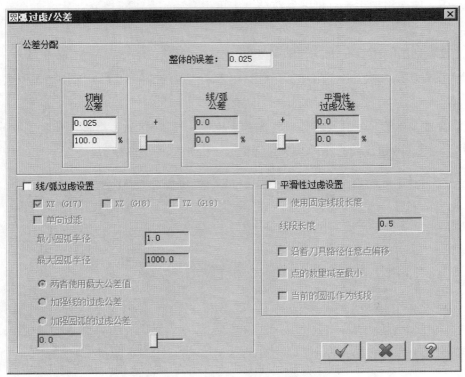

图 5.2.13 "圆弧过滤/公差"对话框

- **切削方式** 下拉列表：此下拉列表用于控制加工时的切削方式，包括**单向**和**双向**两个选项。
  - ☑ **单向**选项：选择此选项，则设定在加工过程中刀具在加工曲面上作单一方向的运动。
  - ☑ **双向**选项：选择此选项，则设定在加工过程中刀具在加工曲面上作往复运动。
- **最大Z轴进给量** 文本框：此文本框用于设置加工过程中相邻两刀之间的切削深度，深度越大，生成的刀路层越少。
- **下刀的控制** 区域：此区域用于定义在加工过程中系统对提刀及退刀的控制，包括 **⦿ 切削路径允许连续下刀提刀**、**⦿ 单侧切削**和**⦿ 双侧切削**三个单选项。
  - ☑ **⦿ 切削路径允许连续下刀提刀**单选项：选中此单选项，则加工过程中允许刀具沿曲面的起伏连续下刀和提刀。
  - ☑ **⦿ 单侧切削**单选项：选中此单选项，则加工过程中只允许刀具沿曲面的一侧下刀和提刀。
  - ☑ **⦿ 双侧切削**单选项：选中此单选项，则加工过程中只允许刀具沿曲面的两侧下刀和提刀。

- ☑ 定义下刀点 复选框：选中此复选项，可以设置刀具在定义的下刀点附近开始加工。
- ☑ 允许沿面下降切削（-Z）复选框：选中此复选框，表示在进刀的过程中让刀具沿曲面进行切削。
- ☑ 允许沿面上升切削（+Z）复选框：选中此选项，表示在退刀的过程中允许刀具沿曲面进行切削。
- 大切削间距（M）按钮：单击此按钮，系统弹出图5.2.14所示的"最大步进量"对话框，通过此对话框可以设置铣刀在刀具平面的步进距离。

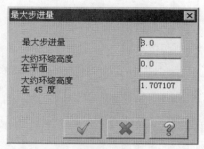

图5.2.14 "最大步进量"对话框

- 加工角度文本框：用于设置刀具路径的加工角度，范围在 0°～360°，相对于加工平面的 X 轴，逆时针方向为正。
- 切削深度（D）...按钮：单击此按钮，系统弹出图5.2.15所示的"切削深度设置"对话框，在此对话框中对切削深度进行具体设置，一般有"绝对坐标"和"增量坐标"两种方式，推荐使用"增量坐标"方式进行设定（设定过程比较直观）。
- 间隙设置（G）...按钮：单击此按钮，系统弹出图5.2.16所示的"刀具路径的间隙设置"对话框。此对话框用于设置当刀具路径中出现开口或不连续面时的相关选项。
- 高级设置（E）...按钮：单击此按钮，系统弹出图5.2.17所示的"高级设置"对话框，此对话框主要用于当加工面中有叠加或破孔时的刀路设置。

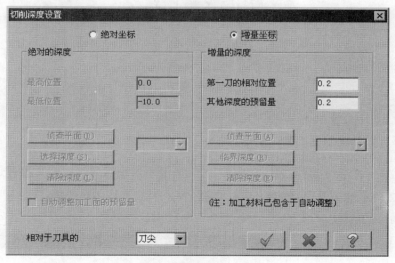

图5.2.15 "切削深度设置"对话框

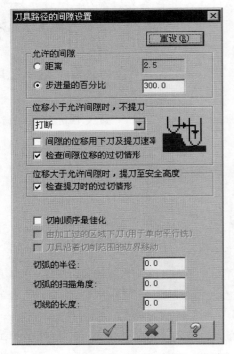

图 5.2.16 "刀具路径的间隙设置"对话框

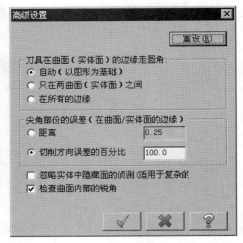

图 5.2.17 "高级设置"对话框

Stage6. 加工仿真

Step1. 路径模拟。

（1）在"操作管理"中单击 ≋ 刀具路径 - 713.2K - ROUGH_PARALL.NC - 程序号码 0 节点，系统弹出图 5.2.18 所示的"路径模拟"对话框及图 5.2.19 所示的"路径模拟控制"操控板。

图 5.2.18 "路径模拟"对话框

图 5.2.19 "路径模拟控制"操控板

（2）在"路径模拟控制"操控板中单击 ▶ 按钮，系统将开始对刀具路径进行模拟，结果与图 5.2.12 所示的刀具路径相同，在"路径模拟"对话框中单击 ✓ 按钮。

Step2. 实体切削验证。

（1）在"操作管理"中确认 📁 1 - 曲面粗加工平行铣削 - [WCS: 俯视图] - [刀具平面: 俯视图] 节

点被选中，然后单击"验证已选择的操作"按钮 ，系统弹出"Mastercam Simulator"对话框。

（2）在"Mastercam Simulator"对话框中单击 ▶ 按钮，系统将开始进行实体切削仿真，结果如图5.2.20所示，单击 ✕ 按钮。

图5.2.20　仿真结果

Step3. 保存文件。选择下拉菜单 文件(F) ➡ 🖫 保存(S) 命令，即可保存文件。

5.3　粗加工放射状加工

放射状加工是一种适合圆形、边界等值或对称性工件的加工方式，可以较好地完成各种圆形工件等模具结构的加工，所产生的刀具路径呈放射状。下面以图5.3.1所示的模型为例讲解粗加工放射状加工的一般过程。

Stage1. 进入加工环境

Step1. 打开文件 D:\mcx7.1\work\ch05.03\ROUGH_RADIAL.MCX-7。

Step2. 进入加工环境。选择下拉菜单 机床类型(M) ➡ 铣床(M) ➡ 默认(D) 命令，系统进入加工环境。

a）加工模型　　　　　　　b）加工工件　　　　　　　c）加工结果
图5.3.1　粗加工放射状加工

Stage2. 设置工件

Step1. 在"操作管理"中单击 ⛰ 属性 - Mill Default MM 节点前的"+"号，将该节点展开，然后单击 ◈ 素材设置 节点，系统弹出"机器群组属性"对话框。

Step2. 设置工件的形状。在"机器群组属性"对话框 形状 区域中选中 ⦿ 立方体 单选项。

Step3. 设置工件的尺寸。在"机器群组属性"对话框中单击 边界盒(B) 按钮，系统弹

出"边界盒选项"对话框，接受系统默认的参数设置，单击 ✓ 按钮，系统返回至"机器群组属性"对话框。

Step4. 修改边界盒尺寸。在 ^{X} 文本框中输入值 220，在 ^{Y} 文本框中输入值 120.0，在 ^{Z} 文本框中输入值 10.0，在"机器群组属性"对话框 素材原点 区域的 ^{Y} 文本框中输入值-15.0，在 ^{Z} 文本框中输入值 5.0，单击"机器群组属性"对话框中的 ✓ 按钮，完成工件的设置。此时零件如图 5.3.2 所示，从图中可以观察到零件的边缘出现了红色的双点画线，点画线围成的图形即为工件。

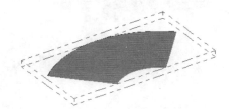

图 5.3.2 显示工件

Stage3. 选择加工类型

Step1. 选择加工方法。选择下拉菜单 刀具路径(T) ➡ 曲面粗加工(R) ➡ 放射状加工(R)... 命令，系统弹出"选择工件形状"对话框，采用系统默认的设置，单击 ✓ 按钮，系统弹出"输入新 NC 名称"对话框，采用系统默认的名称，单击 ✓ 按钮。

Step2. 选择加工面及放射中心。在图形区中选取图 5.3.3 所示的曲面，然后单击 Enter 键，系统弹出"刀具路径的曲面选取"对话框，在对话框的 放射中心点 区域中单击 按钮，选取图 5.3.4 所示的圆弧的中心为加工的放射中心，对话框中的其他参数设置保持系统默认设置值，单击 ✓ 按钮，系统弹出"曲面粗加工放射状"对话框。

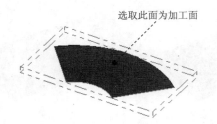

图 5.3.3 选取加工面

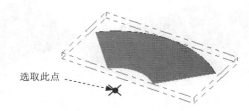

图 5.3.4 定义放射中心

Stage4. 选择刀具

Step1. 选择刀具。

（1）确定刀具类型。在"曲面粗加工放射状"对话框中单击 刀具过滤 按钮，系统弹出"刀具过滤列表设置"对话框，单击 刀具类型 区域中的 无(N) 按钮后，在刀具类型按钮群中单击 （平底刀）按钮，单击 ✓ 按钮，关闭"刀具过滤列表设置"对话框，系统返

回至"曲面粗加工放射状"对话框。

（2）选择刀具。在"曲面粗加工放射状"对话框中单击 选择刀库 按钮，系统弹出"选择刀具"对话框，在该对话框的列表框中选择图 5.3.5 所示的刀具。单击 ✓ 按钮，关闭"选择刀具"对话框，系统返回至"曲面粗加工放射状"对话框。

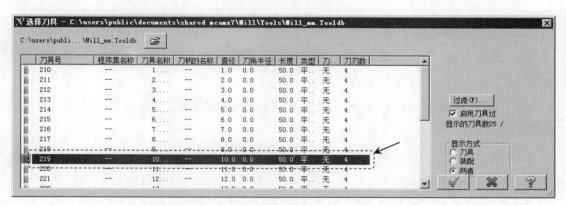

图 5.3.5　"选择刀具"对话框

Step2. 设置刀具相关参数。

（1）在"曲面粗加工放射状"对话框的 刀具路径参数 选项卡的列表框中显示出上一步选择的刀具，双击该刀具，系统弹出"定义刀具–机床群组-1"对话框。

（2）设置刀具号。在"定义刀具-机床群组-1"对话框的 刀具号码 文本框中，将原有的数值改为 1。

（3）设置刀具参数。单击"定义刀具-机床群组-1"对话框的 参数 选项卡，设置图 5.3.6 所示的参数。

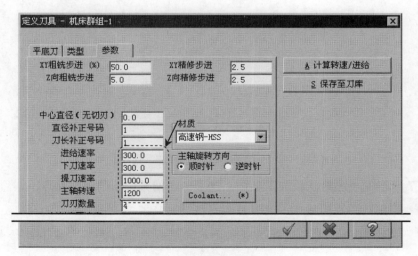

图 5.3.6　设置刀具参数

（4）设置冷却方式。在 参数 选项卡中单击 Coolant 按钮，系统弹出"Coolant…"

对话框，在 （切削液）下拉列表中选择 On 选项，单击该对话框中的 ✓ 按钮，关闭 "Coolant…" 对话框。

（5）单击"定义刀具 -机床群组-1"对话框中的 ✓ 按钮，完成刀具的设置。

Stage5．设置加工参数

Step1．设置共性加工参数。

（1）在"曲面粗加工放射状"对话框中单击 曲面参数 选项卡，在 预留量 **(此处翻译有误，应为"加工面预留量")** 文本框中输入值 0.5。

（2）在"曲面粗加工放射状"对话框中选中 /退刀向量 (D) 前面的 ☑ 复选框，单击 /退刀向量 (D) 按钮，系统弹出"方向"对话框。

（3）在"方向"对话框 进刀向量 区域的 进刀引线长度 文本框中输入值 10.0，对话框中的其他参数设置保持系统默认设置，单击 ✓ 按钮，系统返回至"曲面粗加工放射状"对话框。

Step2．设置粗加工放射状参数。

（1）在"曲面粗加工放射状"对话框中单击 放射状粗加工参数 选项卡，设置参数如图 5.3.7 所示。

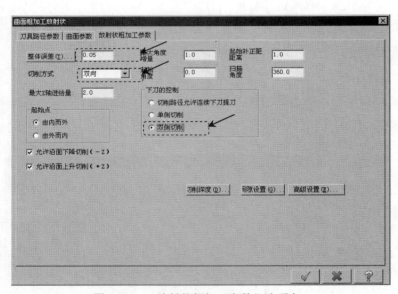

图 5.3.7 "放射状粗加工参数"选项卡

图 5.3.7 所示的"放射状粗加工参数"选项卡中部分选项的说明如下。

● 起始点 区域：此区域可以设置刀具路径的起始下刀点。

　　☑ ⊙ 由内而外 单选项：此选项表示起始下刀点在刀具路径中心开始由内向外加工。

　　☑ ⊙ 由外而内 单选项：此选项表示起始下刀点在刀具路径边界开始由外向内加

工。

- **最大角度增量** 文本框：用于设置角度增量值（每两刀路之间的角度值）。
- **起始补正距离** 文本框：用于设置以刀具路径中心补正一个圆为不加工范围。此文本框中输入的值是此圆的半径值。
- **起始角度** 文本框：用于设置刀具路径的起始角度。
- **扫描角度** 文本框：用于设置刀具路径的扫描终止角度。

说明：图 5.3.7 所示"放射状粗加工参数"选项卡中的其他选项可参见图 5.2.11 的说明。

（2）单击"曲面粗加工放射状"对话框中的 ✓ 按钮，同时在图形区生成图 5.3.8 所示的刀路轨迹。

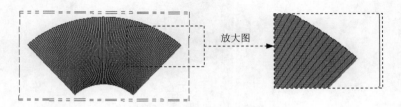

放大图

图 5.3.8　工件加工刀路

Stage6．加工仿真

Step1．路径模拟。

（1）在"操作管理"中单击 ≋ 刀具路径 - 26.5K - ROUGH_RADIAL.NC - 程序号码 0 节点，系统弹出"路径模拟"对话框及"路径模拟控制"操控板。

（2）在"路径模拟控制"操控板中单击 ▶ 按钮，系统将开始对刀具路径进行模拟，结果与图 5.3.8 所示的刀具路径相同，在"路径模拟"对话框中单击 ✓ 按钮。

Step2．实体切削验证。

（1）在"操作管理"中确认 ☑ 1 - 曲面粗加工放射状 - [WCS: 俯视图] - [刀具平面: 俯视图] 节点被选中，然后单击"验证已选择的操作"按钮 ⬛ ，系统弹出"Mastercam Simulator"对话框。

（2）在"Mastercam Simulator"对话框中单击 ● 按钮，系统将开始进行实体切削仿真，结果如图 5.3.9 所示，单击 ✕ 按钮。

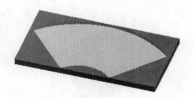

图 5.3.9　仿真结果

Step3. 保存文件。选择下拉菜单 文件(F) ➡ 📁 保存(S) 命令，即可保存文件。

5.4　粗加工投影加工

投影加工是将已有的刀具路径文件（NCI）或几何图素（点或曲线）投影到指定曲面模型上并生成刀具路径来进行切削加工的方法。下面以图 5.4.1 所示的模型为例讲解粗加工投影加工的一般操作过程（本例是将已有刀具路径投影到曲面进行加工的）。

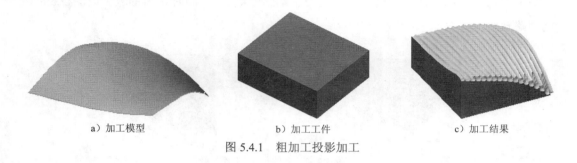

a）加工模型　　　　　b）加工工件　　　　　c）加工结果

图 5.4.1　粗加工投影加工

Stage1. 进入加工环境

Step1. 打开文件 D:\mcx7.1\work\ch05.04\ROUGH_PROJECT.MCX-7。

Step2. 隐藏刀具路径。在"操作管理"中单击 📄 1 - 平面铣削 - [WCS: TOP] - [刀具平面: TOP] 节点，单击 ≋ 按钮，将已存的刀具路径隐藏，结果如图 5.4.2b 所示。

Stage2. 选择加工类型

Step1. 选择加工方法。选择下拉菜单 刀具路径(T) ➡ 曲面粗加工(R) ➡ 投影加工(J)... 命令，系统弹出"选择工件形状"对话框，采用系统默认的设置，单击 ✓ 按钮。

Step2. 选取加工面。在图形区中选取图 5.4.3 所示的曲面，然后按 Enter 键，系统弹出"刀具路径的曲面选取"对话框，对话框的参数设置保持系统默认设置值，单击 ✓ 按钮，系统弹出"曲面粗加工投影"对话框。

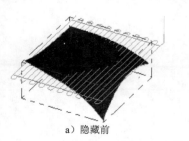

a）隐藏前　　　　　　　b）隐藏后

图 5.4.2　隐藏刀具路径

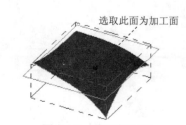

选取此面为加工面

图 5.4.3　选取加工面

Stage3. 选择刀具

Step1. 选择刀具。

（1）确定刀具类型。在"曲面粗加工投影"对话框中单击 刀具过滤 按钮，系统弹出"刀具过滤列表设置"对话框，单击 刀具类型 区域中的 无(N) 按钮后，在刀具类型按钮群中单击 （球刀）按钮，单击 √ 按钮，关闭"刀具过滤列表设置"对话框，系统返回至"曲面粗加工投影"对话框。

（2）选择刀具。在"曲面粗加工投影"对话框中单击 选择刀库 按钮，系统弹出"选择刀具"对话框，在该对话框的列表框中选择图 5.4.4 所示的刀具。单击 √ 按钮，关闭"选择刀具"对话框，系统返回至"曲面粗加工投影"对话框。

Step2. 设置刀具相关参数。

（1）在"曲面粗加工投影"对话框的 刀具路径参数 选项卡的列表框中显示出上一步选择的刀具，双击该刀具，系统弹出"定义刀具 – 机床群组-1"对话框。

（2）设置刀具号。在"定义刀具 – 机床群组-1"对话框的 刀具号码 文本框中，将原有的数值改为 1。

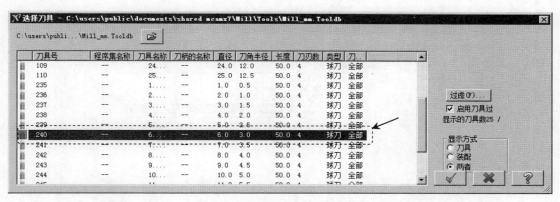

图 5.4.4 "选择刀具"对话框

（3）设置刀具参数。单击"定义刀具 – 机床群组-1"对话框的 参数 选项卡，设置图 5.4.5 所示的参数。

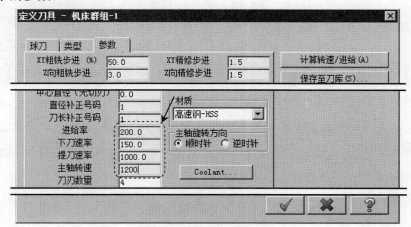

图 5.4.5 设置刀具参数

（4）设置冷却方式。在 参数 选项卡中单击 Coolant... 按钮，系统弹出"Coolant…"对话框，在 Flood （切削液）下拉列表中选择 On 选项，单击该对话框中的 ✓ 按钮，关闭"Coolant…"对话框。

（5）单击"定义刀具-机床群组-1"对话框中的 ✓ 按钮，完成刀具的设置。

Stage4. 设置加工参数

Step1. 设置曲面参数。在"曲面粗加工投影"对话框中单击 曲面参数 选项卡，在 预留量 预留量(**此处翻译有误，应为"加工面预留量"**)文本框中输入值 0.5，其他参数设置保持系统默认设置值。

Step2. 设置投影粗加工参数。

（1）在"曲面粗加工投影"对话框中单击 投影粗加工参数 选项卡，设置参数如图 5.4.6 所示。

（2）对话框中的其他参数设置保持系统默认设置值，单击"曲面粗加工投影"对话框中的 ✓ 按钮，图形区生成图 5.4.7 所示的刀路轨迹。

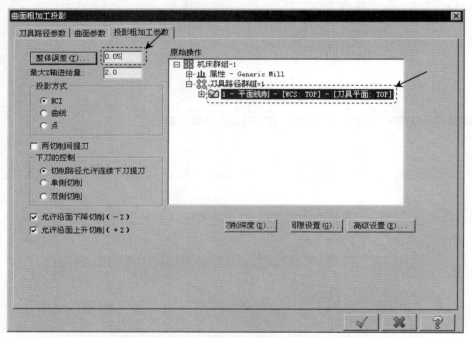

图 5.4.6　"投影粗加工参数"选项卡

图 5.4.6 所示"投影粗加工参数"选项卡中部分选项的说明如下。

- 投影方式 区域: 此区域用于设置得到刀路的投影方式，包括 ● NCI 、● 曲线 和 ● 点 三个单选项。

  ☑ ● NCI 单选项: 选择此单选项，表示利用已存在的 NCI 文件进行投影加工。

☑ ⊙ 曲线 单选项：选择此单选项，表示选取一条或多条曲线进行投影加工。

☑ ⊙ 点 单选项：选择此单选项，表示可以通过一组点来进行投影加工。

● ☑ 两切削间提刀 复选框：如果选中此复选框，则在加工过程中强迫在两切削之间提刀。

说明：图 5.4.6 所示"投影粗加工参数"选项卡中的其他选项可参见图 5.2.11 的说明。

Stage5．加工仿真

Step1．路径模拟。

（1）在"操作管理"中单击 ≋ 刀具路径 - 278.9K - ROUGH_PROJECT.NC - 程序号码 0 节点，系统弹出"路径模拟"对话框及"路径模拟控制"操控板。

说明：单击的节点是在曲面粗加工下的刀具路径，显示数据的大小有可能与读者做的结果不同，它是不影响结果的。

（2）在"路径模拟控制"操控板中单击 ▶ 按钮，系统将开始对刀具路径进行模拟，结果与图 5.4.7 所示的刀具路径相同，在"路径模拟"对话框中单击 ✓ 按钮。

Step2．实体切削验证。

（1）在"操作管理"中确认 ✏ 2 - 曲面粗加工投影 - [WCS: TOP] - [刀具平面: TOP] 节点被选中，然后单击"验证已选择的操作"按钮 ◈ ，系统弹出"Mastercam Simulator"对话框。

（2）在"Mastercam Simulator"对话框中单击 ▶ 按钮。系统将开始进行实体切削仿真，结果如图 5.4.8 所示，单击 X 按钮。

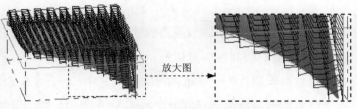

图 5.4.7 工件加工刀路

图 5.4.8 仿真结果

Step3．生成 NC 程序。

（1）在"操作管理器"中单击 G1 按钮，系统弹出"后处理程序"对话框。

（2）接受系统默认的设置，单击"后处理程序"对话框中的 ✓ 按钮，系统弹出"另存为"对话框，选择合适存放位置，单击 ✓ 按钮。

（3）完成上步操作后，系统弹出"Mastercam Code Expert"对话框，从中可以观察到系统已经生成的 NC 程序。

（4）关闭"Mastercam Code Expert"对话框。

Step4．保存文件。选择下拉菜单 文件(F) ➡ 🖫 保存(S) 命令，即可保存文件。

5.5 粗加工流线加工

流线加工可以设定曲面切削方向是沿着截断方向加工或者是沿切削方向加工，同时也可以控制曲面的"残余高度"来产生一个平滑的加工曲面。下面通过图 5.5.1 所示的实例来讲解粗加工流线加工的操作过程。

Stage1. 进入加工环境

Step1. 打开文件 D:\mcx7.1\work\ch05.05\ROUGH_FLOWLINE.MCX-7，

Step2. 进入加工环境。选择下拉菜单 机床类型(M) ➡ 铣床(M) ➡ 默认(D) 命令，系统进入加工环境。

a）加工模型　　　　　　　b）加工工件　　　　　　　c）加工结果

图 5.5.1　粗加工流线加工

Stage2. 设置工件

Step1. 在"操作管理"中单击 ⛰ 属性 - Mill Default 节点前的"+"号，将该节点展开，然后单击 ◆ 素材设置 节点，系统弹出"机器群组属性"对话框。

Step2. 设置工件的形状。在"机器群组属性"对话框的 形状 区域选中 ⊙ 立方体 单选项。

Step3. 设置工件的尺寸。在"机器群组属性"对话框中单击 边界盒(B) 按钮，系统弹出"边界盒选项"对话框，接受系统默认的参数设置，单击 ✓ 按钮，返回至"机器群组属性"对话框。在 素材原点 区域的 Z 文本框中输入值 83，然后在右侧的预览区 Z 下面的文本框中输入值 39。

Step4. 单击"机器群组属性"对话框中的 ✓ 按钮，完成工件的设置，如图 5.5.2 所示。

Stage3. 选择加工类型

Step1. 选择加工方法。选择下拉菜单 刀具路径(T) ➡ 曲面粗加工(R) ➡ 🔧流线加工(O)... 命令，系统弹出"选择工件形状"对话框，采用系统默认的参数设置，单击 ✓ 按钮，系统弹出"输入新 NC 名称"对话框，采用系统默认的名称，单击 ✓ 按钮。

Step2. 选取加工面。在图形区中选取图 5.5.3 所示的曲面，然后按 Enter 键，系统弹出

"刀具路径曲面选择"对话框。

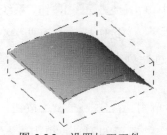

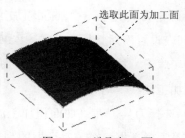
选取此面为加工面

图 5.5.2 设置加工工件　　　　图 5.5.3 选取加工面

Step3. 设置曲面流线形式。单击"刀具路径曲面选择"对话框 曲面流线 区域的 按钮，系统弹出"流线设置"对话框，如图 5.5.4 所示。同时图形区出现流线形式线框，如图 5.5.5 所示。在"流线设置"对话框中单击 补正 按钮，改变曲面流线的方向，结果如图 5.5.6 所示。单击 ✓ 按钮，系统重新弹出"刀具路径的曲面选取"对话框，单击 ✓ 按钮，系统弹出"曲面粗加工流线"对话框。

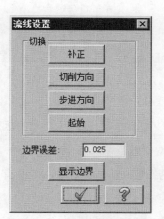

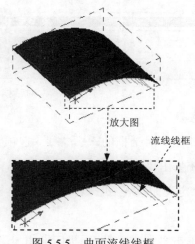
放大图　流线线框

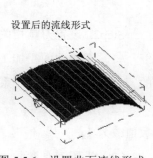
设置后的流线形式

图 5.5.4 "流线设置"对话框　　图 5.5.5 曲面流线线框　　图 5.5.6 设置曲面流线形式

图 5.5.4 所示的"流线设置"对话框中部分选项的说明如下。

- 切换 区域：用于调整流线加工的各个方向。
  - ☑ 补正 按钮：用于调整补正方向。
  - ☑ 切削方向 按钮：用于调整切削的方向（平行或垂直流线的方向）。
  - ☑ 步进方向 按钮：用于调整步进方向。
  - ☑ 起始 按钮：用于调整起始点。
- 边界误差 文本框：用于定义创建流线网格的边界过滤误差。
- 显示边界 按钮：用于显示边界的颜色。

Stage4. 选择刀具

Step1. 选择刀具。

（1）确定刀具类型。在"曲面粗加工流线"对话框中单击 刀具过滤 按钮，系统弹出 "刀具过滤列表设置"对话框，单击 刀具类型 区域中的 无(N) 按钮后，在刀具类型按钮群中单击 (球刀) 按钮，单击 按钮，关闭"刀具过滤列表设置"对话框，系统返回至"曲面粗加工流线"对话框。

（2）选择刀具。在"曲面粗加工流线"对话框中单击 选择刀库 按钮，系统弹出"选择刀具"对话框，在该对话框的列表框中选择图 5.5.7 所示的刀具，单击 按钮，关闭"选择刀具"对话框，系统返回至"曲面粗加工流线"对话框。

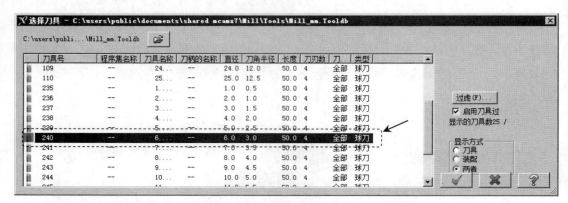

图 5.5.7 "选择刀具"对话框

Step2. 设置刀具相关参数。

（1）在"曲面粗加工流线"对话框的 刀具路径参数 选项卡的列表框中显示出上一步选择的刀具，双击该刀具，系统弹出"定义刀具 – 机床群组-1"对话框。

（2）设置刀具号。在"定义刀具 – 机床群组-1"对话框的 刀具号码 文本框中，将原有的数值改为1。

（3）设置刀具参数。单击"定义刀具 – 机床群组-1"对话框的 参数 选项卡，在其中的 进给率 文本框中输入值 200，在 下刀速率 文本框中输入值 200.0，在 提刀速率 文本框中输入值 1000.0，在 主轴转速 文本框中输入值 1600.0。

（4）设置冷却方式。在 参数 选项卡中单击 Coolant... 按钮，系统弹出"Coolant..."对话框，在 Flood （切削液）下拉列表中选择 On 选项，单击该对话框中的 按钮，关闭"Coolant..."对话框。

（5）单击"定义刀具 –机床群组-1"对话框中的 按钮，完成刀具的设置。

Stage5. 设置加工参数

Step1. 设置曲面参数。在"曲面粗加工流线"对话框中单击 曲面参数 选项卡，在 预留量 预留量 （此处翻译有误，应为"加工面预留量"）文本框中输入值 0.5，其他参数设置保持系统默认

设置。

Step2. 设置曲面流线粗加工参数。

（1）在"曲面粗加工流线"对话框中单击 曲面流线粗加工参数 选项卡，参数设置如图 5.5.8 所示。

（2）对话框中的其他参数设置保持系统默认设置，单击"曲面粗加工流线"对话框中的 ✓ 按钮，同时在图形区生成图 5.5.9 所示的刀路轨迹。

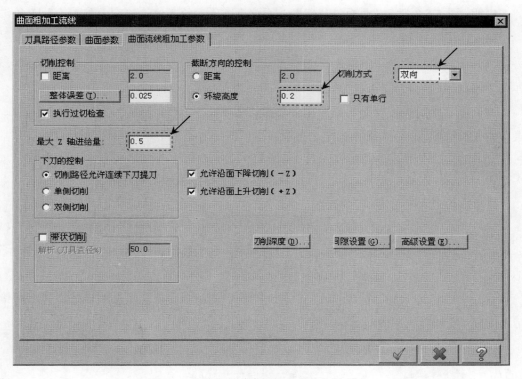

图 5.5.8   "曲面流线粗加工参数"选项卡

图 5.5.8 所示的"曲面流线粗加工参数"选项卡中部分选项的说明如下。

● 切削控制 区域: 此区域用于控制切削的步进距离值及误差值。

   ☑ ☑ 距离 复选框: 选中此复选框，可以通过设置一个具体数值来控制刀具沿曲面切削方向的增量。

   ☑ ☑ 执行过切检查 复选框: 选中此复选框，则表示在进行刀具路径计算时，将执行过切检查。

● ☐ 带状切削 复选框: 该复选框用于在所选曲面的中部创建一条单一的流线刀具路径。

   ☑ 解析(刀具直径%) 文本框: 用于设置垂直于切削方向的刀具路径间隔为刀具直径的定义百分比。

- <u>截断方向的控制</u> 区域: 用于设置控制切削方向的相关参数。
  - ☑ ⊙ <u>距离</u> 单选项: 选中此单选项,可以通过设置一个具体数值来控制刀具沿曲面截面方向的步进增量。
  - ☑ ⊙ <u>环绕高度</u> 选项: 选中此单选项,可以设置刀具路径间的剩余材料高度,系统会根据设定的数值对切削增量进行调整。
- ☑ <u>只有单行</u> 复选框: 用于创建一行越过邻近表面的刀具路径。

说明: 图 5.5.8 所示"曲面流线粗加工参数"选项卡的其他选项可参见图 5.2.11 的说明。

Step3. 路径模拟。

(1) 在"操作管理"中单击 ≋ 刀具路径 - 383.1K - ROUGH_FLOWLINE.NC - 程序号码 0 节点,系统弹出"路径模拟"对话框及"路径模拟控制"操控板。

(2) 在"路径模拟控制"操控板中单击 ▶ 按钮,系统将开始对刀具路径进行模拟,结果与图 5.5.9 所示的刀具路径相同,在"路径模拟"对话框中单击 ✓ 按钮。

Stage6. 加工仿真

Step1. 实体切削验证。

(1) 在"操作管理"中确认 📄 1 - 曲面粗加工流线 - [WCS: 俯视图] - [刀具平面: 俯视图] 节点被选中,然后单击"验证已选择的操作"按钮 📦,系统弹出"Mastercam Simulator"对话框。

(2) 在"Mastercam Simulator"对话框中单击 ▶ 按钮。系统将开始进行实体切削仿真,结果如图 5.5.10 所示,单击 ✕ 按钮。

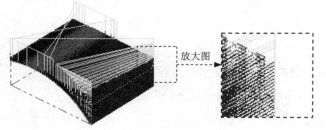
放大图

图 5.5.9 工件加工刀路

图 5.5.10 仿真结果

Step2. 保存文件。选择下拉菜单 文件(F) ➡ 🖫 保存(S) 命令,即可保存文件。

5.6 粗加工挖槽加工

粗加工挖槽加工是分层清除加工面与加工边界之间所有材料的一种加工方法,采用曲面挖槽加工可以进行大量切削加工,以减少工件中的多余余量,同时提高加工效率。下面

通过图 5.6.1 所示的实例讲解粗加工挖槽加工的一般操作过程。

Stage1. 进入加工环境

打开文件 D:\mcx7.1\work\ch05.06\ROUGH_POCKET.MCX-7，系统进入加工环境。

a) 加工模型　　　　　　　　b) 加工工件　　　　　　　　c) 加工结果

图 5.6.1　粗加工挖槽加工

Stage2. 设置工件

Step1. 在"操作管理"中单击 **山 属性 - Generic Mill** 节点前的"+"号，将该节点展开，然后单击 **◇ 素材设置** 节点，系统弹出"机器群组属性"对话框。

Step2. 设置工件的形状。在"机器群组属性"对话框的 **形状** 区域中选中 **⊙ 立方体** 单选项。

Step3. 设置工件的尺寸。在"机器群组属性"对话框中单击 **边界盒(B)** 按钮，系统弹出"边界盒选项"对话框，接受系统默认的选项设置，单击 **√** 按钮，返回至"机器群组属性"对话框。在 **素材原点** 区域的 **Z** 文本框中输入值 73，然后在右侧的预览区 **Z** 下面的文本框输入值 73。

Step4. 单击"机器群组属性"对话框中的 **√** 按钮，完成工件的设置，如图 5.6.2 所示。

Stage3. 选择加工类型

Step1. 选择加工方法。选择下拉菜单 **刀具路径(T)** ➡ **曲面粗加工(R)** ➡ **粗加工挖槽加工(K)** 命令，系统弹出"输入新 NC 名称"对话框，采用系统默认的名称，单击 **√** 按钮。

Step2. 选取加工面及加工范围。

（1）在图形区中选取图 5.6.3 所示的曲面，然后按 Enter 键，系统弹出"刀具路径的曲面选取"对话框。

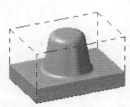

选取这些面为加工面

边线 1

图 5.6.2　设置工件　　　　　　图 5.6.3　选取加工面

（2）在"刀具路径的曲面选取"对话框的 Containment boundary 区域单击 按钮，系统弹出"串连选项"对话框，选取图 5.6.3 所示的边线 1，单击 按钮，系统重新弹出"刀具路径的曲面选取"对话框，单击 按钮，系统弹出"曲面粗加工挖槽"对话框。

Stage4. 选择刀具

Step1. 选择刀具。

（1）确定刀具类型。在"曲面粗加工挖槽"对话框中单击 刀具过滤 按钮，系统弹出"刀具过滤列表设置"对话框，单击 刀具类型 区域中的 无(N) 按钮后，在刀具类型按钮群中单击 （圆鼻刀）按钮，单击 按钮，关闭"刀具过滤列表设置"对话框，系统返回至"曲面粗加工挖槽"对话框。

（2）选择刀具。在"曲面粗加工挖槽"对话框中单击 选择刀库 按钮，系统弹出图 5.6.4 所示的"选择刀具"对话框，在该对话框的列表框中选择图 5.6.4 所示的刀具。单击 按钮，关闭"选择刀具"对话框，系统返回至"曲面粗加工挖槽"对话框。

图 5.6.4　"选择刀具"对话框

Step2. 设置刀具相关参数。

（1）在"曲面粗加工挖槽"对话框的 刀具路径参数 选项卡的列表框中显示出上一步选择的刀具，双击该刀具，系统弹出"定义刀具-Machine Group -1"对话框。

（2）设置刀具号。在"定义刀具 – Machine Group-1"对话框的 刀具号码 文本框中，将原有的数值改为 1。

（3）设置刀具参数。单击"定义刀具 – Machine Group-1"对话框的 参数 选项卡，在其中的 进给率 文本框中输入值 400.0，在 下刀速率 文本框中输入值 500.0，在 提刀速率 文本框中输入值 1200.0，在 主轴转速 文本框中输入值 1600.0。

（4）设置冷却方式。在 参数 选项卡中单击 Coolant... 按钮，系统弹出"Coolant…"对话框，在 Flood （切削液）下拉列表中选择 On 选项，单击该对话框中的 按钮，关闭"Coolant…"对话框。

（5）单击"定义刀具-Machine Group-1"对话框中的 ✓ 按钮，完成刀具的设置。

Stage5. 设置加工参数

Step1. 设置曲面参数。在"曲面粗加工挖槽"对话框中单击 曲面参数 选项卡，在 预留量 （此处翻译有误，应为"加工面预留量"）文本框中输入值 1.0， 曲面参数 选项卡中的其他参数设置保持系统默认设置。

Step2. 设置曲面粗加工参数。在"曲面粗加工挖槽"对话框中单击 粗加工参数 选项卡，如图 5.6.5 所示，在 Z 轴最大进给量:文本框中输入值 3.0。

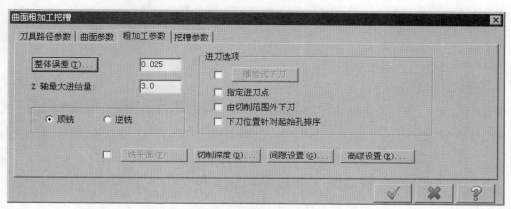

图 5.6.5 "粗加工参数"选项卡

Step3. 设置曲面粗加工挖槽参数。

（1）在"曲面粗加工挖槽"对话框中单击 挖槽参数 选项卡，如图 5.6.6 所示。

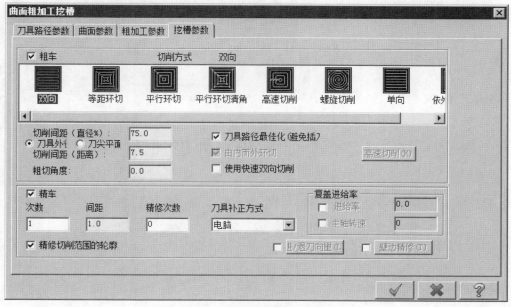

图 5.6.6 "挖槽参数"选项卡

（2）设置切削方式。在 挖槽参数 选项卡的"切削方式"列表中选择 ▤ （"双向"）选项。

（3）设置其他参数。在对话框中选中 ☑ 刀具路径最佳化（避免插） 选项，其他参数设置保持系统默认设置，单击"曲面粗加工挖槽"对话框中的 ✓ 按钮，同时在图形区生成图5.6.7所示的刀路轨迹。

Stage6．加工仿真

Step1．路径模拟。

（1）在"操作管理"中单击 刀具路径 - 104.4K - ROUGH_POCKET.NC - 程序号码 0 节点，系统弹出"路径模拟"对话框及"路径模拟控制"操控板。

（2）在"路径模拟控制"操控板中单击 ▶ 按钮，系统将开始对刀具路径进行模拟，结果与图5.6.7所示的刀具路径相同，在"路径模拟"对话框中单击 ✓ 按钮。

Step2．实体切削验证。

（1）在"操作管理"中确认 1 - 曲面粗加工挖槽 - [WCS: 俯视图] - [刀具平面: 俯视图] 节点被选中，然后单击"验证已选择的操作"按钮 ▧ ，系统弹出"Mastercam Simulator"对话框。

（2）在"Mastercam Simulator"对话框中单击 ▶ 按钮，系统开始进行实体切削仿真，结果如图5.6.8所示，单击 X 按钮。

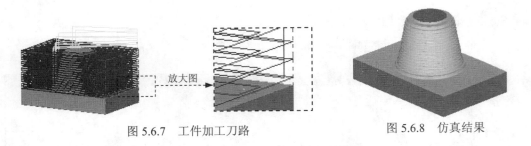

图5.6.7　工件加工刀路　　　　　　　图5.6.8　仿真结果

Step3．保存文件。选择下拉菜单 文件(F) ➡ 保存(S) 命令，即可保存文件。

5.7　粗加工等高外形加工

等高外形加工（CONTOUR）是刀具沿曲面等高曲线加工的方法，并且加工时工件余量不可大于刀具直径，以免造成切削不完整，此方法在半精加工过程中也经常被采用。下面通过图5.7.1所示的模型讲解其操作过程。

Stage1．进入加工环境

第5章 Mastercam X7曲面粗加工

Step1. 打开文件 D:\mcx7.1\work\ch05.07\ROUGH_CONTOUR.MCX-7。

Step2. 隐藏刀具路径。在"操作管理"中单击 `1 - 曲面粗加工挖槽 - [WCS: 俯视图] - [刀具平面: 俯视图]` 节点，单击 按钮，将已存在的刀具路径隐藏。

a）加工模型

b）加工工件

c）加工结果

图 5.7.1　粗加工等高外形加工

Stage2. 选择加工类型

Step1. 选择加工方法。选择下拉菜单 `刀具路径(T)` ➡ `曲面粗加工(R)` ➡ `等高外形加工(O)...` 命令。

Step2. 选取加工面。在图形区中选取图 5.7.2 所示的曲面，然后按 Enter 键，系统弹出"刀具路径的曲面选取"对话框，采用系统默认的设置，单击 按钮，系统弹出"曲面粗加工等高外形"对话框。

选取这些面为加工面

图 5.7.2　选择加工面

Stage3. 选择刀具

Step1. 选择刀具。

（1）确定刀具类型。在"曲面粗加工等高外形"对话框中单击 `刀具过滤` 按钮，系统弹出"刀具过滤列表设置"对话框，单击 `刀具类型` 区域中的 `无(N)` 按钮后，在刀具类型按钮群中单击 （球刀）按钮，单击 按钮，关闭"刀具过滤列表设置"对话框，系统返回至"曲面粗加工等高外形"对话框。

（2）选择刀具。在"曲面粗加工等高外形"对话框中单击 `选择刀库` 按钮，系统弹出 5.7.3 所示的"选择刀具"对话框，在该对话框的列表框中选择图 5.7.3 所示的刀具。

单击 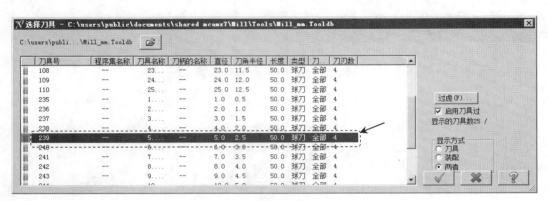（此处指按钮图标）按钮，关闭"选择刀具"对话框，系统返回至"曲面粗加工等高外形"对话框。

图 5.7.3　"选择刀具"对话框

Step2. 设置刀具相关参数。

（1）在"曲面粗加工等高外形"对话框的 刀具路径参数 选项卡的列表框中显示出上一步选择的刀具，双击该刀具，系统弹出"定义刀具-Machine Group-1"对话框。

（2）设置刀具号。在"定义刀具-Machine Group-1"对话框的 刀具号码 文本框中，将原有的数值改为 2。

（3）设置刀具参数。单击"定义刀具-Machine Group-1"对话框的 参数 选项卡，在其中的 进给率 文本框中输入值 200.0，在 下刀速率 文本框中输入值 800.0，在 提刀速率 文本框中输入值 1300.0，在 主轴转速 文本框中输入值 1600.0。

（4）设置冷却方式。在 参数 选项卡中单击 Coolant... 按钮，系统弹出"Coolant…"对话框，在 Flood （切削液）下拉列表中选择 On 选项，单击该对话框中的 按钮，关闭"Coolant…"对话框。

（5）单击"定义刀具-Machine Group-1"对话框中的 按钮，完成刀具的设置。

Stage4. 设置加工参数

Step1. 设置曲面参数。在"曲面粗加工等高外形"对话框中单击 曲面参数 选项卡，在 预留量 预留量 (此处翻译有误，应为"加工面预留量")文本框中输入值 0.5，曲面参数 选项卡中的其他参数设置保持系统默认设置。

Step2. 设置粗加工等高外形参数。

（1）在"曲面粗加工等高外形"对话框中单击 等高外形粗加工参数 选项卡，如图 5.7.4 所示。

（2）设置切削方式。在 等高外形粗加工参数 选项卡的 封闭式轮廓的方向 区域中选中 顺铣 单选项，在 开放式轮廓的方向 区域中选中 双向 单选项。

（3）完成图 5.7.4 所示的参数设置。单击"曲面粗加工等高外形"对话框中的 按

钮，同时在图形区生成图 5.7.5 所示的刀路轨迹。

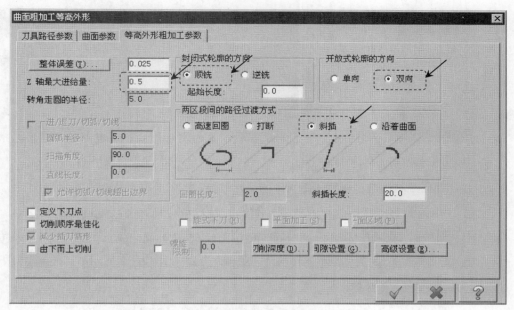

图 5.7.4 "等高外形粗加工参数"选项卡

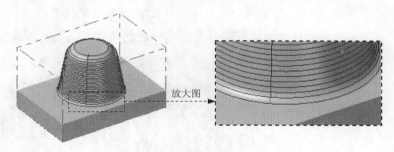

图 5.7.5 工件加工刀路

图 5.7.4 所示的"等高外形粗加工参数"选项卡中部分选项的说明如下。

- 转角走圆的半径文本框：刀具在高速切削时才有效，其作用是当拐角处于小于135°时，刀具走圆角。

- 进/退刀/切弧/切线区域：此区域用于设置加工过程中的进刀及退刀形式。

  - ☑ 圆弧半径文本框：此文本框中的数值控制加工时进/退刀的圆弧半径。

  - ☑ 扫描角度文本框：此文本框中的数值控制加工时进/退刀的圆弧扫描角度。

  - ☑ 直线长度文本框：此文本框中的数值控制加工时进/退刀的直线长度。

  - ☑ 允许切弧/切线超出边界复选框：选中此复选框，表示加工过程中允许进/退刀时超出加工边界。

- ☑ 切削顺序最佳化复选框：选中此复选框，则表示加工时将刀具路径顺序优化，从而提高加工效率。

● ☑ 减少插刀情形 复选框：选中此复选框，则表示加工时将插刀路径优化，以减少插刀情形，避免损坏刀具或工件。

● ☑ 由下而上切削 复选框：选中此复选框，表示加工时刀具将由下而上进行切削。

● 封闭式轮廓的方向 区域：此区域用于设置封闭区域刀具的运动形式，其包括 ⊙ 顺铣 单选项、⊙ 逆铣 单选项和 起始长度: 文本框。

☑ 起始长度: 文本框：用于设置相邻层之间的起始点间距。

● 开放式轮廓的方向 区域：用于设置开放区域刀具的运动形式，其包括 ⊙ 单向 单选项和 ⊙ 双向 单选项。

☑ ⊙ 单向 单选项：选中此选项，则加工过程中刀具只作单向运动。

☑ ⊙ 双向 单选项：选中此选项，则加工过程中刀具只作往返运动。

● 两区段间的路径过渡方式 区域：用于设置两区段间刀具路径的过渡方式，其包括 ⊙ 高速回圈 单选项、⊙ 打断 选项、⊙ 斜插 单选项、⊙ 沿着曲面 单选项、回圈长度: 文本框和 斜插长度: 文本框。

☑ ⊙ 高速回圈 单选项：用于在两区段间插入一段回圈的刀具路径。

☑ ⊙ 打断 单选项：用于在两区段间小于定义间隙值的位置插入成直角的刀具路径。用户可以通过单击 间隙设置(G)... 按钮对间隙设置的相关参数进行设置。

☑ ⊙ 斜插 单选项：用于在两区段间小于定义间隙值的位置插入与 Z 轴成定义角度的直线刀具路径。用户可以通过单击 间隙设置(G)... 按钮对间隙设置的相关参数进行设置。

☑ ⊙ 沿着曲面 单选项：用于在两区段间小于定义间隙值的位置插入与曲面在 Z 轴方向上相匹配的刀具路径。用户可以通过单击 间隙设置(G)... 按钮对间隙设置的相关参数进行设置。

☑ 回圈长度: 文本框：用于定义高速回圈的长度。如果切削间距小于定义的环的长度，则插入回圈的切削量在 Z 轴方向为恒量；如果切削间距大于定义的环的长度，则将插入一段平滑移动的螺旋线。

☑ 斜插长度: 文本框：用于定义斜插直线的长度。此文本框仅在选中 ⊙ 高速回圈 单选项或 ⊙ 斜降 单选项时可以使用。

● 旋式下刀(H)... 按钮：用于设置螺旋下刀的相关参数。螺旋下刀的相关设置在该按钮前的复选框被选中时方可使用，否则此按钮为不可用状态。单击此按钮，系统弹出图 5.7.6 所示的"螺旋下刀参数"对话框，用户可以通过此对话框对螺旋下刀的参数进行设置。

图 5.7.6 "螺旋下刀参数"对话框

- ● 平面加工(S) 按钮：如选中此按钮前面的复选框，则表示在等高外形加工过程中同时加工浅平面。单击此按钮，系统弹出图 5.7.7 所示的"浅平面加工"对话框，通过该对话框，用户可以对加工浅平面时的相关参数进行设置。

- ● 平面区域(F) 按钮：如选中此按钮前面的复选框，则表示在等高外形加工过程中同时加工平面。单击此按钮，系统弹出图 5.7.8 所示的"平面区域加工设置"对话框，通过该对话框，用户可以对加工平面时的相关参数进行设置。

- ● 螺旋限制 文本框：用于设置将 Z 轴方向上切削量不变的刀具路径转变为螺旋式的刀具路径。当此文本框前的复选框处于选中状态时可用，用户可以在该文本框中输入值来定义螺旋限制的最大距离。

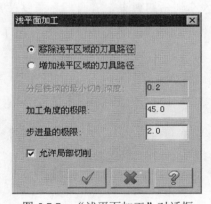

图 5.7.7 "浅平面加工"对话框

图 5.7.8 "平面区域加工设置"对话框

Stage5. 加工仿真

Step1. 路径模拟。

（1）在"操作管理"中单击 ⚙ 刀具路径 - 377.4K - ROUGH_POCKET.NC - 程序号码 0 节点，系统弹出"路径模拟"对话框及"路径模拟控制"操控板。

（2）在"路径模拟控制"操控板中单击 ▶ 按钮，系统将开始对刀具路径进行模拟，结

果与图 5.7.5 所示的刀具路径相同，在"路径模拟"对话框中单击 ✓ 按钮。

Step2. 实体切削验证。

（1）在 刀具路径管理器 选项卡中单击 ✓ 按钮，然后单击"验证已选择的操作"按钮 ⬛，系统弹出"Mastercam Simulator"对话框。

（2）在"Mastercam Simulator"对话框中单击 ▶ 按钮，系统将开始进行实体切削仿真，结果如图 5.7.9 所示，单击 X 按钮。

图 5.7.9 仿真结果

Step3. 保存文件。选择下拉菜单 文件(F) ➡ 保存(S) 命令，即可保存文件。

5.8 粗加工残料加工

粗加工残料加工是依据已有的加工刀路数据进一步加工以清除残料的加工方法，该加工方法选择的刀具要比已有粗加工的刀具小，否则达不到预期效果。并且此种方法生成刀路的时间较长，抬刀次数较多。下面以图 5.8.1 所示的模型为例讲解粗加工残料加工的一般操作过程。

a）加工模型   b）加工工件   c）加工结果

图 5.8.1 粗加工残料加工

Stage1. 进入加工环境

Step1. 打开文件 D:\ mcx7.1\work\ch05.08\ROUGH_RESTMILL.MCX-7。

Step2. 隐藏刀具路径。在 刀具路径管理器 选项卡中单击 ✓ 按钮，再单击 ≈ 按钮，将已存的刀具路径隐藏。

Stage2. 选择加工类型

Step1. 选择加工方法。选择下拉菜单 刀具路径(T) ➡ 曲面粗加工(R) ➡

粗加工残料加工(T)... 命令。

Step2. 选取加工面及加工范围。

（1）在图形区中选取图 5.8.2 所示的曲面，然后按 Enter 键，系统弹出"刀具路径的曲面选取"对话框。

（2）单击"刀具路径的曲面选取"对话框 Containment boundary 区域的 按钮，系统弹出"串连选项"对话框，采用"串联方式"选取图 5.8.2 所示的边线，单击 ✓ 按钮，系统重新弹出"刀具路径的曲面选取"对话框，单击 ✓ 按钮，系统弹出"曲面残料粗加工"对话框。

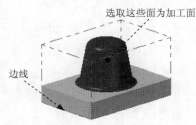

选取这些面为加工面

边线

图 5.8.2 选取加工面

Stage3. 选择刀具

Step1. 选择刀具。

（1）确定刀具类型。在"曲面残料粗加工"对话框中单击 刀具过滤 按钮，系统弹出"刀具过滤列表设置"对话框，单击 刀具类型 区域中的 无(N) 按钮后，在刀具类型按钮群中单击 ✂ （球刀）按钮，单击 ✓ 按钮，关闭"刀具过滤列表设置"对话框，系统返回至"曲面残料粗加工"对话框。

（2）选择刀具。在"曲面残料粗加工"对话框中单击 选择刀库 按钮，系统弹出图 5.8.3 所示的"选择刀具"对话框，在该对话框的列表框中选择图 5.8.3 所示的刀具，单击 ✓ 按钮，关闭"选择刀具"对话框，系统返回至"曲面残料粗加工"对话框。

刀具号	程序集名称	刀具名称	刀柄的名称	直径	刀角半径	长度	刀刃数	类型	刀..
109	--	24...	--	24.0	12.0	50.0	4	球刀	全部
110	--	25...	--	25.0	12.5	50.0	4	球刀	全部
235	--	1...	--	1.0	0.5	50.0	4	球刀	全部
236	--	2...	--	2.0	1.0	50.0	4	球刀	全部
237	--	3...	--	3.0	1.5	50.0	4	球刀	全部
238	--	4...	--	4.0	2.0	50.0	4	球刀	全部
239	--	5...	--	5.0	2.5	50.0	4	球刀	全部
240	--	6...	--	6.0	3.0	50.0	4	球刀	全部
241	--	7...	--	7.0	3.5	50.0	4	球刀	全部
242	--	8...	--	8.0	4.0	50.0	4	球刀	全部
243	--	9...	--	9.0	4.5	50.0	4	球刀	全部
244	--	10...	--	10.0	5.0	50.0	4	球刀	全部
245	--	11...	--	11.0	5.5	50.0	4	球刀	全部

选择刀具 - C:\users\public\documents\shared mcamx7\Mill\Tools\Mill_mm.Tooldb

C:\users\publi...\Mill_mm.Tooldb

过虑(F)...
☑ 启用刀具过
显示的刀具数25 /

显示方式
○ 刀具
○ 装配
● 两者

图 5.8.3 "选择刀具"对话框

Step2. 设置刀具相关参数。

（1）在"曲面残料粗加工"对话框的 刀具路径参数 选项卡的列表框中显示出上一步选择的刀具，双击该刀具，系统弹出"定义刀具-Machine Group-1"对话框。

（2）设置刀具号。在"定义刀具-Machine Group-1"对话框的 刀具号码 文本框中，将原有的数值改为3。

（3）设置刀具参数。单击"定义刀具-Machine Group-1"对话框的 参数 选项卡，在其中的 进给率 文本框中输入值300.0，在 下刀速率 文本框中输入值300.0，在 提刀速率 文本框中输入值1200.0，在 主轴转速 文本框中输入值1500.0。

（4）设置冷却方式。在 参数 选项卡中单击 Coolant... 按钮，在系统弹出的对话框的 Flood （切削液）下拉列表中选择 On 选项，单击 ✓ 按钮，关闭"Coolant…"对话框。

（5）单击"定义刀具-Machine Group-1"对话框中的 ✓ 按钮，完成刀具的设置。

Stage4. 设置加工参数

Step1. 设置曲面参数。在"曲面残料粗加工"对话框中单击 曲面参数 选项卡，在 预留里
预留里 **(此处翻译有误，应为"加工面预留量")** 文本框中输入值0.2，曲面参数 选项卡中的其他参数设置保持系统默认设置。

Step2. 设置残料加工参数。在"曲面残料粗加工"对话框中单击 残料加工参数 选项卡，如图5.8.4所示，在 残料加工参数 选项卡的 开放式轮廓的方向 区域中选中 ⊙ 顺铣 单选项，在 开放式轮廓的方向 区域中选中 ⊙ 双向 单选项。

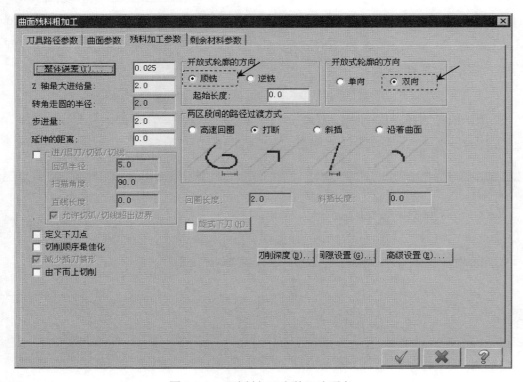

图5.8.4　"残料加工参数"选项卡

Step3. 设置剩余材料参数。在"曲面残料粗加工"对话框中单击 剩余材料参数 选项卡，如图 5.8.5 所示，在 剩余材料的计算是来自：区域选中 ⊙ 所有先前的操作 单选项。其他参数设置接受系统的默认设置，单击"曲面残料粗加工"对话框中的 ✔ 按钮，同时在图形区生成图 5.8.6 所示的刀路轨迹。

图 5.8.5 所示的"剩余材料参数"选项卡中部分选项的说明如下。

- 剩余材料的计算是来自：区域：用于设置残料加工时残料的计算来源，有以下几种形式。
    - ☑ ⊙ 所有先前的操作 单选项：选中此单选项，则表示以之前的所有加工来计算残料。
    - ☑ ⊙ 另一个操作 单选项：选中此单选项，则表示在之前的加工中选择一个需要的加工来计算残料。
    - ☑ ☑ 使用记录文件 复选框：此选项表示用已经保存的记录为残料的计算依据。
    - ☑ ⊙ 自设的粗加工刀具路 单选项：选择此项表示可以通过输入刀具的直径和刀角半径来计算残料。
    - ☑ ⊙ STL 文件 单选项：当工件模型为不规则形状时选用此单选项，比如铸件。
    - ☑ 材料的解析度：文本框：用于定义刀具路径的质量。材料的解析度值越小，则创建的刀具路径越平滑；材料的解析度值越大，则创建的刀具路径越粗糙。
- 剩余材料的调整：区域：此区域可以对加工残料的范围进行设定。
    - ☑ ⊙ 直接使用剩余材料的范围 单选项：选中此单选项，表示直接利用先前的加工余量进行加工。
    - ☑ ⊙ 减少剩余材料的范围 单选项：选择此单选项，可以在已有的加工余量上减少一定范围的残料进行加工。
    - ☑ ⊙ 增加剩余材料的范围 单选项：选择此单选项，可以通过调整切削间距，在已有的加工余量上增加一定范围的残料进行加工。

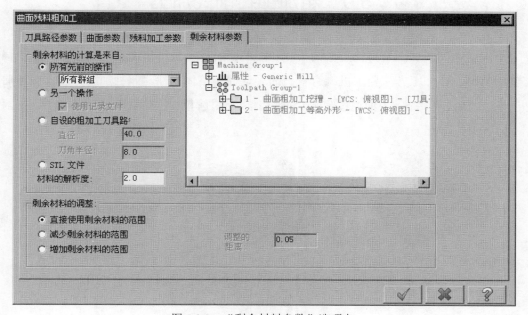

图 5.8.5 "剩余材料参数"选项卡

Stage5．加工仿真

Step1．路径模拟。

（1）在"操作管理"中单击 刀具路径 - 431.6K - ROUGH_POCKET.NC - 程序号码 0 节点，系统弹出"路径模拟"对话框及"路径模拟控制"操控板。

（2）在"路径模拟控制"操控板中单击 ▶ 按钮，系统将开始对刀具路径进行模拟，结果与图 5.8.6 所示的刀具路径相同，在"路径模拟"对话框中单击 ✓ 按钮。

Step2．实体切削验证。

（1）在 刀具路径管理器 选项卡中单击 ✓ 按钮，然后单击"验证已选择的操作"按钮 🔲，系统弹出"Mastercam Simulator"对话框。

（2）在"Mastercam Simulator"对话框中单击 ▶ 按钮，系统将开始进行实体切削仿真，结果如图 5.8.7 所示，单击 ✕ 按钮。

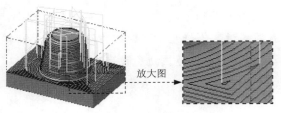

图 5.8.6　工件加工刀路　　　　　　　图 5.8.7　仿真结果

Step3．保存文件。选择下拉菜单 文件(F) ➡ 📁 保存(S) 命令，即可保存文件。

5.9　粗加工钻削式加工

粗加工钻削式加工是将铣刀像钻头一样沿曲面的形状进行快速钻削加工，快速地移除工件的材料。该加工方法要求机床有较高的稳定性和整体刚性。此种加工方法比普通曲面加工方法的加工效率高。下面通过图 5.9.1 所示的实例讲解粗加工钻削式加工的一般操作过程。

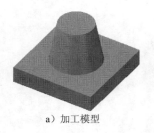

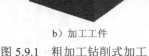
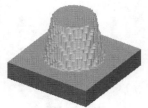

a）加工模型　　　　　　b）加工工件　　　　　　c）加工结果

图 5.9.1　粗加工钻削式加工

Stage1. 进入加工环境

打开文件 D:\mcx7.1\work\ch05.09\PARALL_STEEP.MCX-7，系统进入加工环境。

Stage2. 设置工件

Step1. 在"操作管理"中单击 山 属性 - Generic Mill 节点前的"+"号，将该节点展开，然后单击 ◇ 素材设置 节点，系统弹出"机器群组属性"对话框。

Step2. 设置工件的形状。在"机器群组属性"对话框的 形状 区域中选中 ⊙ 立方体 单选项。

Step3. 设置工件的尺寸。在"机器群组属性"对话框中单击 所有曲面 按钮，在 素材原点 区域的 Z 文本框中输入值 73，然后在右侧的预览区 Z 下面的文本框输入值 73。

Step4. 单击"机器群组属性"对话框中的 ✓ 按钮，完成工件的设置，如图 5.9.2 所示。

Stage3. 选择加工类型

Step1. 选择加工方法。选择下拉菜单 刀具路径(T) ➡ 曲面粗加工(R) ➡ 粗加工钻削式加工(L)... 命令，系统弹出"输入新 NC 名称"对话框，采用系统默认的名称，单击 ✓ 按钮。

Step2. 选择加工面及加工范围。

（1）在图形区中选取图 5.9.3 所示的曲面，然后按 Enter 键，系统弹出"刀具路径的曲面选取"对话框。

（2）单击"刀具路径的曲面选取"对话框 风格 区域的 按钮，选取图 5.9.4 所示的点 1 和点 2（点 1 和点 2 为棱线交点）为加工栅格点。系统重新弹出"刀具路径的曲面选取"对话框，单击 ✓ 按钮，系统弹出"曲面粗加工钻削式"对话框。

图 5.9.2　设置工件

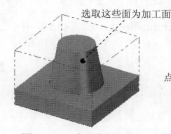
选取这些面为加工面
图 5.9.3　选取加工面

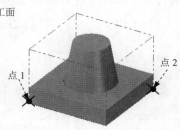
点 1　点 2
图 5.9.4　定义栅格点

Stage4. 选择刀具

Step1. 选择刀具。

（1）确定刀具类型。在"曲面粗加工钻削式"对话框中单击 刀具过滤 按钮，系统弹出

"刀具过滤列表设置"对话框，单击 刀具类型 区域中的 无(N) 按钮后，在刀具类型按钮群中单击 ▮ (圆鼻刀) 按钮，单击 ✓ 按钮，关闭"刀具过滤列表设置"对话框，系统返回至"曲面粗加工钻削式"对话框。

（2）选择刀具。在"曲面粗加工钻削式"对话框中单击 选择刀库 按钮，系统弹出图 5.9.5 所示的"选择刀具"对话框，在该对话框的列表框中选择图 5.9.5 所示的刀具。单击 ✓ 按钮，关闭"选择刀具"对话框，系统返回至"曲面粗加工钻削式"对话框。

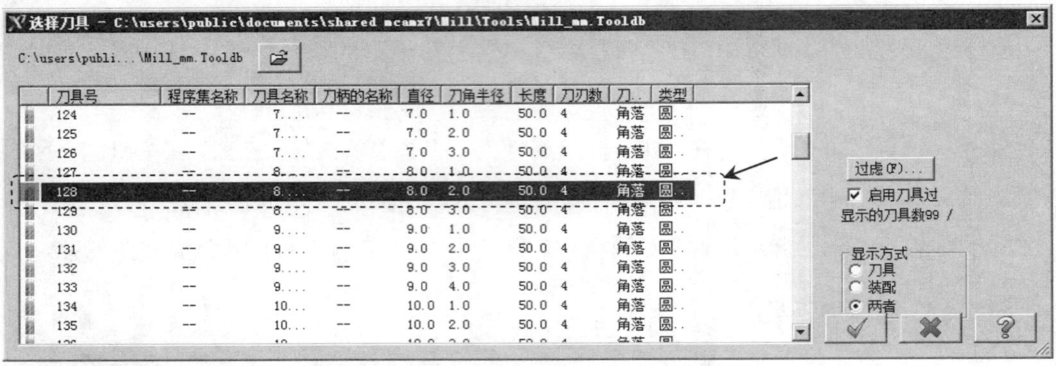

图 5.9.5 "选择刀具"对话框

Step2. 设置刀具相关参数。

（1）在"曲面粗加工钻削式"对话框的 刀具路径参数 选项卡的列表框中显示出上一步选择的刀具，双击该刀具，系统弹出"定义刀具-Machine Group-1"对话框。

（2）设置刀具号。在"定义刀具-Machine Group-1"对话框的 刀具号码 文本框中，将原有的数值改为 1。

（3）设置刀具参数。单击"定义刀具-Machine Group-1"对话框的 参数 选项卡，在其中的 进给率 文本框中输入值 400.0，在 下刀速率 文本框中输入值 200.0，在 提刀速率 文本框中输入值 1200.0，在 主轴转速 文本框中输入值 1000.0。

（4）单击"定义刀具-Machine Group-1"对话框中的 ✓ 按钮，完成刀具的设置。

Stage5. 设置加工参数

Step1. 设置曲面参数。在"曲面粗加工钻削式"对话框中单击 曲面参数 选项卡，选中 安全高度 前面的 ✓ 复选框，并在 安全高度(L) 后的文本框中输入值 50.0，在 提刀速率(A) 的文本框中输入值 20.0，在 下刀位置(F) 文本框中输入值 10.0，在 预留量(此处翻译有误，应为"加工面预留量")文本框中输入值 0.5，曲面参数 选项卡中的其他参数设置保持系统默认设置值。

Step2. 设置曲面钻销式粗加工参数。

（1）在"曲面粗加工钻削式"对话框中单击 钻削式粗加工参数 选项卡，如图 5.9.6 所示。

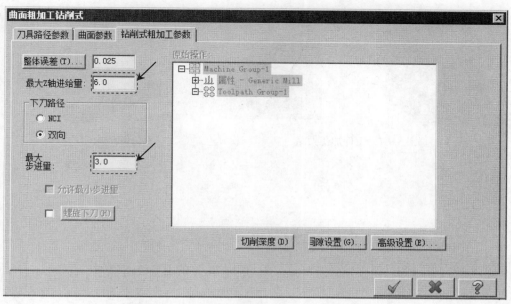

图 5.9.6 "钻削式粗加工参数"选项卡

（2）在 钻削式粗加工参数 选项卡的 最大Z轴进给量 文本框中输入值 6.0，在 最大步进量 文本框中输入值 3.0。

（3）完成参数设置。对话框中的其他参数设置保持系统默认设置值，单击"曲面粗加工钻削式"对话框中的 按钮，同时在图形区生成图 5.9.7 所示的刀路轨迹。

Stage6. 加工仿真

Step1. 路径模拟。

（1）在"操作管理"中单击 刀具路径 - 6950.1K - PARALL_STEEP.NC - 程序号码 0 节点，系统弹出"路径模拟"对话框及"路径模拟控制"操控板。

（2）在"路径模拟控制"操控板中单击 按钮，系统将开始对刀具路径进行模拟，结果与图 5.9.7 所示的刀具路径相同，在"路径模拟"对话框中单击 按钮。

Step2. 实体切削验证。

（1）在"操作管理"中确认 1 - 曲面粗加工钻削式 - [WCS: 俯视图] - [刀具平面: 俯视图] 节点被选中，然后单击"验证已选择的操作"按钮 ，系统弹出"Mastercam Simulator"对话框。

（2）在"Mastercam Simulator"对话框中单击 按钮，系统将开始进行实体切削仿真，结果如图 5.9.8 所示，单击 X 按钮。

Step3. 保存文件。选择下拉菜单 文件(F) ➡ 保存(S) 命令，即可保存文件。

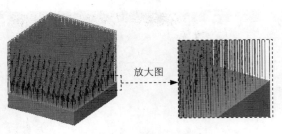

放大图

图 5.9.7　工件加工刀路

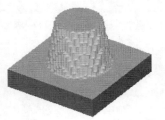

图 5.9.8　仿真结果

第6章　Mastercam X7 曲面精加工

本章提要　　　　Mastercam X7 的曲面精加工功能同样非常强大，本章主要通过具体的实例讲解精加工中各个加工方法的一般操作过程。通过本章的学习，希望读者能够清楚地了解 Mastercam X7 曲面精加工的一般流程及操作方法，并了解其基本原理。

6.1　概　　述

精加工就是把粗加工或半精加工后的工件再次加工到工件的几何形状并达到尺寸精度，其切削方式是通过加工工件的结构及选用的加工类型进行工件表面或外围单层单次切削加工。

Mastercam X7 提供了 11 种曲面精加工加工方式，分别为"精加工平行铣削"、"精加工平行陡斜面"、"精加工放射状"、"精加工投影加工"、" 精加工流线加工"、"精加工等高外形"、"精加工浅平面加工"、"精加工交线清角加工"、"精加工残料加工"、"精加工环绕等距加工"和"精加工熔接加工"。

6.2　精加工平行铣削加工

精加工平行铣削方式与粗加工平行铣削方式基本相同，加工时生成沿某一指定角度方向的刀具路径。此种方法加工出的工件较光滑，主要用于圆弧过渡及陡斜面的模型加工。下面以图 6.2.1 所示的模型为例讲解精加工平行铣削加工的一般操作过程。

a）加工模型　　　　　　　　　b）加工工件　　　　　　　　　c）加工结果

图 6.2.1　精加工平行铣削加工

Stage1. 进入加工环境

Step1. 打开文件 D:\mcx7.1\work\ch06.02\FINISH_PARALL.MCX-7。

Step2. 隐藏刀具路径。在 刀具路径管理器 选项卡中单击 ✓ 按钮,再单击 ≋ 按钮,将已存的刀具路径隐藏。

Stage2. 选择加工类型

Step1. 选择加工方法。选择下拉菜单 刀具路径(T) ➡ 曲面精加工(F) ➡ 精加工平行铣削(P)... 命令。

Step2. 选取加工面。在图形区中选取图 6.2.2 所示的曲面,然后按 Enter 键,系统弹出"刀具路径的曲面选取"对话框,采用系统默认的参数设置,单击 ✓ 按钮,系统弹出"曲面精加工平行铣削"对话框。

选取此面为加工面

图 6.2.2 选取加工面

Stage3. 选择刀具

Step1. 选择刀具。

(1)确定刀具类型。在"曲面精加工平行铣削"对话框中单击 刀具过滤 按钮,系统弹出"刀具过滤列表设置"对话框,单击 刀具类型 区域中的 无(N) 按钮后,在刀具类型按钮群中单击 ▌(球刀)按钮,单击 ✓ 按钮,关闭"刀具过滤列表设置"对话框,系统返回至"曲面精加工平行铣削"对话框。

(2)选择刀具。在"曲面精加工平行铣削"对话框中单击 选择刀库 按钮,系统弹出图 6.2.3 所示的"选择刀具"对话框,在该对话框的列表框中选择图 6.2.3 所示的刀具。单击 ✓ 按钮,关闭"选择刀具"对话框,系统返回至"曲面精加工平行铣削"对话框。

Step2. 设置刀具相关参数。

(1)在"曲面精加工平行铣削"对话框的 刀具路径参数 选项卡的列表框中显示出上一步选择的刀具,双击该刀具,系统弹出"定义刀具-机床群组-1"对话框。

(2)设置刀具号。在"定义刀具-机床群组-1"对话框的 刀具号码 文本框中,将原有的数值改为 2。

(3)设置刀具参数。单击"定义刀具-机床群组-1"对话框的 参数 选项卡,设置图 6.2.4 所示的参数。

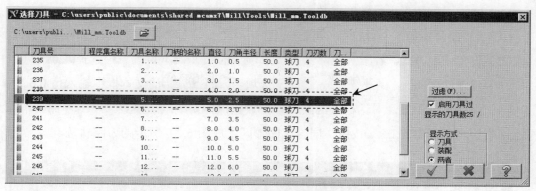

图 6.2.3　"选择刀具"对话框

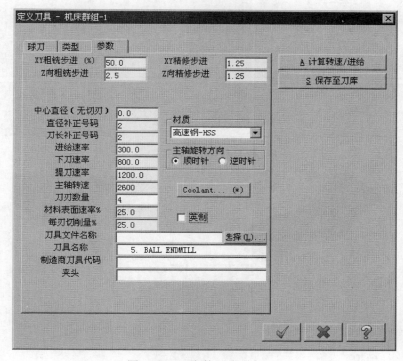

图 6.2.4　"参数"选项卡

（4）设置冷却方式。在 参数 选项卡中单击 Coolant... 按钮，系统弹出"Coolant…"对话框，在 Flood （切削液）下拉列表中选择 On 选项，单击该对话框中的 ✓ 按钮，关闭"Coolant…"对话框。

（5）单击"定义刀具-机床群组-1"对话框中的 ✓ 按钮，完成刀具的设置。

Stage4．设置加工参数

Step1. 设置曲面加工参数。在"曲面精加工平行铣削"对话框中单击 曲面参数 选项卡，此选项卡中的参数设置保持系统默认设置。

Step2. 设置精加工平行铣削参数。

（1）在"曲面精加工平行铣削"对话框中单击 精加工平行铣削参数 选项卡，如图 6.2.5 所示。

（2）设置切削方式。在 精加工平行铣削参数 选项卡的 切削方式 下拉列表中选择 双向 选项。

（3）设置切削间距。在 精加工平行铣削参数 选项卡 大切削间距(M) 的文本框中输入值 0.6。

（4）完成参数设置。对话框中的其他参数设置保持系统默认设置，单击"曲面精加工平行铣削"对话框中的 ✓ 按钮，同时在图形区生成图 6.2.6 所示的刀路轨迹。

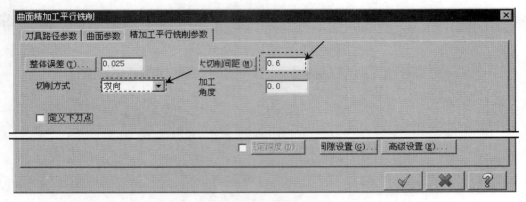

图 6.2.5　"精加工平行铣削参数"选项卡

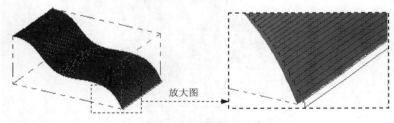

图 6.2.6　工件加工刀路

Stage5. 加工仿真

Step1. 路径模拟。

（1）在"操作管理"中单击 ≋ 刀具路径 - 93.7K - FINISH_PARALL-OK1.NC - 程序号码 0 节点，系统弹出"路径模拟"对话框及"路径模拟控制"操控板。

（2）在"路径模拟控制"操控板中单击 ▶ 按钮，系统将开始对刀具路径进行模拟，结果与图 6.2.6 所示的刀具路径相同，在"路径模拟"对话框中单击 ✓ 按钮。

Step2. 实体切削验证。

（1）在 刀具路径 选项卡中单击 ✓ 按钮，然后单击"验证已选择的操作"按钮 ◈ ，系统弹出"Mastercam Simulator"对话框。

（2）在"Mastercam Simulator"对话框中单击 ▶ 按钮，系统将开始进行实体切削仿真，结果如图 6.2.7 所示，单击 ✕ 按钮。

图 6.2.7　仿真结果

Step3. 保存文件。选择下拉菜单 文件(F) ➡ 📁 保存(S) 命令，即可保存文件。

6.3　精加工平行陡斜面加工

精加工平行陡斜面（PAR.STEEP）加工是指从陡斜区域切削残余材料的加工方法，陡斜面取决于两个斜坡角度。下面以图 6.3.1 所示的模型为例讲解精加工平行陡斜面的一般操作过程。

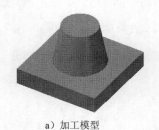
a）加工模型

b）加工工件

c）加工结果

图 6.3.1　精加工平行陡斜面加工

Stage1. 进入加工环境

Step1. 打开文件 D:\mcx7.1\work\ch06.03\FINISH_PAR.STEEP.MCX-7。

Step2. 隐藏刀具路径。在 刀具路径管理器 选项卡中单击 ✅ 按钮，再单击 ≋ 按钮，将已存的刀具路径隐藏。

Stage2. 选择加工类型

Step1. 选择加工方法。选择下拉菜单 刀具路径(T) ➡ 曲面精加工(F) ➡ ◣ 精加工平行陡斜面(A)... 命令。

Step2. 选取加工面。在图形区中选取图 6.3.2 所示的曲面，然后按 Enter 键，系统弹出"刀具路径的曲面选取"对话框，对话框的其他参数设置保持系统默认设置值，单击 ✅ 按钮，系统弹出"曲面精加工平行式陡斜面"对话框。

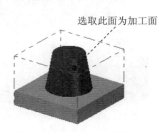

选取此面为加工面

图 6.3.2　选取加工面

Stage3. 选择刀具

Step1. 选择刀具。

（1）确定刀具类型。在"曲面精加工平行式陡斜面"对话框中单击 刀具过滤 按钮，系统弹出"刀具过滤列表设置"对话框，单击 刀具类型 区域中的 无(N) 按钮后，在刀具类型按钮群中单击 （圆鼻刀）按钮，单击 ✓ 按钮，关闭"刀具过滤列表设置"对话框，系统返回至"曲面精加工平行式陡斜面"对话框。

（2）选择刀具。在"曲面精加工平行式陡斜面"对话框中单击 选择刀库 按钮，系统弹出"选择刀具"对话框，在该对话框的列表框中选择图 6.3.3 所示的刀具。单击 ✓ 按钮，关闭"选择刀具"对话框，系统返回至"曲面精加工平行式陡斜面"对话框。

刀具号	程序集名称	刀具名称	刀柄的名称	直径	刀角半径	长度	类型	刀.	刀刃数
117	--	3....	--	3.0	1.0	50.0	圆.	角落	4
118	--	4....	--	4.0	0.2	50.0	圆.	角落	4
119	--	4....	--	4.0	1.0	50.0	圆.	角落	4
120	--	5....	--	5.0	1.0	50.0	圆.	角落	4
121	--	5....	--	5.0	2.0	50.0	圆.	角落	4
122	--	6....	--	6.0	1.0	50.0	圆.	角落	4
123	--	6....	--	6.0	2.0	50.0	圆.	角落	4
124	--	7....	--	7.0	1.0	50.0	圆.	角落	4
125	--	7....	--	7.0	2.0	50.0	圆.	角落	4
126	--	7....	--	7.0	3.0	50.0	圆.	角落	4
127	--	8....	--	8.0	1.0	50.0	圆.	角落	4
128	--	8....	--	8.0	2.0	50.0	圆.	角落	4

过滤(F)...
☑ 启用刀具过
显示的刀具数99 /

显示方式
○ 刀具
○ 装配
◉ 两者

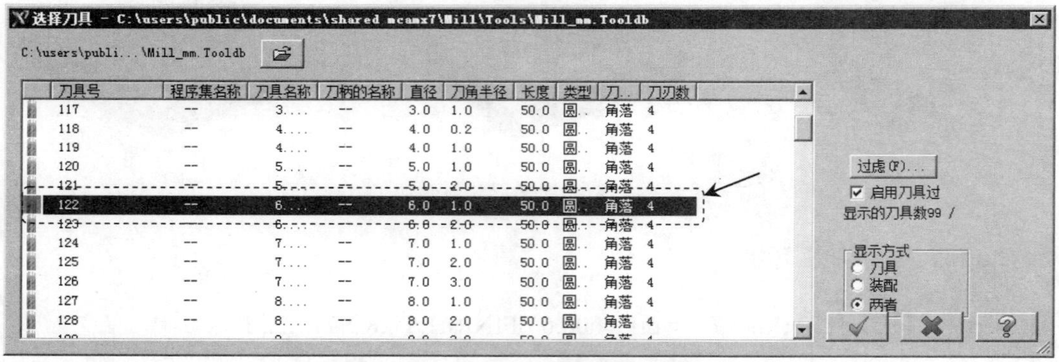

图 6.3.3　"选择刀具"对话框

Step2. 设置刀具相关参数。

（1）在"曲面精加工平行式陡斜面"对话框的 刀具路径参数 选项卡的列表框中显示出上一步选择的刀具，双击该刀具，系统弹出"定义刀具-机床群组-1"对话框。

（2）设置刀具号。在"定义刀具-机床群组-1"对话框的 刀具号码 文本框中，将原有的数值改为 2。

（3）设置刀具参数。单击"定义刀具-机床群组-1"对话框的 参数 选项卡，在其中的 进给速率 文本框中输入值 200.0，在 下刀速率 文本框中输入值 400.0，在 提刀速率 文本框中输入值 800.0，在 主轴转速 文本框中输入值 1200.0。

（4）设置冷却方式。在 参数 选项卡中单击 Coolant... 按钮，系统弹出"Coolant..."对话框，在 Flood （切削液）下拉列表中选择 On 选项，单击该对话框中的 ✓ 按钮，关闭"Coolant..."对话框。

（5）单击"定义刀具-机床群组-1"对话框中的 ✓ 按钮，完成刀具的设置。

Stage4. 设置加工参数

Step1. 设置曲面加工参数。在"曲面精加工平行式陡斜面"对话框中单击 曲面参数 选项卡，选中 安全高度(L) 前面的 ☑ 复选框，并在 安全高度(L) 的文本框中输入值 50.0，在 提刀速率(A) 的文本框中输入值 20.0，在 下刀位置(F) 的文本框中输入值 10.0，在 预留量 预留量(**此处翻译有误，应为"加工面预留量"**)文本框中输入值 0.0，曲面参数 选项卡中的其他参数设置保持系统默认设置。

Step2. 设置粗加工放射状参数。

（1）在"曲面精加工平行式陡斜面"对话框中单击 陡斜面精加工参数 选项卡，如图 6.3.4 所示。

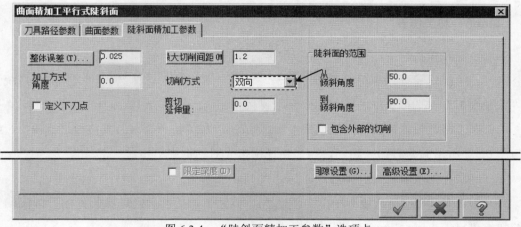

图 6.3.4 "陡斜面精加工参数"选项卡

（2）设置切削方式。在 陡斜面精加工参数 选项卡的 切削方式 下拉列表中选择 双向 选项。

（3）完成参数设置。对话框中的其他参数设置保持系统默认设置，单击"曲面精加工平行式陡斜面"对话框中的 ✓ 按钮，同时在图形区生成图 6.3.5 所示的刀路轨迹。

图 6.3.4 所示的"陡斜面精加工参数"选项卡中部分选项的说明如下。

- 加工方式角度 文本框：用于定义陡斜面的刀具路径与 X 轴的角度。
- 剪切延伸量 文本框：用于定义刀具从前面切削区域下刀切削，消除不同刀具路径间产生的加工间隙，其延伸距离为两个刀具路径的公共部分，延伸刀具路径沿着曲面曲率变化。此文本框仅在 切削方式 为 单向 和 双向 时可用。

- 区域：此区域可以人为设置加工的陡斜面的范围，此范围是 ^从倾斜角度文本框中的数值与 ^到倾斜角度文本框中的数值之间的区域。

  ☑ ^从倾斜角度文本框：设置陡斜面的起始加工角度。

  ☑ ^到倾斜角度文本框：设置陡斜面的终止加工角度。

  ☑ ☑ 包含外部的切削复选框：用于设置加工在陡斜的范围角度外面的区域。选中此复选框时，系统会自动加工与加工角度成正交的区域和浅的区域，不加工与加工角度平行的区域，使用此复选框可以避免重复切削同一个区域。

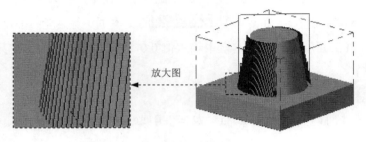

放大图

图 6.3.5　工件加工刀路

Stage5. 加工仿真

Step1. 路径模拟。

（1）在"操作管理"中单击 ≋ 刀具路径 - 69.4K - PARALL_STEEP.NC - 程序号码 0 节点，系统弹出"路径模拟"对话框及"路径模拟控制"操控板。

（2）在"路径模拟控制"操控板中单击 ▶ 按钮，系统将开始对刀具路径进行模拟，结果与图 6.3.5 所示的刀具路径相同，在"路径模拟"对话框中单击 ✓ 按钮。

Step2. 实体切削验证。

（1）在 刀具路径管理器 选项卡中单击 ✓ 按钮，然后单击"验证已选择的操作"按钮 ⬡，系统弹出"Mastercam Simulator"对话框。

（2）在"Mastercam Simulator"对话框中单击 ▶ 按钮，系统将开始进行实体切削仿真，结果如图 6.3.6 所示，单击 ✕ 按钮。

Step3. 保存文件。选择下拉菜单 文件(F) ➡ 🖫 保存(S) 命令，即可保存文件。

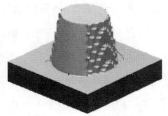

图 6.3.6　仿真结果

6.4 精加工放射状加工

放射状（RADIAL）精加工是指刀具绕一个旋转中心点对工件某一范围内的材料进行加工的方法，其刀具路径呈放射状。此种加工方法适合于圆形、边界等值或对称性模型的加工。下面通过图6.4.1所示的模型讲解精加工放射状加工的一般操作过程。

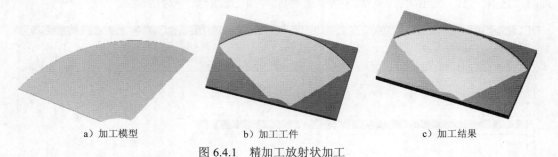

a）加工模型　　　　　　b）加工工件　　　　　　c）加工结果

图6.4.1　精加工放射状加工

Stage1. 进入加工环境

Step1. 打开文件 D:\mcx7.1\work\ch06.04\FINISH_RADIAL.MCX-7。

Step2. 隐藏刀具路径。在 刀具路径管理器 选项卡中单击 按钮，再单击 按钮，将已存的刀具路径隐藏。

Stage2. 选择加工类型

Step1. 选择加工方法。选择下拉菜单 刀具路径(T) ➡ 曲面精加工(F) ➡ 精加工放射状(R)... 命令。

Step2. 选取加工面及放射中心。在图形区中选取图6.4.2所示的曲面，然后按Enter键，系统弹出"刀具路径的曲面选取"对话框，在对话框的 选取放射中心点 区域中单击 按钮，选取图6.4.3所示的圆弧的中心为加工的放射中心，对话框的其他参数设置保持系统默认设置，单击 按钮，系统弹出"曲面精加工放射状"对话框。

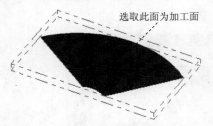

选取此面为加工面

图6.4.2　选取加工面

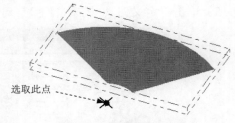

选取此点

图6.4.3　定义放射中心

Stage3. 选择刀具

Step1. 选择刀具。

（1）确定刀具类型。在"曲面精加工放射状"对话框中单击 刀具过滤 按钮，系统弹出"刀具过滤列表设置"对话框，单击 刀具类型 区域中的 无(N) 按钮后，在刀具类型按钮群中单击 （平底刀）按钮，单击 ✓ 按钮，关闭"刀具过滤列表设置"对话框，系统返回至"曲面精加工放射状"对话框。

（2）选择刀具。在"曲面精加工放射状"对话框中单击 选择刀库 按钮，系统弹出"选择刀具"对话框，在该对话框的列表框中选择图 6.4.4 所示的刀具。单击 ✓ 按钮，关闭"选择刀具"对话框，系统返回至"曲面精加工放射状"对话框。

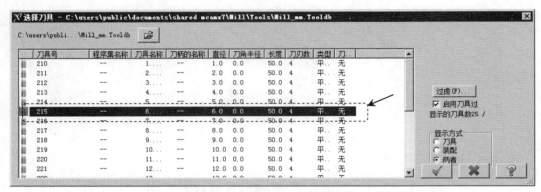

图 6.4.4 "选择刀具"对话框

Step2. 设置刀具相关参数。

（1）在"曲面精加工放射状"对话框的 刀具路径参数 选项卡的列表框中显示出上一步选择的刀具，双击该刀具，系统弹出"定义刀具-机床群组-1"对话框。

（2）设置刀具号。在"定义刀具-机床群组-1"对话框的 刀具号码 文本框中，将原有的数值改为 2。

（3）设置刀具参数。单击"定义刀具-机床群组-1"对话框的 参数 选项卡，设置图6.4.5 所示的参数。

（4）设置冷却方式。在 参数 选项卡中单击 Coolant... 按钮，系统弹出"Coolant..."对话框，在 Flood （切削液）下拉列表中选择 On 选项，单击该对话框中的 ✓ 按钮，关闭"Coolant..."对话框。

（5）单击"定义刀具-机床群组-1"对话框中的 ✓ 按钮，完成刀具的设置。

图 6.4.5 设置刀具参数

Stage4. 设置加工参数

Step1. 设置曲面加工参数。

（1）在"曲面精加工放射状"对话框中单击 曲面参数 选项卡，在 预留量 （此处翻译有误，应为"加工面预留量"）文本框中输入值 0.2。

（2）在"曲面精加工放射状"对话框中选中 /退刀向量(D). 前面的 ☑ 复选框，并单击 /退刀向量(D). 按钮，系统弹出"方向"对话框。

（3）在"方向"对话框 进刀向量 区域的 进刀引线长度 文本框中输入值 5.0，对话框中的其他参数设置保持系统默认设置值，单击 ✓ 按钮，系统返回至"曲面精加工放射状"对话框。

Step2. 设置精加工放射状参数。

（1）在"曲面精加工放射状"对话框中单击 放射状精加工参数 选项卡，如图 6.4.6 所示。

（2）在 放射状精加工参数 选项卡 整体误差(T)... 的文本框中输入值 0.025。

（3）设置切削方式。在 放射状精加工参数 选项卡的 切削方式 下拉列表中选择 双向 选项。

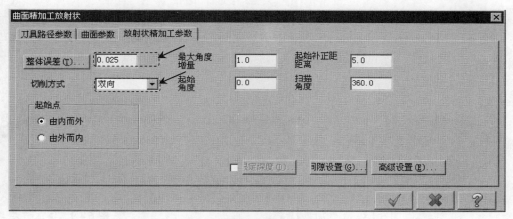

图 6.4.6 "放射状精加工参数"选项卡

图 6.4.6 所示"放射状精加工参数"选项卡中部分选项的说明如下。

● 限定深度(D)... 按钮：要激活此按钮，先要选中此按钮前面的 ☑ 复选框。单击此按钮，系统弹出"限定深度"对话框，如图 6.4.7 所示。通过此对话框可以对切削深度进行具体设置。

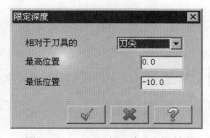

图 6.4.7 "限定深度"对话框

说明：图 6.4.6 所示"放射状精加工参数"选项卡中的部分选项与粗加工相同，此处不再赘述。

（4）完成参数设置。对话框中的其他参数设置保持系统默认设置，单击"曲面精加工放射状"对话框中的 ✓ 按钮，同时在图形区生成图 6.4.8 所示的刀路轨迹。

Stage5. 加工仿真

Step1. 路径模拟。

（1）在"操作管理"中单击 ≋ 刀具路径 - 28.1K - 复件 FINISH_RADIAL-OK.NC - 程序号码 0 节点，系统弹出"路径模拟"对话框及"路径模拟控制"操控板。

（2）在"路径模拟控制"操控板中单击 ▶ 按钮，系统将开始对刀具路径进行模拟，结果与图 6.4.8 所示的刀具路径相同，在"路径模拟"对话框中单击 ✓ 按钮。

Step2. 实体切削验证。

（1）在"操作管理" 刀具路径管理器 选项卡中单击 ✔ 按钮，然后单击"验证已选择的操作"按钮 📦，系统弹出"Mastercam Simulator"对话框。

（2）在"Mastercam Simulator"对话框中单击 ▶ 按钮，系统将开始进行实体切削仿真，结果如图 6.4.9 所示，单击 ✕ 按钮。

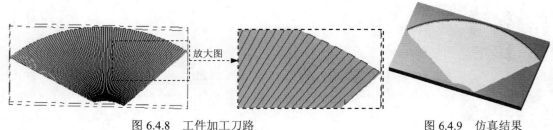

图 6.4.8　工件加工刀路　　　　图 6.4.9　仿真结果

Step3. 保存文件。选择下拉菜单 文件(F) ➡ 保存(S) 命令，即可保存文件。

6.5　精加工投影加工

投影精加工是将已有的刀具路径文件（NCI）或几何图素（点或曲线）投影到指定曲面模型上并生成刀具路径来进行切削加工的方法。用来做投影图素的 NCI 及几何图素越紧凑，所生成的刀具路径跟工件形状越接近，加工出来的效果就越平滑。下面以图 6.5.1 所示的模型为例讲解精加工投影加工的一般操作过程（本例是将已有刀具路径投影到曲面进行加工的）。

a）加工模型

b）加工工件

c）加工结果

图 6.5.1　精加工投影加工

Stage1. 进入加工环境

Step1. 打开文件 D:\mcx7.1\work\ch06.05\FINISH_PROJECT.MCX-7。

Step2. 隐藏刀具路径。在 刀具路径管理器 选项卡中单击 ✓ 按钮，再单击 ≋ 按钮，将已存的刀具路径隐藏。

Stage2. 选择加工类型

Step1. 选择加工方法。选择下拉菜单 刀具路径(T) ➡ 曲面精加工(F) ➡ 精加工投影加工(J)... 命令。

Step2. 选择加工面及投影曲线。

（1）在图形区中选取图 6.5.2 所示的曲面，然后按 Enter 键，系统弹出"刀具路径的曲面选取"对话框。

（2）单击"刀具路径的曲面选取"对话框 曲线 区域的 按钮，系统弹出"串连选项"对话框，单击其中的 按钮，然后框选图 6.5.3 所示的所有曲线（字体曲线），此时系统提示"输入搜索点"，选取图 6.5.3 所示的点 1（点 1 为直线的端点），在"串连选项"对话框中单击 ✓ 按钮，系统重新弹出"刀具路径的曲面选取"对话框。

（3）"刀具路径的曲面选取"对话框的其他参数设置保持系统默认设置值，单击 ✓ 按钮，系统弹出"曲面精加工投影"对话框。

图 6.5.2　定义投影曲面

点 1　　选取投影曲线　　放大图　　选取投影曲面

图 6.5.3　选取投影曲线和搜寻点

Stage3. 选择刀具

Step1. 选择刀具。

（1）确定刀具类型。在"曲面精加工投影"对话框中单击 刀具过滤 按钮，系统弹出"刀具过滤列表设置"对话框，单击 刀具类型 区域中的 无(N) 按钮后，在刀具类型按钮群中单击 （球刀）按钮，单击 ✓ 按钮，关闭"刀具过滤列表设置"对话框，系统返回至"曲面精加工投影"对话框。

（2）选择刀具。在"曲面精加工投影"对话框中单击 选择刀库 按钮，系统弹出"选择刀具"对话框，在该对话框的列表框中选择图 6.5.4 所示的刀具。单击 ✓ 按钮，关闭"选择刀具"对话框，系统返回至"曲面精加工投影"对话框。

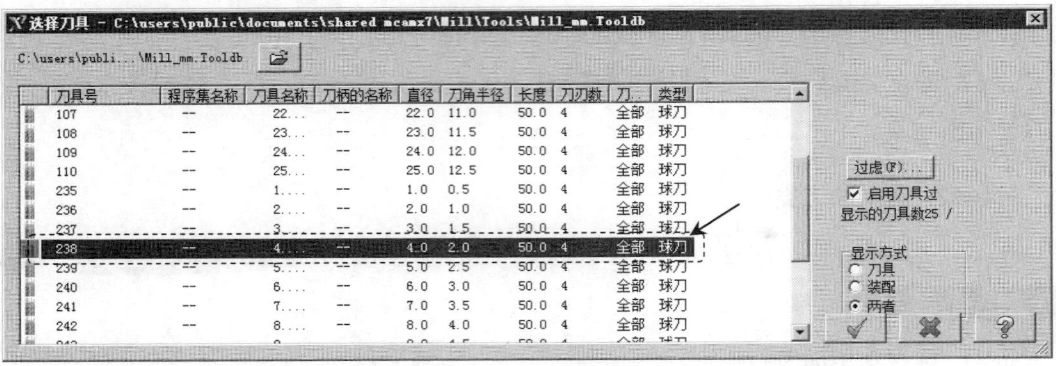

图 6.5.4 "选择刀具"对话框

Step2. 设置刀具相关参数。

（1）在"曲面精加工投影"对话框的 刀具路径参数 选项卡的列表框中显示出上一步选择的刀具，双击该刀具，系统弹出"定义刀具-机床群组-1"对话框。

（2）设置刀具号。在"定义刀具-机床群组-1"对话框的 刀具号码 文本框中，将原有的数值改为 3。

（3）设置刀具参数。单击"定义刀具-机床群组-1"对话框的 参数 选项卡，在其中的 进给速率 文本框中输入值 200.0，在 下刀速率 文本框中输入值 1600.0，在 提刀速率 文本框中输入值 1600.0，在 主轴转速 文本框中输入值 2200.0。

（4）设置冷却方式。在 参数 选项卡中单击 Coolant... 按钮，系统弹出"Coolant..."对话框，在 Flood （切削液）下拉列表中选择 On 选项，单击该对话框中的 ✓ 按钮，关闭"Coolant..."对话框。

（5）单击"定义刀具-机床群组-1"对话框中的 ✓ 按钮，完成刀具的设置。

（6）系统返回至"曲面精加工投影"对话框，取消选中 参考点 按钮前的复选框。

Stage4. 设置加工参数

Step1. 设置曲面加工参数。在"曲面精加工投影"对话框中单击 曲面参数 选项卡，在

预留量 (此处翻译有误，应为"加工面预留量")文本框中输入值 0.0，其他参数设置保持系统默认设置值。

Step2. 设置精加工投影参数。

（1）在"曲面精加工投影"对话框中单击 投影精加工参数 选项卡，如图 6.5.5 所示。

（2）确认 投影精加工参数 选项卡的 投影方式 区域的 ⊙ 曲线 选项处于选中状态，并选中 ☑ 两切削间提刀 选项，其他参数设置保持系统默认设置值，单击"曲面精加工投影"对话框中的 ✓ 按钮，同时在图形区生成图 6.5.6 所示的刀路轨迹。

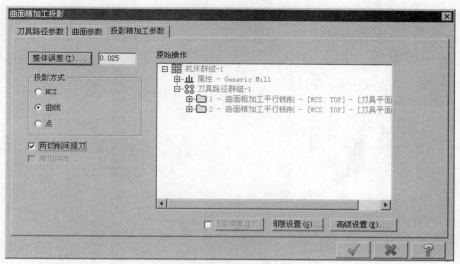

图 6.5.5 "投影精加工参数"选项卡

图 6.5.5 所示的"投影精加工参数"选项卡中部分选项的说明如下。

- ☑ 增加深度 复选框：该复选框用于设置在所选操作中获取加工深度并应用于曲面精加工投影中。

- 原始操作 区域：此区域列出了之前的所有操作程序供选择。

- 限定深度(D)... 按钮：要激活此按钮，需选中其前面的 ☑ 复选框。单击此按钮，系统弹出"限定深度"对话框，如图 6.5.7 所示。

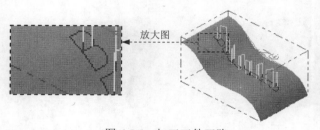

图 6.5.6 加工工件刀路

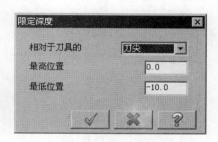

图 6.5.7 "限定深度"对话框

Stage5. 加工仿真

Step1. 路径模拟。

（1）在"操作管理"中单击 ≋ 刀具路径 - 27.5K - NCI_.NC - 程序号码 0 节点，系统弹出"路径模拟"对话框及"路径模拟控制"操控板。

（2）在"路径模拟控制"操控板中单击 ▶ 按钮，系统将开始对刀具路径进行模拟，结果与图 6.5.6 所示的刀具路径相同，在"路径模拟"对话框中单击 ✓ 按钮。

Step2. 实体切削验证。

（1）在 刀具路径管理器 选项卡中单击 ✓ 按钮，然后单击"验证已选择的操作"按钮 ▣，系统弹出"Mastercam Simulator"对话框。

（2）在"Mastercam Simulator"对话框中单击 ▶ 按钮，系统将开始进行实体切削仿真，结果如图 6.5.8 所示，单击 X 按钮。

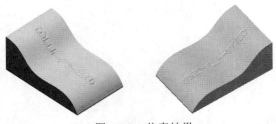

图 6.5.8 仿真结果

Step3. 保存文件。选择下拉菜单 文件(F) ➡ 保存(S) 命令，即可保存文件。

6.6 精加工流线加工

曲面流线精加工可以将曲面切削方向设定为沿着截断方向加工或沿切削方向加工，同时还可以控制曲面的"残脊高度"来生成一个平滑的加工曲面。下面通过图 6.6.1 所示的实例来讲解精加工流线加工的操作过程。

a）加工模型

b）加工工件

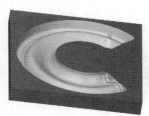
c）加工结果

图 6.6.1 精加工流线加工

Stage1. 进入加工环境

Step1. 打开文件 D:\mcx7.1\work\ch06.06\FINISH_FLOWLINE.MCX-7。

Step2. 隐藏刀具路径。在 刀具路径管理器 选项卡中单击 ✓ 按钮，再单击 ≋ 按钮，将已存
的刀具路径隐藏。

Stage2. 选择加工类型

Step1. 选择加工方法。选择下拉菜单 刀具路径(T) ➡ 曲面精加工(F) ➡
∽ 精加工流线加工(F)... 命令。

Step2. 选取加工面。在图形区中选取图 6.6.2 所示的曲面，然后按 Enter 键，系统弹出
"刀具路径的曲面选取"对话框。

选取此面为加工面

图 6.6.2　选择加工面

Step3. 设置曲面流线形式。单击"刀具路径的曲面选取"对话框 曲面流线 区域的 ∽ 按
钮，系统弹出"曲面流线设置"对话框，同时图形区出现流线形式线框，如图 6.6.3 所示。
在"曲面流线设置"对话框中单击 补正 按钮和 切削方向 按钮，改变曲面流线的方向，结
果如图 6.6.4 所示，单击 ✓ 按钮，系统重新弹出"刀具路径的曲面选取"对话框，单击 ✓
按钮，系统弹出"曲面精加工流线"对话框。

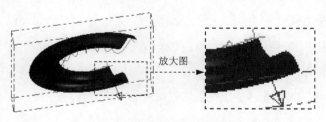

放大图

图 6.6.3　曲面流线线框

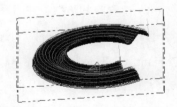

图 6.6.4　设置曲面流线形式

Stage3. 选择刀具

Step1. 选择刀具。

（1）确定刀具类型。在"曲面精加工流线"对话框中单击 刀具过滤 按钮，系统弹出 "刀
具过滤列表设置"对话框，单击 刀具类型 区域中的 无(N) 按钮后，在刀具类型按钮群中
单击 ⬛ （球刀）按钮，单击 ✓ 按钮，关闭"刀具过滤列表设置"对话框，系统返回至

"曲面精加工流线"对话框。

（2）选择刀具。在"曲面精加工流线"对话框中单击 选择刀库 按钮，系统弹出"选择刀具"对话框，在该对话框的列表框中选择图 6.6.5 所示的刀具。单击 ✓ 按钮，关闭"选择刀具"对话框，系统返回至"曲面精加工流线"对话框。

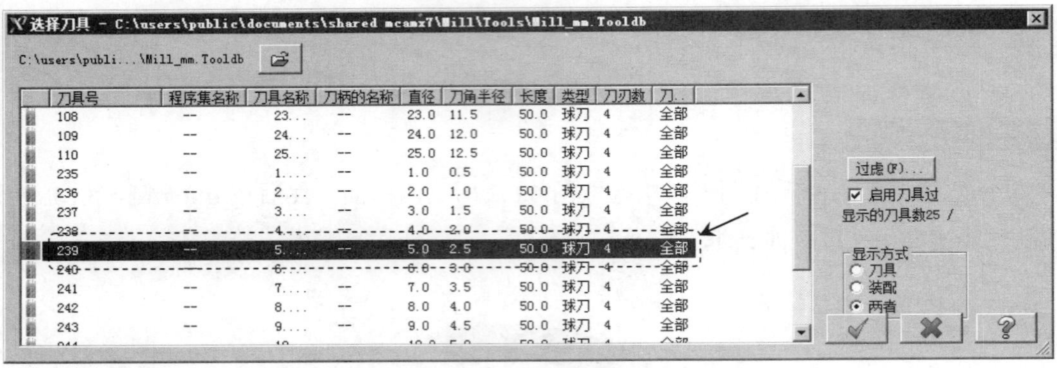

图 6.6.5 "选择刀具"对话框

Step2. 设置刀具相关参数。

（1）在"曲面精加工流线"对话框的 刀具路径参数 选项卡的列表框中显示出上一步选择的刀具，双击该刀具，系统弹出"定义刀具-机床群组-1"对话框。

（2）设置刀具号。在"定义刀具-机床群组-1"对话框的 刀具号码 文本框中，将原有的数值改为 2。

（3）设置刀具参数。单击"定义刀具-机床群组-1"对话框的 参数 选项卡，在其中的 进给速率 文本框中输入值 300.0，在 下刀速率 文本框中输入值 1000.0，在 提刀速率 文本框中输入值 1000.0，在 主轴转速 文本框中输入值 2400.0。

（4）设置冷却方式。在 参数 选项卡中单击 Coolant... 按钮，系统弹出"Coolant..."对话框，在 Flood （切削液）下拉列表中选择 On 选项，单击该对话框中的 ✓ 按钮，关闭"Coolant..."对话框。

（5）单击"定义刀具-机床群组-1"对话框中的 ✓ 按钮，完成刀具的设置。

Stage4. 设置加工参数

Step1. 设置曲面加工参数。在"曲面精加工流线"对话框中单击 曲面参数 选项卡，在 预留量 (此处翻译有误，应为"加工面预留量")文本框中输入值 0.0，其他参数设置保持系统默认设置值。

Step2. 设置曲面流线精加工参数。

（1）在"曲面精加工流线"对话框中单击 曲面流线精加工参数 选项卡，如图 6.6.6 所示。

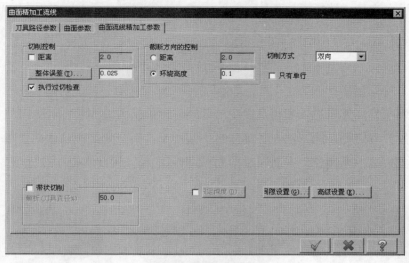

图 6.6.6　"曲面流线精加工参数"选项卡

（2）设置切削方式。在 曲面流线精加工参数 选项卡的 切削方式 下拉列表中选择 双向 选项。

（3）在 截断方向的控制 区域的 ⊙ 环绕高度 文本框中输入值 0.1，对话框中的其他参数设置保持系统默认设置，单击"曲面精加工流线"对话框中的 ✓ 按钮，同时在图形区生成图 6.6.7 所示的刀路轨迹。

Stage5．加工仿真

Step1．路径模拟。

（1）在"操作管理"中单击 ≋ 刀具路径 - 372.2K - FINISH_FLOWLINE.NC - 程序号码 0 节点，系统弹出"路径模拟"对话框及"路径模拟控制"操控板。

（2）在"路径模拟控制"操控板中单击 ▶ 按钮，系统将开始对刀具路径进行模拟，结果与图 6.6.7 所示的刀具路径相同，在"路径模拟"对话框中单击 ✓ 按钮。

Step2．实体切削验证。

（1）在 刀具路径管理器 选项卡中单击 ✓ 按钮，然后单击"验证已选择的操作"按钮 ⬡，系统弹出"Mastercam Simulator"对话框。

（2）在"Mastercam Simulator"对话框中单击 ▶ 按钮，系统将开始进行实体切削仿真，结果如图 6.6.8 所示，单击 X 按钮。

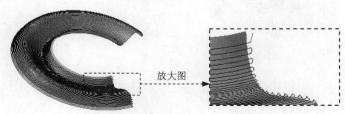

图 6.6.7　工件加工刀路

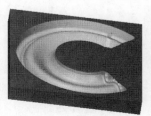

图 6.6.8　仿真结果

Step3. 保存文件。选择下拉菜单 文件(F) ➡ 🔳 保存(S) 命令，即可保存文件。

6.7　精加工等高外形加工

精加工中的等高外形加工和粗加工中的等高外形加工大致相同，加工时生成沿加工工件曲面外形的刀具路径。此方法在实际生产中常用于具有一定陡峭角的曲面加工，对平缓曲面进行加工效果不很理想。下面通过图 6.7.1 所示的模型讲解其操作过程。

a) 加工模型　　　　　　　　b) 加工工件　　　　　　　　c) 加工结果

图 6.7.1　精加工等高外形加工

Stage1. 进入加工环境

Step1. 打开文件 D:\mcx7.1\work\ch06.07\FINISH_CONTOUR.MCX-7。

Step2. 隐藏刀具路径。在 刀具路径管理器 选项卡中单击 ✔ 按钮，再单击 ≈ 按钮，将已存的刀具路径隐藏。

Stage2. 选择加工类型

Step1. 选择加工方法。选择下拉菜单 刀具路径(T) ➡ 曲面精加工(F) ➡ 🔳 精加工等高外形(C)... 命令。

Step2. 选取加工面。在图形区中选取图 6.7.2 所示的曲面，然后按 Enter 键，系统弹出"刀具路径的曲面选取"对话框，采用系统默认的参数设置，单击 ✔ 按钮，系统弹出"曲面精加工等高外形"对话框。

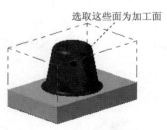

选取这些面为加工面

图 6.7.2　选取加工面

Stage3. 选择刀具

Step1. 选择刀具。

（1）确定刀具类型。在"曲面精加工等高外形"对话框中单击 刀具过滤 按钮，系统弹出"刀具过滤列表设置"对话框，单击 刀具类型 区域中的 无(N) 按钮后，在刀具类型按钮群中单击 （球刀）按钮，单击 ✓ 按钮，关闭"刀具过滤列表设置"对话框，系统返回至"曲面精加工等高外形"对话框。

（2）选择刀具。在"曲面精加工等高外形"对话框中单击 选择刀库 按钮，系统弹出图 6.7.3 所示的"选择刀具"对话框，在该对话框的列表框中选择图 6.7.3 所示的刀具。单击 ✓ 按钮，关闭"选择刀具"对话框，系统返回至"曲面精加工等高外形"对话框。

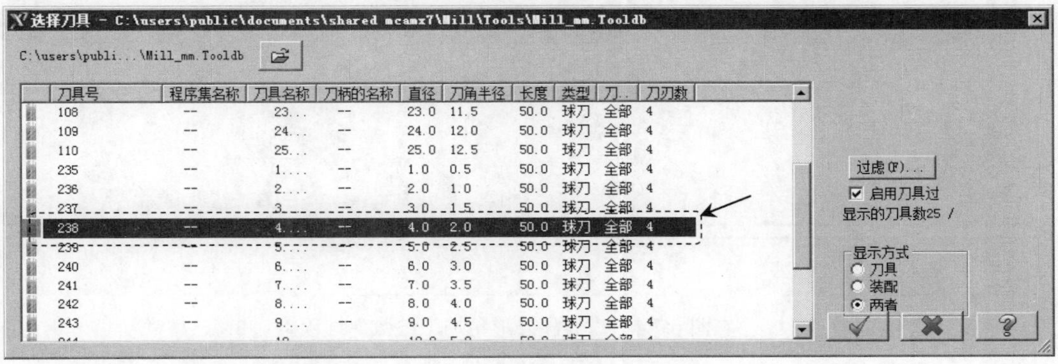

图 6.7.3 "选择刀具"对话框

Step2. 设置刀具相关参数。

（1）在"曲面精加工等高外形"对话框的 刀具路径参数 选项卡的列表框中显示出上一步选择的刀具，双击该刀具，系统弹出"定义刀具-机床群组-1"对话框。

（2）设置刀具号。在"定义刀具-机床群组-1"对话框的 刀具号码 文本框中，将原有的数值改为 3。

（3）设置刀具参数。单击"定义刀具-机床群组-1"对话框的 参数 选项卡，在其中的 进给速率 文本框中输入值 200.0，在 下刀速率 文本框中输入值 1300.0，在 提刀速率 文本框中输入值 1300.0，在 主轴转速 文本框中输入值 1600.0。

（4）设置冷却方式。在 参数 选项卡中单击 Coolant... 按钮，系统弹出"Coolant..."对话框，在 Flood （切削液）下拉列表中选择 On 选项，单击该对话框中的 ✓ 按钮，关闭"Coolant..."对话框。

（5）单击"定义刀具-机床群组-1"对话框中的 ✓ 按钮，完成刀具的设置。

Stage4. 设置加工参数

Step1. 设置曲面加工参数。在"曲面精加工等高外形"对话框中单击 曲面参数 选项卡，保持系统默认参数设置值。

Step2. 设置精加工等高外形参数。

（1）在"曲面精加工等高外形"对话框中单击 等高外形精加工参数 选项卡，如图 6.7.4 所示。

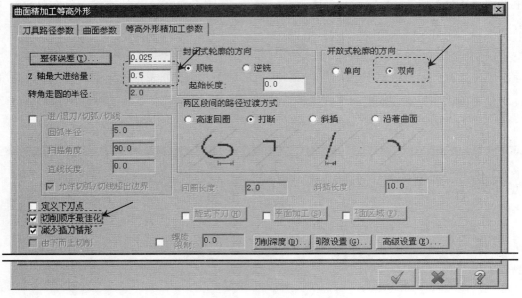

图 6.7.4 "等高外形精加工参数"选项卡

（2）设置进给量。在 等高外形粗加工参数 选项卡的 Z 轴最大进给量: 文本框中输入值 0.5。

（3）设置切削方式。在 等高外形粗加工参数 选项卡中选中 ☑ 切削顺序最佳化 复选框，在 封闭式轮廓的方向 区域中选中 ⊙ 顺铣 单选项，在 开放式轮廓的方向 区域中选中 ⊙ 双向 单选项。

（4）完成参数设置。对话框中的其他参数设置保持系统默认设置值，单击"曲面精加工等高外形"对话框中的 ✓ 按钮，同时在图形区生成图 6.7.5 所示的刀路轨迹。

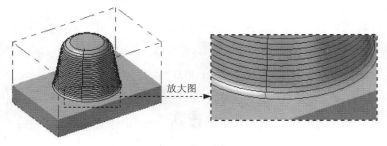

图 6.7.5 工件加工刀路

Stage5. 加工仿真

Step1. 路径模拟。

（1）在"操作管理"中单击 ≋ 刀具路径 - 1212.OK - 123.NC - 程序号码 0 节点，系统弹出"路径模拟"对话框及"路径模拟控制"操控板。

（2）在"路径模拟控制"操控板中单击▶按钮，系统将开始对刀具路径进行模拟，结果与图6.7.5所示的刀具路径相同，在"路径模拟"对话框中单击✓按钮。

Step2. 实体切削验证。

（1）在 刀具路径管理器 选项卡中单击✓按钮，然后单击"验证已选择的操作"按钮◈，系统弹出"Mastercam Simulator"对话框。

（2）在"Mastercam Simulator"对话框中单击▶按钮，系统将开始进行实体切削仿真，结果如图6.7.6所示，单击 X 按钮。

图6.7.6 仿真结果

Step3. 保存文件。选择下拉菜单 文件(F) ➡ 保存(S) 命令，即可保存文件。

6.8 精加工残料加工

精加工残料加工是依据已有加工刀路数据进一步加工以清除残料的加工方法，该加工方法选择的刀具要比已有粗加工的刀具小，否则达不到预期效果。并且此方法生成刀路的时间较长，抬刀次数较多。下面以图6.8.1所示的模型为例讲解精加工残料加工的一般操作过程。

a）加工模型　　　　　　　　b）加工工件　　　　　　　　c）加工结果

图6.8.1 精加工残料加工

Stage1. 进入加工环境

Step1. 打开文件 D:\ mcx7.1\work\ch06.08\FINISH_RESTMILL.MCX-7。

Step2. 隐藏刀具路径。在 刀具路径管理器 选项卡中单击✓按钮，再单击≋按钮，将已存的刀具路径隐藏。

Mastercam X7
数控加工教程

Stage2. 选择加工类型

Step1. 选择加工方法。选择下拉菜单 刀具路径(T) ➜ 曲面精加工(F) ➜ 精加工残料加工(L)... 命令。

Step2. 选取加工面。在图形区中选取图 6.8.2 所示的曲面，然后按 Enter 键，系统弹出"刀具路径的曲面选取"对话框，采用系统默认的设置，单击 ✓ 按钮，系统弹出"曲面精加工残料清角"对话框。

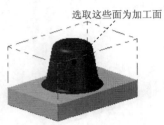

图 6.8.2　选取加工面

Stage3. 选择刀具

Step1. 选择刀具。

（1）确定刀具类型。在"曲面精加工残料清角"对话框中单击 刀具过滤 按钮，系统弹出"刀具过滤列表设置"对话框，单击 刀具类型 区域中的 无(N) 按钮后，在刀具类型按钮群中单击 (圆鼻刀)按钮，单击 ✓ 按钮，关闭"刀具过滤列表设置"对话框，系统返回至"曲面精加工残料清角"对话框。

（2）选择刀具。在"曲面精加工残料清角"对话框中单击 选择刀库 按钮，系统弹出图 6.8.3 所示的"选择刀具"对话框，在该对话框的列表框中选择图 6.8.3 所示的刀具。单击 ✓ 按钮，关闭"选择刀具"对话框，系统返回至"曲面精加工残料清角"对话框。

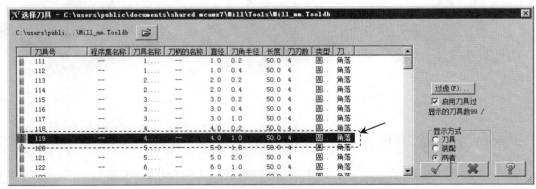

图 6.8.3　"选择刀具"对话框

Step2. 设置刀具相关参数。

（1）在"曲面精加工残料清角"对话框的 刀具路径参数 选项卡的列表框中显示出上一步

选择的刀具，双击该刀具，系统弹出"定义刀具-机床群组-1"对话框。

（2）设置刀具号。在"定义刀具-机床群组-1"对话框的 刀具号码 文本框中，将原有的数值改为4。

（3）设置刀具参数。单击"定义刀具-机床群组-1"对话框的 参数 选项卡，在其中的 进给速率 文本框中输入值200.0，在 下刀速率 文本框中输入值1300.0，在 提刀速率 文本框中输入值1300.0，在 主轴转速 文本框中输入值1600.0。

（4）设置冷却方式。在 参数 选项卡中单击 Coolant... 按钮，系统弹出"Coolant…"对话框，在 Flood （切削液）下拉列表中选择 On 选项，单击该对话框中的 ✓ 按钮，关闭"Coolant…"对话框。

（5）单击"定义刀具-机床群组-1"对话框中的 ✓ 按钮，完成刀具的设置。

Stage4. 设置加工参数

Step1. 设置曲面加工参数。在"曲面精加工残料清角"对话框中单击 曲面参数 选项卡，保持系统默认的参数设置。

Step2. 设置残料清角精加工参数。

（1）在"曲面精加工残料清角"对话框中单击 残料清角精加工参数 选项卡，如图6.8.4所示。

（2）设置切削间距。残料清角精加工参数 选项卡的 大切削间距(M) 文本框中输入值0.5。

（3）设置切削方式。在 残料清角精加工参数 选项卡的 切削方式 下拉列表中选择 双向 选项。

（4）完成参数设置。对话框中的其他参数设置保持系统默认设置值，单击"曲面精加工残料清角"对话框中的 ✓ 按钮，同时在图形区生成图6.8.5所示的刀路轨迹。

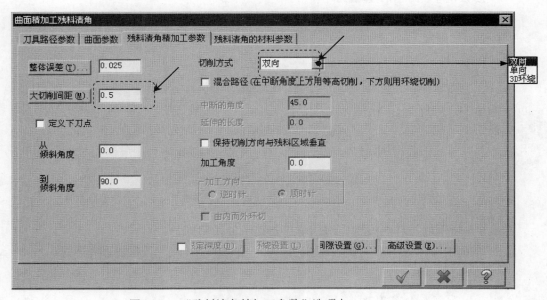

图6.8.4 "残料清角精加工参数"选项卡

图 6.8.4 所示的"残料清角精加工参数"选项卡中部分选项的说明如下。

- 从 **倾斜角度** 文本框: 此文本框可以设置开始加工曲面斜率角度。
- 到 **倾斜角度** 文本框: 此文本框可以设置终止加工曲面斜率角度。
- **切削方式** 下拉列表: 用于定义切削方式, 其包括 **双向** 选项、**单向** 选项和 **3D环绕** 选项。

  ☑ **3D环绕** 选项: 该选线表示采用螺旋切削方式。当选择此选项时, **加工方向** 文本框、☑ **由内而外环切** 复选框和 **环绕设置(L)...** 按钮被激活。

  ☑ ☑ **混合路径(在中断角度上方用等高切削, 下方则用环绕切削)** 复选框: 用于创建 2D 和 3D 混合的切削路径。当选中此复选框时, 系统在中断角度以上采用 2D 和 3D 混合的切削路径, 在中断角度以下采用 3D 的切削路径。当 **切削方式** 为 **3D环绕** 时, 此复选框不可用。

  ☑ **中断的角度** 文本框: 用于定义混合区域, 中断角度常常被定义为 45°。当 **切削方式** 为 **3D环绕** 时, 此文本框不可用。

  ☑ **延伸的长度** 文本框: 用于定义混合区域的 2D 加工刀具路径的延伸距离。当 **切削方式** 为 **3D环绕** 时, 此文本框不可用。

- ☑ **保持切削方向与残料区域垂直** 复选框: 用于设置切削方向始终与残料区域垂直。选中此复选框, 系统会自动改良精加工刀具路径, 减小刀具磨损。当 **切削方式** 为 **3D环绕** 时, 此复选框不可用。

- **环绕设置(L)...** 按钮: 用于设置环绕设置的相关参数。单击此按钮, 系统弹出"环绕设置"对话框, 如图 6.8.5 所示。用户可以在此对话框中对环绕设置进行定义。该按钮仅当 **切削方式** 为 **3D环绕** 时可用。

图 6.8.5 "环绕设置"对话框

图 6.8.5 所示的"环绕设置"对话框中各选项的说明如下。

- **3D环绕精度** 区域: 用于定义 3D 环绕的加工精度, 包括 ☑ **复盖自动精度的计算** 复选框和 **步进量的百分比** 文本框。

  ☑ ☑ **复盖自动精度的计算** 复选框: 用于自动根据刀具、步进量和切削公差计算加工

精度。

- ☑ 步进量的百分比 文本框：用于定义允许改变的 3D 环绕精度为步进量的指定百分比。此值越小，加工精度越高，但是生成刀具路径时间长，并且 NC 程序较大。

- ☑ 将限定区域的边界存为图形 复选框：用于将 3D 环绕最外面的边界转换成实体图形。

Stage5. 加工仿真

Step1. 路径模拟。

（1）在"操作管理"中单击 ☰ 刀具路径 - 449.7K - 123.NC - 程序号码 0 节点，系统弹出"路径模拟"对话框及"路径模拟控制"操控板。

（2）在"路径模拟控制"操控板中单击 ▶ 按钮，系统将开始对刀具路径进行模拟，结果与图 6.8.6 所示的刀具路径相同，在"路径模拟"对话框中单击 ✓ 按钮。

Step2. 实体切削验证。

（1）在 刀具路径管理器 选项卡中单击 ✔ 按钮，然后单击"验证已选择的操作"按钮 📦，系统弹出"Mastercam Simulator"对话框。

（2）在"Mastercam Simulator"对话框中单击 ▶ 按钮，系统将开始进行实体切削仿真，结果如图 6.8.7 所示，单击 ✖ 按钮。

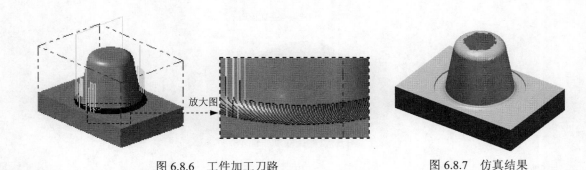

图 6.8.6　工件加工刀路　　　　　　　图 6.8.7　仿真结果

Step3. 保存文件。选择下拉菜单 文件(F) ➡ 🖫 保存(S) 命令，即可保存文件。

6.9　精加工浅平面加工

浅平面精加工是对加工后余留下来的浅薄材料进行加工的方法，加工的浅薄区域由曲面斜面确定。该加工方法还可以通过两角度间的斜率来定义加工范围。下面通过图 6.9.1 所示的实例讲解精加工浅平面加工的一般操作过程。

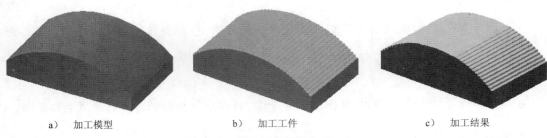

a)　加工模型　　　　　　　　b)　加工工件　　　　　　　　c)　加工结果

图 6.9.1　精加工浅平面加工

Stage1. 进入加工环境

Step1. 打开文件 D:\ mcx7.1\work\ch06.09\FINISH_SHALLOW.MCX-7。

Step2. 隐藏刀具路径。在 刀具路径管理器 选项卡中单击 ✔ 按钮，再单击 ≋ 按钮，将已存的刀具路径隐藏。

Stage2. 选择加工类型

Step1. 选择加工方法。选择下拉菜单 刀具路径(T) ➡ 曲面精加工(F) ➡ 精加工浅平面加工(S)... 命令。

Step2. 选取加工面。在图形区中选取图 6.9.2 所示的曲面，然后按 Enter 键，系统弹出"刀具路径的曲面选取"对话框。单击 ✔ 按钮，完成加工面的选择，同时系统弹出"曲面精加工浅平面"对话框。

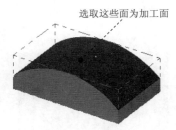

选取这些面为加工面

图 6.9.2　选取加工面

Stage3. 选择刀具

Step1. 选择刀具。

（1）确定刀具类型。在"曲面精加工浅平面"对话框中单击 刀具过滤 按钮，系统弹出"刀具过滤列表设置"对话框，单击 刀具类型 区域中的 无(N) 按钮后，在刀具类型按钮群中单击 ▐ （圆鼻刀）按钮，单击 ✔ 按钮，关闭"刀具过滤列表设置"对话框，系统返回至"曲面精加工浅平面"对话框。

（2）选择刀具。在"曲面精加工浅平面"对话框中单击 选择刀库 按钮，系统弹出图 6.9.3 所示的"选择刀具"对话框，在该对话框的列表框中选择图 6.9.3 所示的刀具。

单击 按钮，关闭"选择刀具"对话框，系统返回至"曲面精加工浅平面"对话框。

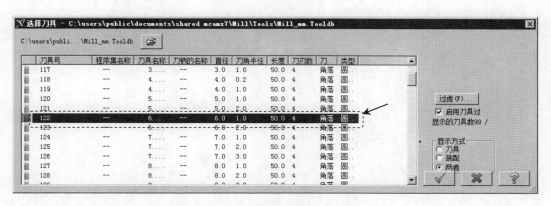

图 6.9.3 "选择刀具"对话框

Step2. 设置刀具相关参数。

（1）在"曲面精加工浅平面"对话框的 刀具路径参数 选项卡的列表框中显示出上一步选择的刀具，双击该刀具，系统弹出"定义刀具-机床群组-1"对话框。

（2）设置刀具号。在"定义刀具-机床群组-1"对话框的 刀具号码 文本框中，将原有的数值改为 2。

（3）设置刀具参数。单击"定义刀具-机床群组-1"对话框的 参数 选项卡，在其中的 进给率 文本框中输入值 200.0，在 下刀速率 文本框中输入值 1600.0，在 提刀速率 文本框中输入值 1600.0，在 主轴转速 文本框中输入值 2000.0。

（4）设置冷却方式。在 参数 选项卡中单击 Coolant... 按钮，系统弹出"Coolant…"对话框，在 Flood （切削液）下拉列表中选择 On 选项，单击该对话框中的 ✓ 按钮，关闭"Coolant…"对话框。

（5）单击"定义刀具-机床群组-1"对话框中的 ✓ 按钮，完成刀具的设置。

Stage4. 设置加工参数

Step1. 设置曲面加工参数。在"曲面精加工浅平面"对话框中单击 曲面参数 选项卡，保持系统默认设置值。

Step2. 设置浅平面精加工参数。

（1）在"曲面精加工浅平面"对话框中单击 浅平面精加工参数 选项卡，如图 6.9.4 所示。

（2）设置切削方式。在 浅平面精加工参数 选项卡的 切削间距 (II) 文本框中输入值 1.0，在 切削方式 下拉列表中选择 双向 选项。

（3）完成参数设置。对话框中的其他参数设置保持系统默认设置，单击"曲面精加工浅平面"对话框中的 ✓ 按钮，同时在图形区生成图 6.9.5 所示的刀路轨迹。

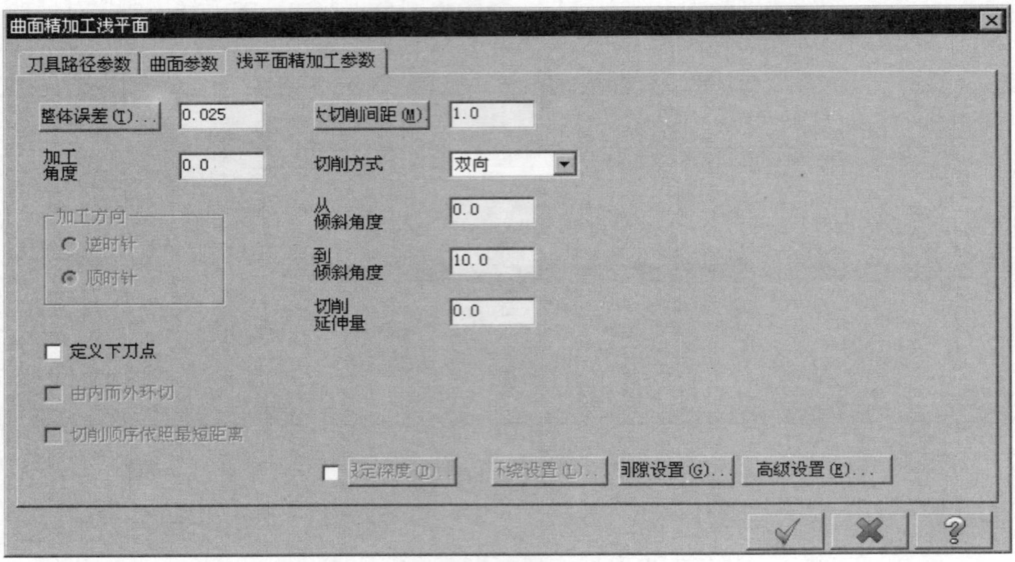

曲面精加工浅平面

刀具路径参数 | 曲面参数 | 浅平面精加工参数 |

整体误差 (T)... | 0.025   大切削间距 (M) | 1.0

加工
角度 | 0.0   切削方式 | 双向 ▼

从
倾斜角度 | 0.0

加工方向
○ 逆时针   到
○ 顺时针   倾斜角度 | 10.0

切削
延伸量 | 0.0

□ 定义下刀点

□ 由内而外环切

□ 切削顺序依照最短距离

□ 指定深度 (D)   环绕设置 (L)   间隙设置 (G)...   高级设置 (E)...

✓   ✗   ?

图 6.9.4   "浅平面精加工参数"选项卡

Stage5. 加工仿真

Step1. 路径模拟。

（1）在"操作管理"中单击 刀具路径 - 77.5K - FINISH_SHALLOW.NC - 程序号码 0 节点，系统弹出"路径模拟"对话框及"路径模拟控制"操控板。

（2）在"路径模拟控制"操控板中单击 ▶ 按钮，系统将开始对刀具路径进行模拟，结果与图 6.9.5 所示的刀具路径相同，在"路径模拟"对话框中单击 ✓ 按钮。

Step2. 实体切削验证。

（1）在 刀具路径管理器 选项卡中单击 ✓ 按钮，然后单击"验证已选择的操作"按钮 ⬡，系统弹出"Mastercam Simulator"对话框。

（2）在"Mastercam Simulator"对话框中单击 ▶ 按钮，系统将开始进行实体切削仿真，结果如图 6.9.6 所示，单击 X 按钮。

图 6.9.5   工件加工刀路

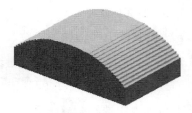

图 6.9.6   仿真结果

Step3. 保存文件。选择下拉菜单 文件 (F) ➡ 🖫 保存 (S) 命令，即可保存文件。

6.10 精加工环绕等距加工

精加工环绕等距（SCALLOP）加工是在所选加工面上生成等距离环绕刀路的一种加工方法。此方法既有等高外形又有平面铣削的效果，刀路较均匀、精度较高，但是计算时间长，加工后曲面表面有明显刀痕。下面通过图 6.10.1 所示的实例讲解精加工环绕等距加工的一般操作过程。

Stage1. 进入加工环境

Step1. 打开文件 D:\mcx7.1\work\ch06.10\FINISH_SCALLOP.MCX-7。

Step2. 隐藏刀具路径。在 刀具路径管理器 选项卡中单击 ✓ 按钮，再单击 ≋ 按钮，将已存的刀具路径隐藏。

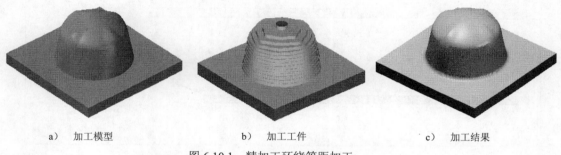

a) 加工模型   b) 加工工件   c) 加工结果

图 6.10.1 精加工环绕等距加工

Stage2. 选择加工类型

Step1. 选择加工方法。选择下拉菜单 刀具路径(T) ➡ 曲面精加工(F) ➡ 精加工环绕等距加工(O)... 命令。

Step2. 选取加工面。在图形区中选取图 6.10.2 所示的曲面，然后按 Enter 键，系统弹出"刀具路径的曲面选取"对话框，单击 ✓ 按钮，系统弹出"曲面精加工环绕等距"对话框。

选取这些面为加工面

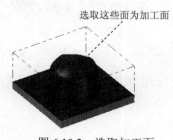

图 6.10.2 选取加工面

Stage3. 选择刀具

Step1. 选择刀具。

（1）确定刀具类型。在"曲面精加工环绕等距"对话框中单击 刀具过滤 按钮，系统弹出"刀具过滤列表设置"对话框，单击 刀具类型 区域中的 无(N) 按钮后，在刀具类型按钮群中单击 （球刀）按钮，单击 ✓ 按钮，关闭"刀具过滤列表设置"对话框，系统返回至"曲面精加工环绕等距"对话框。

（2）选择刀具。在"曲面精加工环绕等距"对话框中单击 选择刀库 按钮，系统弹出图 6.10.3 所示的"选择刀具"对话框，在该对话框的列表框中选择图 6.10.3 所示的刀具。单击 ✓ 按钮，关闭"选择刀具"对话框，系统返回至"曲面精加工环绕等距"对话框。

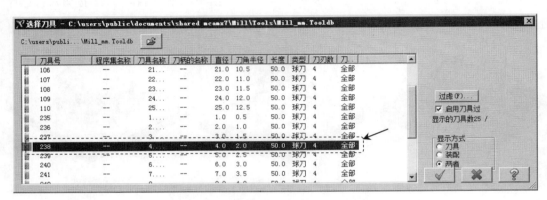

图 6.10.3　"选择刀具"对话框

Step2. 设置刀具相关参数。

（1）在"曲面精加工环绕等距"对话框的 刀具路径参数 选项卡的列表框中显示出上一步选择的刀具，双击该刀具，系统弹出"定义刀具-机床群组-1"对话框。

（2）设置刀具号。在"定义刀具-机床群组-1"对话框的 刀具号码 文本框中，将原有的数值改为 2。

（3）设置刀具参数。单击"定义刀具-机床群组-1"对话框的 参数 选项卡，在其中的 进给率 文本框中输入值 200.0，在 下刀速率 文本框中输入值 1500.0，在 提刀速率 文本框中输入值 1500.0，在 主轴转速 文本框中输入值 1200.0。

（4）设置冷却方式。在 参数 选项卡中单击 Coolant... 按钮，系统弹出"Coolant…"对话框，在 Flood （切削液）下拉列表中选择 On 选项，单击该对话框中的 ✓ 按钮，关闭"Coolant…"对话框。

（5）单击"定义刀具-机床群组-1"对话框中的 ✓ 按钮，完成刀具的设置。

Step3. 设置加工参数。

（1）设置曲面加工参数。在"曲面精加工环绕等距"对话框中单击 曲面参数 选项卡，在 预留量 预留量(此处翻译有误，应为"加工面预留量")文本框中输入值 0.0，曲面参数 选项卡中的其他参数设置保持系统默认设置值。

（2）设置环绕等距精加工参数。

① 在"曲面精加工环绕等距"对话框中单击 环绕等距精加工参数 选项卡，如图 6.10.4 所示。

② 设置切削方式。在 环绕等距精加工参数 选项卡的 切削间距(M) 文本框中输入值 0.5，并确认 加工方向 区域的 ● 顺时针 单选项处于选中状态，取消选中 定深度(D) 按钮前的复选框。

③ 完成参数设置。对话框中的其他参数设置保持系统默认设置值，单击"曲面精加工环绕等距"对话框中的 ✓ 按钮，同时在图形区生成图 6.10.5 所示的刀路轨迹。

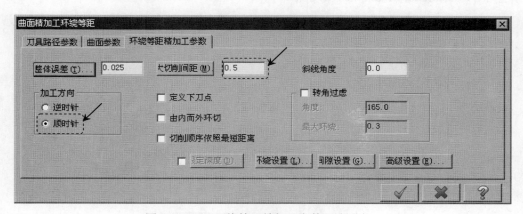

图 6.10.4 "环绕等距精加工参数"选项卡

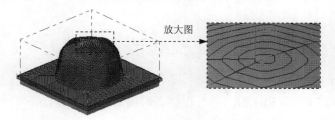

放大图

图 6.10.5 工件加工刀路

图 6.10.4 所示的"环绕等距精加工参数"选项卡中部分选项的说明如下。

- 斜线角度 文本框：该文本框用于定义刀具路径中斜线的角度，斜线的角度常常在0°~45°之间。

- ☑ 转角过虑 区域：此区域可以通过设置偏转角度从而避免重要区域的切削。

    - ☑ 角度 文本框：设置转角角度。较大的转角角度会使转角处更为光滑，但是会增加切削的时间。

    - ☑ 最大环绕 文本框：用于定义最初计算的位置的刀具路径与平滑的刀具路径间的最大距离（图 6.10.6），此值一般为最大切削间距的 25%。

Stage4. 加工仿真

Step1. 路径模拟。

（1）在"操作管理"中单击 ▨▨ 刀具路径 - 1692.1K - FINISH_SCALLOP.NC - 程序号码 0 节点，系统弹出"路径模拟"对话框及"路径模拟控制"操控板。

（2）在"路径模拟控制"操控板中单击 ▶ 按钮，系统将开始对刀具路径进行模拟，结果与图 6.10.5 所示的刀具路径相同，在"路径模拟"对话框中单击 ✓ 按钮。

Step2. 实体切削验证。

（1）在 刀具路径管理器 选项卡中单击 ✓ 按钮，然后单击"验证已选择的操作"按钮 ▨，系统弹出"Mastercam Simulator"对话框。

（2）在"Mastercam Simulator"对话框中单击 ▶ 按钮，系统将开始进行实体切削仿真，结果如图 6.10.7 所示，单击 X 按钮。

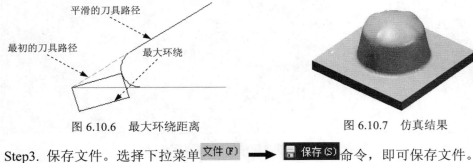

图 6.10.6　最大环绕距离　　　　　　图 6.10.7　仿真结果

Step3. 保存文件。选择下拉菜单 文件(F) ➡ 保存(S) 命令，即可保存文件。

6.11　精加工交线清角加工

精加工交线清角（LEFTOVER）加工是对粗加工时的刀具路径进行计算，用小直径刀具清除粗加工时留下的残料。下面通过图 6.11.1 所示的实例讲解精加工交线清角加工的一般操作过程。

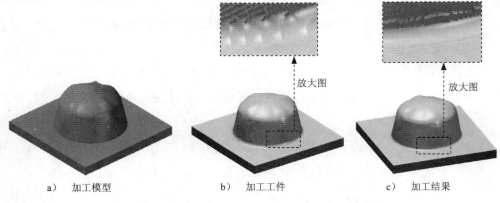

a)　加工模型　　　　　　b)　加工工件　　　　　　c)　加工结果

图 6.11.1　精加工交线清角加工

Stage1. 进入加工环境

Step1. 打开文件 D:\mcx7.1\work\ch06.11\FINISH_LEFTOVER.MCX-7。

Step2. 隐藏刀具路径。在 刀具路径管理器 选项卡中单击 按钮，再单击 按钮，将已存的刀具路径隐藏。

Stage2. 选择加工类型

Step1. 选择加工方法。选择下拉菜单 刀具路径管理器 ➡ 曲面精加工 (F) ➡ 精加工交线清角 (E)...命令。

Step2. 选取加工面。在图形区中选取图 6.11.2 所示的曲面，然后按 Enter 键，系统弹出"刀具路径的曲面选取"对话框。单击 按钮，系统弹出"曲面精加工交线清角"对话框。

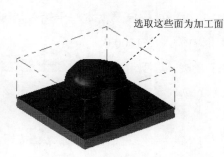

选取这些面为加工面

图 6.11.2 选取加工面

Stage3. 选择刀具

Step1. 选择刀具。

（1）确定刀具类型。在"曲面精加工交线清角"对话框中单击 刀具过滤 按钮，系统弹出"刀具过滤列表设置"对话框，单击 刀具类型 区域中的 无 (N) 按钮后，在刀具类型按钮群中单击 （球刀）按钮，单击 按钮，关闭"刀具过滤列表设置"对话框，系统返回至"曲面精加工交线清角"对话框。

（2）选择刀具。在"曲面精加工交线清角"对话框中单击 选择刀库 按钮，系统弹出图 6.11.3 所示的"选择刀具"对话框，在该对话框的列表框中选择图 6.11.3 所示的刀具。单击 按钮，关闭"选择刀具"对话框，系统返回至"曲面精加工交线清角"对话框。

Step2. 设置刀具相关参数。

（1）在"曲面精加工交线清角"对话框的 刀具路径参数 选项卡的列表框中显示出上步选取的刀具，双击该刀具，系统弹出"定义刀具-机床群组-1"对话框。

（2）设置刀具号。在"定义刀具-机床群组-1"对话框的 刀具号码 文本框中，将原有的数

值改为 3。

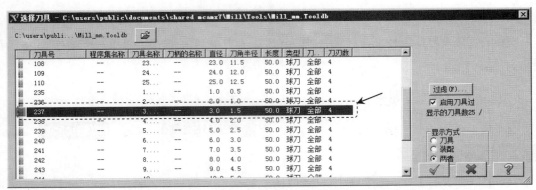

图 6.11.3　"选择刀具"对话框

（3）设置刀具参数。单击"定义刀具-机床群组-1"对话框的 参数 选项卡，在其中的 进给率 文本框中输入值 300.0，在 下刀速率 文本框中输入值 800.0，在 提刀速率 文本框中输入值 800.0，在 主轴转速 文本框中输入值 1000.0。

（4）设置冷却方式。在 参数 选项卡中单击 Coolant... 按钮，系统弹出"Coolant…"对话框，在 Flood （切削液）下拉列表中选择 On 选项，单击该对话框中的 ✓ 按钮，关闭"Coolant…"对话框。

（5）单击"定义刀具-机床群组-1"对话框中的 ✓ 按钮，完成刀具的设置。

Stage4. 设置加工参数

Step1. 设置曲面加工参数。在"曲面精加工交线清角"对话框中单击 曲面参数 选项卡，在 预留量 (此处翻译有误，应为"加工面预留量")文本框中输入值 0.0，曲面参数 选项卡中的其他参数设置保持系统默认设置值。

Step2. 设置交线清角精加工参数。

（1）在"曲面精加工交线清角"对话框中单击 交线清角精加工参数 选项卡，如图 6.11.4 所示。

（2）设置切削方式。在 整体误差(T)... 的文本框中输入值 0.02。

（3）设置间隙参数。单击 间隙设置(G)... 按钮，系统弹出"刀具路径的间隙设定"对话框，在 切弧的半径: 文本框中输入值 5.0，在 切弧的扫描角度: 文本框中输入值 90.0，其他参数设置保持系统默认设置值，单击 ✓ 按钮，返回到"曲面精加工交线清角"对话框中，取消选中 限定深度(D)... 复选框。

图 6.11.4 所示的"交线清角精加工参数"选项卡中部分选项的说明如下。

● 平行加工次数 区域：用于设置加工过程中平行加工的次数，有 ⊙ 无 、⊙ 单侧加工次数 和 ⊙ 无限制(U) 三个单选项。

- ☑ ⊙ **无**单选项：选中此单选项，即表示加工没有平行加工，一次加工到位。
- ☑ ⊙ **单侧加工次数** 单选项：选择此单选项，在其后的文本框中可以输入交线中心线一侧的平行轨迹数目。
- ☑ ⊙ **无限制(U)** 单选项：选中此单选项，即表示加工过程中依据几何图素从交线中心按切削距离向外延伸，直到加工边界。
- ☑ **步进量**：文本框：在此文本框中输入加工轨迹之间的切削距离。

（4）单击 ✓ 按钮，同时在图形区生成图 6.11.5 所示的刀路轨迹。

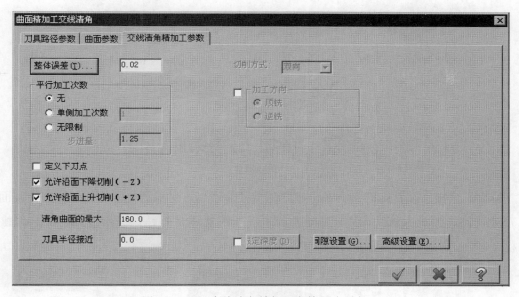

图 6.11.4 "交线清角精加工参数"选项卡

Stage5．加工仿真

Step1．路径模拟。

（1）在"操作管理"中单击 刀具路径 - 28.3K - FINISH_SCALLOP.NC - 程序号码 0 节点，系统弹出"路径模拟"对话框及"路径模拟控制"操控板。

（2）在"路径模拟控制"操控板中单击 ▶ 按钮，系统将开始对刀具路径进行模拟，结果与图 6.11.5 所示的刀具路径相同，在"路径模拟"对话框中单击 ✓ 按钮。

Step2．实体切削验证。

（1）在 刀具路径管理器 选项卡中单击 ✓ 按钮，然后单击"验证已选择的操作"按钮 🔩，系统弹出"Mastercam Simulator"对话框。

（2）在"Mastercam Simulator"对话框中单击 ▶ 按钮，系统将开始进行实体切削仿真，结果如图 6.11.6 所示，单击 ✕ 按钮。

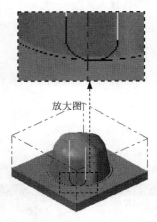

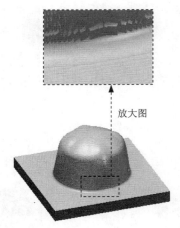

图 6.11.5　工件加工刀路　　　　　　　　图 6.11.6　仿真结果

Step3. 保存文件。选择下拉菜单 文件(F) ➡ 保存(S) 命令，即可保存文件。

6.12　精加工熔接加工

精加工熔接加工是指刀具路径沿指定的熔接曲线以点对点连接的方式，沿曲面表面生成刀具轨迹的加工方法。下面通过图 6.12.1 所示的实例讲解精加工熔接加工的一般操作过程。

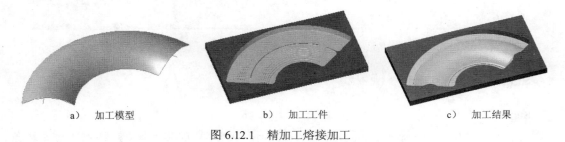

a)　加工模型　　　　　　　　b)　加工工件　　　　　　　　c)　加工结果

图 6.12.1　精加工熔接加工

Stage1. 进入加工环境

Step1. 打开文件 D:\ mcx7.1\work\ch06.12\FINISH_BLEND.MCX-7。

Step2. 隐藏刀具路径。在 刀具路径管理器 选项卡中单击 按钮，再单击 按钮，将已存的刀具路径隐藏。

Stage2. 选择加工类型

Step1. 选择加工方法。选择下拉菜单 刀具路径(T) ➡ 曲面精加工(F) ➡ 精加工熔接加工(B)... 命令。

Step2. 选取加工面及熔接曲线。

（1）在图形区中选取图 6.12.2 所示的曲面，然后按 Enter 键，系统弹出"刀具路径的曲面选取"对话框。

（2）单击"刀具路径的曲面选取"对话框 熔接 区域的 按钮，系统弹出"串连选项"对话框，在该对话框中单击 按钮，在图形区选取图 6.12.3 所示的曲线 1 和曲线 2 为熔接曲线，单击 按钮，系统重新弹出"刀具路径的曲面选取"对话框，单击 按钮，系统弹出"曲面熔接精加工"对话框。

注意：要使两曲线的箭头方向保持一致。

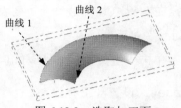

图 6.12.2　选取加工面　　　　　　　图 6.12.3　选取加工面

Stage3. 选择刀具

Step1. 选择刀具。

（1）确定刀具类型。在"曲面熔接精加工"对话框中单击 刀具过滤 按钮，系统弹出"刀具过滤列表设置"对话框，单击 刀具类型 区域中的 无(N) 按钮后，在刀具类型按钮群中单击 （球刀）按钮，单击 按钮，关闭"刀具过滤列表设置"对话框，系统返回至"曲面熔接精加工"对话框。

（2）选择刀具。在"曲面熔接精加工"对话框中单击 选择刀库 按钮，系统弹出图 6.12.4 所示的"选择刀具"对话框，在该对话框的列表框中选择图 6.12.4 所示的刀具。单击 按钮，关闭"选择刀具"对话框，系统返回至"曲面熔接精加工"对话框。

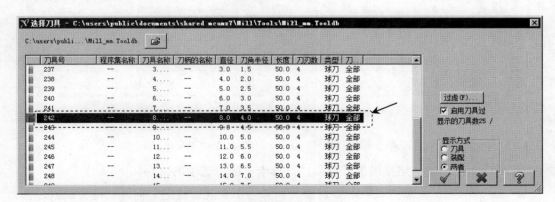

图 6.12.4　"选择刀具"对话框

Step2. 设置刀具相关参数。

（1）在"曲面熔接精加工"对话框的 刀具路径参数 选项卡的列表框中显示出上一步选择的刀具，双击该刀具，系统弹出"定义刀具-机床群组-1"对话框。

（2）设置刀具号。在"定义刀具-机床群组-1"对话框的 刀具号码 文本框中，将原有的数值改为2。

（3）设置刀具参数。单击"定义刀具-机床群组-1"对话框的 参数 选项卡，在其中的 进给率 文本框中输入值300.0，在 下刀速率 文本框中输入值800.0，在 提刀速率 文本框中输入值800.0，在 主轴转速 文本框中输入值1000.0。

（4）设置冷却方式。在 参数 选项卡中单击 Coolant... 按钮，系统弹出"Coolant…"对话框，在 Flood （切削液）下拉列表中选择 On 选项，单击该对话框中的 ✓ 按钮，关闭"Coolant…"对话框。

（5）单击"定义刀具-机床群组-1"对话框中的 ✓ 按钮，完成刀具的设置。

Stage4. 设置加工参数

Step1. 设置曲面加工参数。在"曲面熔接精加工"对话框中单击 曲面参数 选项卡，在 加工面预留量 文本框中输入值0.0， 曲面参数 选项卡中的其他参数设置保持系统默认设置值。

Step2. 设置熔接精加工参数。

（1）在"曲面熔接精加工"对话框中单击 熔接精加工参数 选项卡，如图 6.12.5 所示，在 最大步进量: 的文本框中输入值0.8。

图 6.12.5 "熔接精加工参数"选项卡

（2）设置切削方式。在 熔接精加工参数 选项卡中选中 ⊙ 引导方 单选项和 ⊙ 3D 单选项。

图6.12.5所示的"熔接精加工参数"选项卡中部分选项的说明如下。

● ⊙ 截断方I 单选项：从一个串联曲线到另一个串联曲线之间创建二维刀具路径，刀具从第一个被选串联曲线的起点开始加工。

- ⊙ 引导方 单选项：沿串联曲线方向创建二维或三维刀具路径，刀具从第一个被选定串联曲线的起点开始加工。

- ⊙ 2D 单选项：该单选项用于创建一个二维平面的引导方向。

- ⊙ 3D 单选项：该单选项用于创建一个三维空间的引导方向。

注意：只有在"引导方向"单选项被选中的情况下，⊙ 2D 、⊙ 3D 单选项才是有效的。

- 链接设置(B)... 按钮：单击此按钮，系统弹出"引导方向熔接设置"对话框，如图 6.12.6 所示。

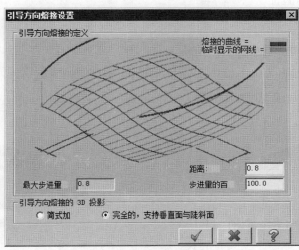

图 6.12.6 "引导方向熔接设置"对话框

图 6.12.6 所示的"引导方向熔接设置"对话框中部分选项的说明如下。

- 引导方向熔接的定义 区域：用于定义假想熔接网格的参数，其包括 最大步进量 文本框、距离 文本框和 步进量的百 文本框。

  - ☑ 距离 文本框：用于定义假想网格每一小格的长度。

  - ☑ 步进量的百 文本框：用于定义临时交叉的刀具路径间隔，此时定义的刀具路径并不包括在最后的刀具路径中。

- 引导方向熔接的 3D 投影 区域：用于设置创建引导方向熔接的 3D 投影方式，其包括 ⊙ 简式加 单选项和 ⊙ 完全的，支持垂直面与陡斜面 单选项。此区域仅当 ⊙ 引导方向 选中 ⊙ 3D 单选项时才可用。

  - ☑ ○ 简式加 单选项：该单选项用于减少创建最终熔接刀具路径的时间。

  - ☑ ⊙ 完全的，支持垂直面与陡斜面 单选项：该单选项用于设置确保在垂直面上和陡斜面上切削时有正确的刀具运动，但是创建最终熔接刀具路径的时间将增长。

（3）完成参数设置。对话框中的其他参数设置保持系统默认设置，单击"曲面熔接精加工"对话框中的 ✓ 按钮，同时在图形区生成图 6.12.7 所示的刀路轨迹。

Stage5. 加工仿真

Step1. 路径模拟。

（1）在"操作管理"中单击 ≋ 刀具路径 - 1710.6K - FINISH_BLEND.NC - 程序号码 0 节点，系统弹出"路径模拟"对话框及"路径模拟控制"操控板。

（2）在"路径模拟控制"操控板中单击 ▶ 按钮，系统将开始对刀具路径进行模拟，结果与图 6.12.7 所示的刀具路径相同，在"路径模拟"对话框中单击 ✓ 按钮。

Step2. 实体切削验证。

（1）在 刀具路径管理器 选项卡中单击 ✓ 按钮，然后单击"验证已选择的操作"按钮 ⬚，系统弹出"Mastercam Simulator"对话框。

（2）在"Mastercam Simulator"对话框中单击 ▶ 按钮，系统将开始进行实体切削仿真，结果如图 6.12.8 所示，单击 ✕ 按钮。

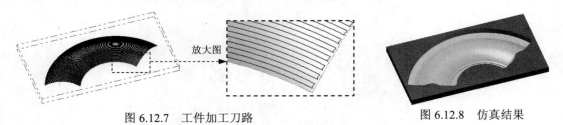

图 6.12.7　工件加工刀路　　　　　图 6.12.8　仿真结果

Step3. 保存文件。选择下拉菜单 文件(F) ➡ 🖫 保存(S) 命令，即可保存文件。

第7章 多轴铣削加工

本章提要 多轴加工也称变轴加工，是在切削加工中，加工轴在不断变化的一种加工方式。本章通过几个典型的范例讲解了 Mastercam X7 中多轴加工的一般流程及操作方法，读者从中不仅可以领会到 Mastercam X7 的多轴加工方法，还可以了解多轴加工的基本概念。

7.1 概　述

多轴加工是指使用四轴或五轴以上坐标系的机床加工结构复杂，控制精度高，加工程序复杂的工件。多轴加工适用于加工复杂的曲面、斜轮廓以及分布在不同平面上的孔系等。在加工过程中，由于刀具与工件的位置可以随时调整，使刀具与工件达到最佳的切削状态，从而提高机床的加工效率。多轴加工能够提高复杂机械零件的加工精度，因此，它在制造业中发挥着重要作用。在多轴加工中，五轴加工应用范围最为广泛。所谓五轴加工，是指在一台机床上至少有五个坐标轴（三个直线坐标轴和两个旋转坐标轴），在计算机数控（CNC）系统的控制下协调运动进行加工。五轴联动数控技术对工业制造，特别是对航空航天、军事工业有重要贡献，由于其地位特殊，国际上把五轴联动数控技术作为衡量一个国家生产设备自动化水平的标志。

7.2 曲线五轴加工

曲线五轴加工，主要应用于加工三维（3D）曲线或可变曲面的边界，其刀具定位在一条轮廓线上。采用此种加工方式也可以根据机床刀具轴的不同控制方式，生成四轴或者三轴的曲线加工刀具路径。下面以图 7.2.1 所示的模型为例来说明曲线五轴加工的过程，其操作步骤如下：

Stage1. 打开原始模型

打开文件 D:\ mcx7.1\work\ch07.02\LINE_5.MCX-7，系统进入加工环境，此时零件模型如图 7.2.2 所示。

Mastercam X7 数控加工教程

a）加工模型　　　　　　　　　　　b）刀具路径　　　　　　　　　　　图 7.2.2　零件模型

图 7.2.1　曲面曲线加工

Stage2. 选择加工类型

选择下拉菜单 刀具路径(T) ➡ 多轴刀具路径(M)... 命令，系统弹出"输入新 NC 名称"对话框，采用系统默认的 NC 名称，单击 ✓ 按钮；系统弹出图 7.2.3 所示的"多轴刀具路径 – 曲线五轴"对话框。

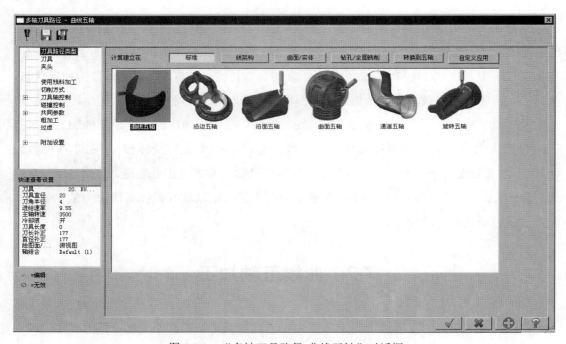

图 7.2.3　"多轴刀具路径-曲线五轴"对话框

Stage3. 选择刀具路径类型

在"多轴刀具路径-曲线五轴"对话框左侧列表中单击 刀具路径类型 节点，切换到刀具路径类型参数设置界面，然后采用系统默认的 曲面曲线 选项。

Stage4. 选择刀具

Step1. 选取加工刀具。在"多轴刀具路径-曲线五轴"对话框左侧列表中单击 刀具 节

228

点,切换到刀具参数界面,然后单击 选择刀库 按钮,系统弹出"选择刀具"对话框。在 " 选 择 刀 具 " 对 话 框 的 列 表 框 中 选 择 122 6. BULL ENDMILL 1... 6.0 1.0 50.0 4 圆鼻刀 刀具,单击 ✓ 按钮,完成刀具的选择,同时系统返回至"多轴刀具路径 - 曲线五轴"对话框。

Step2. 设置刀具号。在"多轴刀具路径-曲线五轴"对话框中双击上一步骤所选择的刀具,系统弹出"定义刀具-Machine Group-1"对话框。在 刀具号码 文本框中输入值 1,其他参数设置接受系统默认设置,完成刀具号的设置。

Step3. 定义刀具参数。单击 参数 选项卡,在 进给速率 文本框中输入值 200.0,在 下刀速率 文本框中输入值 200.0,在 提刀速率 文本框中输入值 200.0,在 主轴转速 文本框中输入值 500.0;单击"冷却液"按钮 Coolant... ,系统弹出"Coolant..."对话框,在 Flood 的下拉列表中选择 On 选项,单击"Coolant..."对话框中的 ✓ 按钮。其他参数设置接受系统默认设置。单击"定义刀具-Machine Group-1"对话框中的 ✓ 按钮,完成定义刀具参数,同时系统返回至"多轴刀具路径 - 曲线五轴"对话框。

Stage5. 设置加工参数

Step1. 定义切削方式。

(1)在"多轴刀具路径 - 曲线五轴"对话框左侧列表中单击 切削方式 节点,切换到切削方式设置界面,如图 7.2.4 所示。

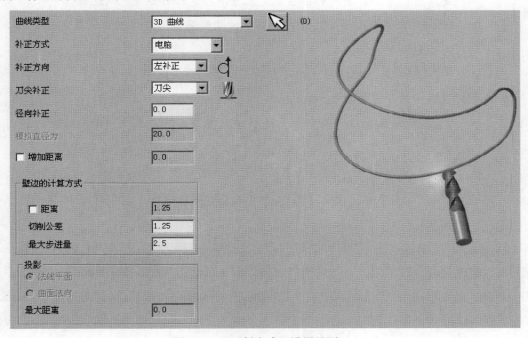

图 7.2.4 "切削方式"设置界面

图 7.2.4 所示的"切削方式"设置界面中部分选项的说明如下。

- **曲线类型** 下拉列表：用于定义加工曲线的类型，其包括 **3D 曲线**、**所有曲面边界** 和 **单一曲面边界** 三个选项。

  - ☑ **3D 曲线** 选项：用于根据选取的 3D 曲线创建刀具路径。选择该选项，单击其后的 ▨按钮，在绘图区选取所需要的 3D 曲线。

  - ☑ **所有曲面边界** 选项：用于根据选取的曲面的全部边界创建刀具路径。选择该选项，单击其后的 ▨按钮，在绘图区选取所需要的曲面。

  - ☑ **单一曲面边界** 选项：用于根据选取的曲面的某条边界创建刀具路径。选择该选项，单击其后的 ▨按钮，在绘图区选取所需要的曲面。

- **补正方式** 下拉列表：包括 **电脑**、**控制器**、**磨损**、**反向磨损** 和 **关** 五个选项。

- **补正方向** 下拉列表：包括 **左补正** 和 **右补正** 两个选项。

- **刀尖补正** 下拉列表：包括 **中心** 和 **刀尖** 两个选项。

- **径向补正** 文本框：用于定义刀具中心的补正距离，默认为刀具半径值。

- **模拟直径为** 文本框：当补正方式选择 **控制器**、**磨损** 和 **反向磨损** 选项时，此文本框被激活，用于定义刀具的模拟直径数值。

- ☑ **增加距离** 复选框：用于设置刀具沿曲线上测量的刀具路径的距离。

- **壁边的计算方式** 区域：用于设置拟合刀具路径的曲线计算方式。

  - ☑ ☑ **距离** 复选框：用于设置每一刀具位置的间距。当选中此复选框时，其后的文本框被激活，用户可以在此文本框中指定刀具位置的间距。

  - ☑ **切削公差** 文本框：用于定义刀具路径的切削误差值。切削的误差值越小，刀具路径越精确。

  - ☑ **最大步进量** 文本框：用于指定刀具移动时的最大距离。

- **投影** 区域：用于设置投影方向。

  - ☑ ⊙ **法线平面** 单选项：用于设置投影方向为沿当前刀具平面的法线方向进行投影。

  - ☑ ⊙ **曲面法向** 单选项：用于设置投影方向为沿当前曲面的法线方向进行投影。

  - ☑ **最大距离** 文本框：用来设置投影的最大距离，仅在 ⊙ **法线平面** 单选项被选中时有效。

（2）定义 3D 曲线。在 **曲线类型** 下拉列表中选择 **3D 曲线** 选项，单击其后的 ▨按钮，系统弹出"串连管理"对话框，在对话框内空白处右击鼠标选择 **增加串连(A)** 命令，系统弹出"串连选项"对话框；在图形区中选取图 7.2.5 所示的曲线，单击"串连选项"对话框中的 ☑ 按钮，系统返回到"串连管理"对话框。单击"串连管理"对话框中的 ☑ 按钮，完成加工曲线的选择，系统返回至"多轴刀具路径 – 曲线五轴"对话框。

图 7.2.5　选取加工曲线

（3）定义切削参数。在 壁边的计算方式 区域 切削公差 的文本框中输入值 0.02，在 最大步进量
文本框中输入值 2.0；其他参数设置接受系统默认设置值；完成切削方式的设置。

Step2. 设置刀具轴控制参数。

（1）在"多轴刀具路径 – 曲线五轴"对话框左侧列表中单击 刀具轴控制 节点，切换到
刀具轴控制参数设置界面，如图 7.2.6 所示。

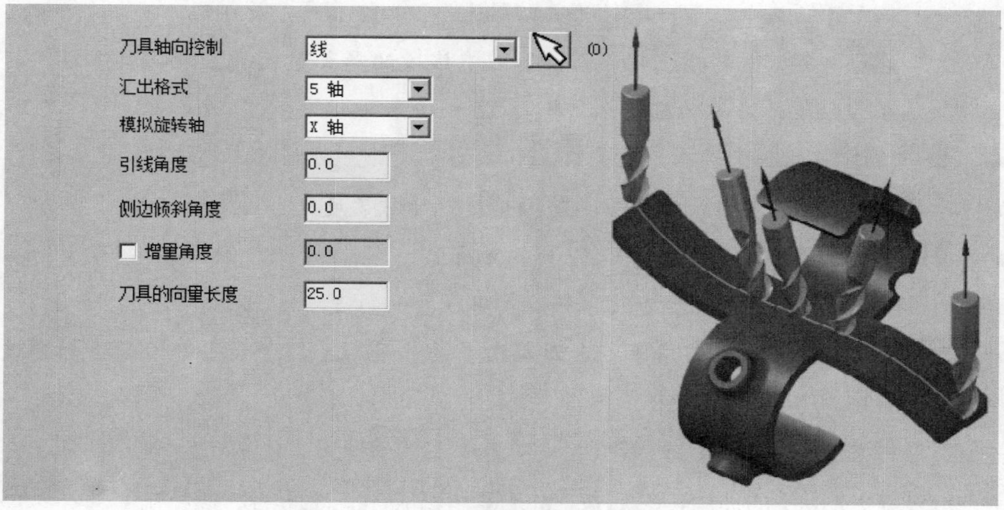

刀具轴向控制	线
汇出格式	5 轴
模拟旋转轴	X 轴
引线角度	0.0
侧边倾斜角度	0.0
增量角度	0.0
刀具的向量长度	25.0

图 7.2.6　"刀具轴控制"参数设置界面

图 7.2.6 所示的"刀具轴控制"参数设置界面中部分选项的说明如下。

● 刀具轴向控制 下拉列表：用于控制刀具轴的方向，其包括 线 、 曲面 、 平面 、 从...点 、
到...点 和 串连 选项。

☑ 线 选项：选择该选项，单击其后的 按钮，在绘图区域选取一条直线来控制
刀具轴向的方向。

☑ 曲面 选项：选择该选项，单击其后的 按钮，在绘图区域选取一个曲面，系
统会自动设置该曲面的法向方向来控制刀具轴向的方向。

☑ 平面 选项：选择该选项，单击其后的 按钮，在绘图区域选取一平面，系统
会自动设置该平面的法向方向来控制刀具轴向的方向。

☑ 从...点 选项：用于指定刀具轴线反向延伸通过的定义点。选择该选项，单击其

后的 按钮,可在绘图区域选取一个基准点来指定刀具轴线反向延伸通过的定义点。

☑ **到…点**选项:用于指定刀具轴线延伸通过的定义点。选择该选项,单击其后的 按钮,可在绘图区域选取一个基准点来指定刀具轴线延伸通过的定义点。

☑ **串连**选项:选择该选项,单击其后的 按钮,用户在绘图区域选取一直线、圆弧或样条曲线来控制刀具轴向的方向。

● **汇出格式**下拉列表:用于定义加工输出的方式。其主要包括 **3轴**、**4轴** 和 **5轴** 三个选项。

☑ **3轴**选项:选择该选项,系统将不会改变刀具的轴向角度。

☑ **4轴**选项:选择该选项,需要在其下的 **模拟旋转轴** 下拉列表中选择 X 轴 、Y 轴、Z 轴其中任意一个轴为第四轴。

☑ **5轴**选项:选择该选项,系统会以直线段的形式来表示 5 轴刀具路径,其直线方向便是刀具的轴向。

● **模拟旋转轴**下拉列表:分别对应 **5轴** 和 **4轴** 方式下,用来指定旋转轴。

● **引线角度**文本框:用于定义刀具前倾角度或后倾角度。

● **侧面倾斜角度**文本框:用于定义刀具侧倾角度。

● ☑ **增量角度**复选框:用于定义相邻刀具路径间的角度增量。

● **刀具的向量长度**文本框:用于指定刀具向量的长度,系统会在每一刀的位置通过此长度控制刀具路径的显示。

(2)选取投影曲面。在 **刀具轴向控制** 下拉列表选中 **曲面** 选项,单击其后的 按钮,在图形区中选取图 7.2.7 所示的曲面,然后按 Enter 键,完成加工曲面的选择。在 **侧面倾斜角度** 的文本框中输入值 45。

投影曲面

图 7.2.7 投影曲面

(3)设置其他参数。在"多轴刀具路径 – 曲线五轴"对话框左侧列表中单击 **切削方式** 节点,切换到切削方式设置界面。在 **投影** 区域选中 **曲面法向** 单选项,在 **最大距离** 文本框中输入值 50.0,完成设置。

Step3. 设置轴的限制参数。在"多轴刀具路径 – 曲线五轴"对话框左侧列表中单击

刀具轴控制 节点下的 限制 节点，切换到轴的限制参数设置界面，如图 7.2.8 所示。在 限制方式 区域中选中 ⊙ 删除超过极限的位移 单选项，完成限制参数的设置。

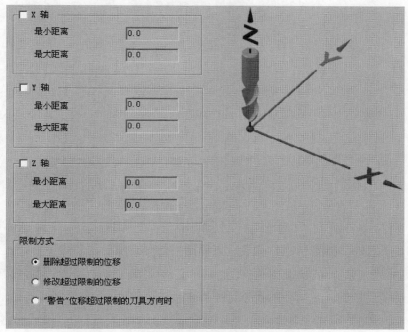

图 7.2.8 "轴的限制"参数设置界面

图 7.2.8 所示的"轴的限制"参数设置界面中部分选项的说明如下。

- X轴 区域：用于设置 X 轴的旋转角度限制范围，其包括 最小距离 文本框和 最大距离 文本框。
    - ☑ 最小距离 文本框：用于设置 X 轴的最小旋转角度。
    - ☑ 最大距离 文本框：用于设置 X 轴的最大旋转角度。

说明：Y轴 和 Z轴 与 X轴 的设置是完全一致的，这里就不再赘述。

- 限制方式 区域：用于设置刀具的偏置参数。
    - ☑ ⊙ 删除超过限制的位移 单选项：选中该单选项，系统在计算刀路时会自动将设置角度极限以外的刀具路径删除。
    - ☑ ⊙ 修改超过限制的位移 单选项：选中该单选项，系统在计算刀路时将以锁定刀具轴线方向的方式修改设置角度极限以外的刀具路径。
    - ☑ ⊙ "警告"位移超过限制的刀具方向时 单选项：选中该单选项，系统在计算刀路时将设置角度极限以外的刀具路径用红色标记出来，以便用户对刀具路径进行编辑。

Step4. 设置碰撞控制参数。在"多轴刀具路径 - 曲线五轴"对话框左侧列表中单击 碰撞控制 节点，切换到碰撞控制参数设置界面，如图 7.2.9 所示。在 刀尖控制 区域中选中 ⊙ 在投影曲面上 单选项，完成碰撞控制的设置。

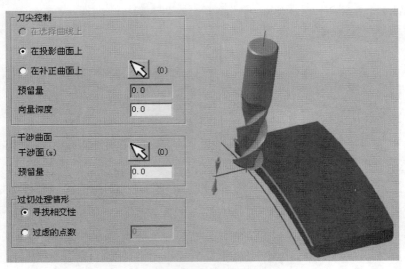

图 7.2.9   "碰撞控制"参数设置界面

图 7.2.9 所示的"碰撞控制"参数设置界面中部分选项的说明如下。

- **刀尖控制** 区域：用于设置刀尖顶点的控制位置，其包括 **在选择曲线上** 单选项、
  在投影曲面上 单选项和 **在补正曲面上** 单选项。

  ☑ **在选择曲线上** 单选项：选中该单选项，刀尖的位置将沿选取曲线进行加工。

  ☑ **在投影曲面上** 单选项：选中该单选项，刀尖的位置将沿选取曲线的投影进行
     加工。

  ☑ **在补正曲面上** 单选项：用于调整刀尖始终与指定的曲面接触。单击其后的
     按钮，系统弹出"刀具路径的曲面选取"对话框，用户可以通过此对话框选
     择一个曲面作为刀尖的补正对象。

- **干涉曲面** 区域：用于检测刀具路径的曲面干涉。

  ☑ **干涉面(s)**：单击其后的 按钮，系统弹出"刀具路径的曲面选取"对话框，
     用户可以利用该对话框中的按钮来选取要检测的曲面，并将干涉显示出来。

  ☑ **预留量** 文本框：用来指定刀具与干涉面之间的间隙量。

- **过切处理情形** 区域：用于设置产生过切时的处理方式，其包括 **寻找相交性** 单选项和
  过虑的点数 单选项。

  ☑ **寻找相交性** 单选项：该单选项表示在整个刀具路径进行过切检查。

  ☑ **过虑的点数** 单选项：该单选项表示在指定的程序节中进行过滤检查，用户可
     以在其后的文本框中指定程序节数。

Step5. 设置共同参数。在"多轴刀具路径 – 曲线五轴"对话框左侧列表中单击 **共同参数**
节点，切换到共同参数设置界面。在 **安全高度...** 文本框中输入值 100.0，在 **提刀速率...** 文

本框中输入值 50.0；在 下刀位置… 文本框中输入值 5.0，其他参数设置接受系统默认设置值；完成共同参数的设置。

Step6. 设置过滤参数。在"多轴刀具路径 – 曲线五轴"对话框左侧列表中单击 过滤 节点，切换到过滤参数设置界面，如图 7.2.10 所示，参数保持系统默认设置值。

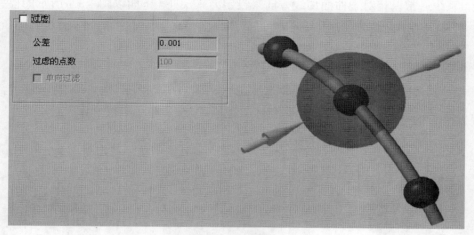

图 7.2.10 "过滤"设置界面

Step7. 单击"多轴刀具路径 – 曲线五轴"对话框中的 ✓ 按钮，完成五轴曲线参数的设置，此时系统将自动生成图 7.2.11 所示的刀具路径。

图 7.2.11 刀具路径

Stage6. 路径模拟

Step1. 在"操作管理"中单击 刀具路径 - 76.9K - LINE_5.NC - 程序号码 0 节点，系统弹出"路径模拟"对话框及"路径模拟控制"操控板。

Step2. 在"路径模拟控制"操控板中单击 ▶ 按钮，系统将开始对刀具路径进行模拟，结果与图 7.2.11 所示的刀具路径相同，单击"路径模拟"对话框中的 ✓ 按钮，关闭"路径模拟控制"操控板。

Step3. 保存文件模型。选择下拉菜单 文件(F) ➡ 🖫 保存(S) 命令，保存模型。

7.3　沿边五轴加工

沿边五轴加工可以控制刀具的侧面沿曲面进行切削，从而产生平滑且精确的精加工刀具路径，系统通常以相对于曲面切线方向来设定刀具轴向。下面以图 7.3.1 所示的模型为例来说明沿边五轴加工的操作过程。

Stage1. 打开原始模型

打开文件 D:\mcx7.1\work\ch07.03\SWARF_MILL.MCX-7，系统进入加工环境，此时零件模型如图 7.3.2 所示。

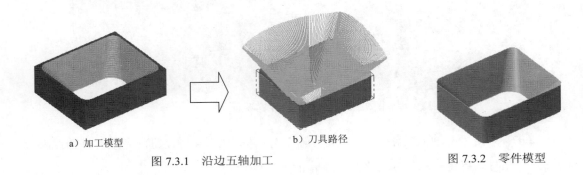

a) 加工模型　　　　　　　　　　　b) 刀具路径

图 7.3.1　沿边五轴加工　　　　　　　　　　　图 7.3.2　零件模型

Stage2. 选择加工类型

选择下拉菜单 刀具路径(T) ➡ 多轴刀具路径(M)... 命令，系统弹出"多轴刀具路径 – 曲线五轴"对话框，选择 沿边五轴 选项。

Stage3. 选择刀具

Step1. 选择加工刀具。在"多轴刀具路径 – 沿边五轴"对话框左侧节点树中单击 刀具 节点，切换到刀具参数设置界面，单击 选择刀库 按钮，系统弹出"选择刀具"对话框。在"选择刀具"对话框的列表框中选择 215　6. FLAT ENDMILL　6.0　0.0　50.0　4　平底刀　无 刀具；在"选择刀具"对话框中单击 ✓ 按钮；完成刀具的选择，同时系统返回至"多轴刀具路径 - 沿边五轴"对话框。

Step2. 设置刀具号。在"多轴刀具路径 - 沿边五轴"对话框中双击上一步骤所选择的刀具，系统弹出"定义刀具 – 机床群组-1"对话框。在 刀具号码 文本框中输入值 2，其他参数设置接受系统默认设置值，完成刀具号的设置。

Step3. 定义刀具参数。单击 参数 选项卡，在 进给速率 文本框中输入值 200.0，在 下刀速率文本框中输入值 100.0，在 提刀速率 文本框中输入值 500.0，在 主轴转速 文本框中输入值 1500.0；单击 Coolant... 按钮，系统弹出"Coolant..."对话框，在 Flood 下拉列表中选择 On 选项，单击"Coolant..."对话框中的 ✓ 按钮。单击"定义刀具 – 机床群组–1"对话框中的 ✓ 按钮，完成定义刀具参数，同时系统返回至"多轴刀具路径 – 沿边五轴"对话框。

Stage4．设置加工参数

Step1. 设置切削方式。在"多轴刀具路径 – 沿边五轴"对话框左侧列表中单击 切削方式 节点，切换到切削方式设置界面，如图 7.3.3 所示。

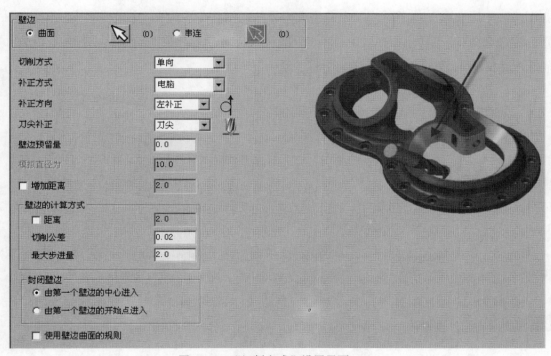

图 7.3.3　"切削方式"设置界面

图 7.3.3 所示的"切削方式"设置界面中部分选项的说明如下。

- 壁边 区域：用于设置壁边的定义参数，其包括 ⦿ 曲面 单选项、⦿ 串连 单选项。
  - ☑ ⦿ 曲面 单选项：用于设置壁边的曲面。当选中此选项时，单击其后的 按钮，用户可以依次选择代表壁边的曲面。
  - ☑ ⦿ 串连 单选项：用于设置壁边的底部和顶部曲线。当选中此选项时，单击其后的 按钮，用户可以依次选择代表壁边的底部和顶部曲线。
- 壁边的计算方式 区域：用于设置壁边的计算方式参数。
  - ☑ ☑距离 复选框：用于定义沿壁边的切削间距。当选中此复选框时，其后的文本框被激活，用户可以在此文本框中指定切削间距。

☑ 切削公差 文本框：用于设置切削路径的偏离公差。

☑ 最大步进量 ：用于定义沿壁边的最大切削间距。当 ☑距离 复选框被选中时，此文本框不能被设置。

● 封闭壁边 区域：用于设置切削壁边的进入点。

☑ ⊙ 由第一个壁边的中心进入 ：从组成壁边的第一个边的中心进刀。

☑ ⊙ 由第一个壁边的开始点进入 ：从组成壁边的第一个边的一个端点进刀。

Step2. 选取壁边曲线。在"多轴刀具路径 - 沿边五轴"对话框中选择 ⊙串连 单选项，单击其后的 ▧ 按钮，系统弹出"串连选项"对话框并提示"沿面 5 轴：定义底部外形"，在图形区中选取图 7.3.4 所示的曲线串；此时系统提示"沿面 5 轴：定义顶部外形"， 在图形区中选取图 7.3.5 所示的曲线串；单击 ✓ 按钮，系统返回至"多轴刀具路径 - 沿边五轴"对话框。

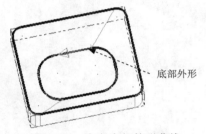

图 7.3.4　定义底部外形曲线

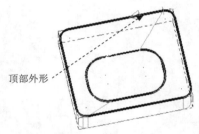

图 7.3.5　定义顶部外形曲线

Step3. 定义其余参数。在 切削方式 下拉列表中选择 双向 选项；在 壁边的计算方式 区域 切削公差 文本框中输入值 0.01；在 最大步进量 文本框中输入值 1，其他参数采用系统默认设置值。

Step4. 设置刀具轴控制。在"多轴刀具路径 - 沿边五轴"对话框左侧列表中单击 刀具轴控制 节点，设置图 7.3.6 所示的参数。

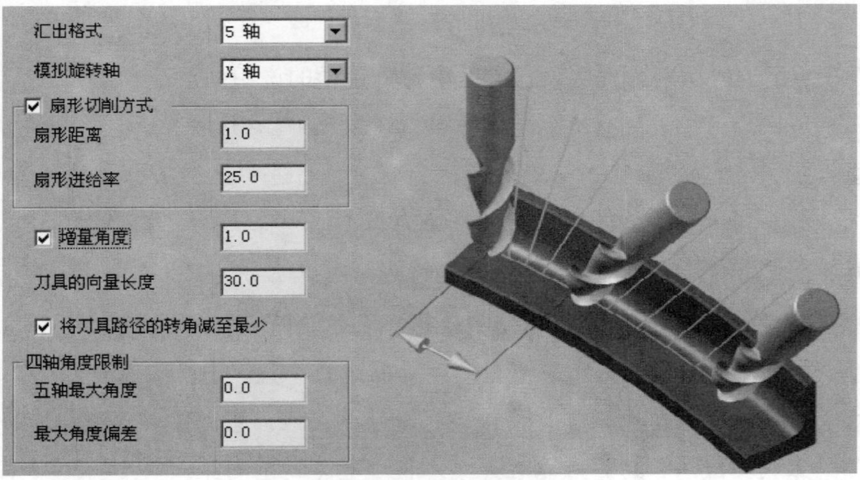

图 7.3.6　设置刀具轴控制参数

图 7.3.6 所示的"刀具轴控制"设置界面中部分选项的说明如下。

- **扇形切削方式** 区域：用于设置壁边的扇形切削参数。
  - **扇形距离** 文本框：用于设置扇形切削时的最小扇形距离。
  - **扇形进给率** 文本框：用于设置扇形切削时的进给率。
- **增量角度** 文本框：用于设置相邻刀具轴之间的增量角度数值。
- **刀具的向量长度** 文本框：用于设置刀具切削刃沿刀轴方向的长度数值。
- **将刀具路径的转角减至最少** 复选框：选中该复选框，可减少刀具路径的转角动作。

Step5. 设置碰撞控制参数。在"多轴刀具路径 – 沿边五轴"对话框左侧节点树中单击 **碰撞控制** 节点，切换到碰撞控制参数设置界面。在 **刀尖控制** 区域选中 ⊙ **底部轨迹 (L)** 单选项，在 **刀中心与轨迹的距离** 文本框中输入数值-5，其余选项采用系统默认参数设置值。

Step6. 设置共同参数。在"多轴刀具路径 – 沿边五轴"对话框左侧节点树中单击 **共同参数** 节点，切换到共同参数设置界面，取消 **安全高度...** 按钮前的复选框；在 **提刀速率...** 文本框中输入值25.0；在 **下刀位置...** 文本框中输入值5.0，完成共同参数的设置。

Step7. 设置进退刀参数。在"多轴刀具路径 – 沿边五轴"对话框左侧节点树中单击 **共同参数** 节点下的 **引进/引出** 节点，切换到进退刀参数设置界面，设置图 7.3.7 所示的参数。

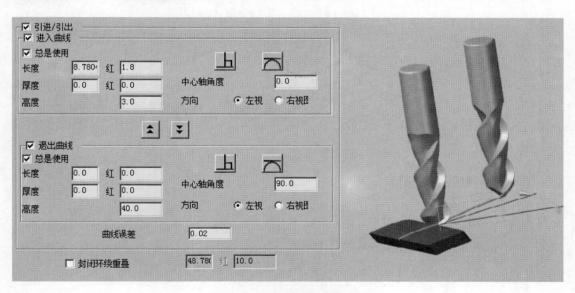

图 7.3.7　设置进退刀参数界面

Step8. 设置粗加工参数。在"多轴刀具路径 – 沿边五轴"对话框左侧节点树中单击 **粗加工** 节点，切换到粗加工参数设置界面，设置图 7.3.8 所示的深度切削参数。

Step9. 单击"多轴刀具路径 – 沿边五轴"对话框中的 ✓ 按钮，此时系统将自动生成图 7.3.9 所示的刀具路径。

图 7.3.8　设置深度切削参数

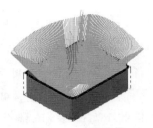

图 7.3.9　刀具路径

Stage5. 路径模拟

Step1. 在"操作管理"中单击 **刀具路径 - 486.2K - YAN BIAN.NC - 程序号码 0** 节点，系统弹出"路径模拟"对话框及"路径模拟控制"操控板。

Step2. 在"路径模拟控制"操控板中单击 ▶ 按钮，系统将开始对刀具路径进行模拟，结果与图 7.3.9 所示的刀具路径相同，单击"路径模拟"对话框中的 ✓ 按钮，关闭"路径模拟控制"操控板。

Step3. 保存文件模型。选择下拉菜单 **文件(F)** ➡ **保存(S)** 命令，保存模型。

7.4　沿面五轴加工

沿面五轴加工可以用来控制球刀所产生的残脊高度，从而产生平滑且精确的精加工刀具路径，系统以相对于曲面法线方向来设定刀具轴向。下面以图 7.4.1 所示的模型为例来说明沿面五轴加工的操作过程。

Stage1. 打开原始模型

打开文件 D:\mcx7.1\work\ch07.04\5_AXIS_FLOW.MCX-7，系统进入加工环境，此时零件模型如图 7.4.2 所示。

a）加工模型　　　　　　　　　　　　b）刀具路径

图 7.4.1　沿面五轴加工

图 7.4.2　零件模型

Stage2. 选择加工类型

选择下拉菜单 刀具路径(T) ➡ 多轴刀具路径(M)... 命令，系统弹出"输入新 NC 名称"对话框，采用系统默认的 NC 名称，单击 ✓ 按钮；在系统弹出的对话框中选择 沿面五轴 选项。

Stage3. 选择刀具

Step1. 选择加工刀具。在"多轴刀具路径 - 沿面五轴"对话框左侧节点树中单击 刀具 节点，切换到刀具参数设置界面，在"多轴刀具路径 - 沿面五轴"对话框中单击 选择刀库 按钮，系统弹出 "选择刀具"对话框。在"选择刀具"对话框的列表框中选择 ⬜ 238 4. BALL ENDMILL 4.0 2.0 50.0 4 球刀 全部 刀具；在"选择刀具"对话框中单击 ✓ 按钮；完成刀具的选择，同时系统返回至"多轴刀具路径 - 沿面五轴"对话框。

Step2. 设置刀具号。在"多轴刀具路径 - 沿面五轴"对话框中双击上一步骤所选择的刀具，系统弹出"定义刀具-机床群组-1"对话框。在 刀具号码 文本框中输入值 1，其他参数设置接受系统默认设置值，完成刀具号的设置。

Step3. 定义刀具参数。单击 参数 选项卡，在 进给率 文本框中输入值 1000.0，在 下刀速率 文本框中输入值 500.0，在 提刀速率 文本框中输入值 1500.0，在 主轴转速 文本框中输入值 2200.0；单击 Coolant... 按钮，系统弹出"Coolant..."对话框，在 Flood 下拉列表中选择 On 选项，单击"Coolant..."对话框中的 ✓ 按钮。单击"定义刀具-机床群组-1"对话框中的 ✓ 按钮，完成定义刀具参数，同时系统返回至"多轴刀具路径 - 沿面五轴"对话框。

Stage4. 设置加工参数

Step1. 设置切削方式。在"多轴刀具路径 - 沿面五轴"对话框左侧列表中单击 切削方式 节点，切换到切削方式设置界面，如图 7.4.3 所示。

图 7.4.3 所示的"切削方式"设置界面中部分选项的说明如下。

- 切削间距 区域：用于设置切削方向的相关参数，其包括 ⊙ 距离: 单选项和 ⊙ 扇形高度: 单选项。
  - ☑ ⊙ 距离: 单选项：用于定义切削间距。当选中此单选项时，其后的文本框被激活，用户可以在此文本框中指定切削间距。
  - ☑ ⊙ 扇形高度: 单选项：用于设置切削路径间残留材料高度。当选中此单选项时，其后的文本框被激活，用户可以在此文本框中指定残留材料的高度。

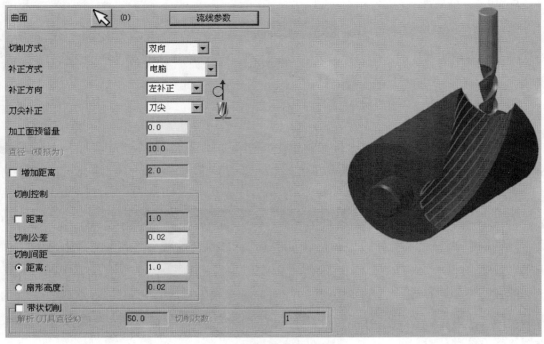

图 7.4.3 "切削方式"设置界面

Step2. 选取加工曲面。在"多轴刀具路径 - 沿面五轴"对话框中单击 按钮，在图形区中选取图 7.4.4 所示的曲面；然后在图形区空白处双击，系统弹出图 7.4.5 所示的"流线设置"对话框，调整加工方向如图 7.4.6 所示，单击 ✓ 按钮，系统返回至"多轴刀具路径 - 沿面五轴"对话框。

说明： 在该对话框的 方向切换 区域中可单击 切削方向 和 步进方向 按钮可调整加工方向。

图 7.4.5 "流线设置"对话框

图 7.4.4 加工区域

图 7.4.6 加工方向

Step3. 在 切削方式 下拉列表中选择 双向 选项；在 切削控制 区域 切削公差 的文本框中输入值 0.001；在 切削间距 区域选择 ⊙ 距离 复选框，然后在其后面的文本框中输入值 0.5，其他参数

采用系统默认设置值。

Step4. 设置刀具轴控制。在"多轴刀具路径 -沿面五轴"对话框 刀具轴向控制 的下拉列表中选择 曲面模式 选项，在 汇出格式 下拉列表中选择 4 轴 选项，其他参数采用系统默认设置值。

Step5. 设置共同参数。在"多轴刀具路径 -沿面五轴"对话框左侧节点树中单击 共同参数 节点，切换到共同参数设置界面，取消 安全高度... 按钮前的复选框；在 提刀速率... 文本框中输入值 25.0；在 下刀位置... 文本框中输入值 5.0，完成共同参数的设置。

Step6. 单击"多轴刀具路径 - 沿面五轴"对话框中的 ✓ 按钮，完成多轴刀具路径 -沿面五轴加工参数的设置，此时系统将自动生成图 7.4.7 所示的刀具路径。

图 7.4.7　刀具路径

Stage5. 路径模拟

Step1. 在"操作管理"中单击 ≋ 刀具路径 - 1003.6K - 5_AXIS_FLOW_OK.NC - 程序号码 0 节点，系统弹出"路径模拟"对话框及"路径模拟控制"操控板。

Step2. 在"路径模拟控制"操控板中单击 ▶ 按钮，系统将开始对刀具路径进行模拟，结果与图 7.4.7 所示的刀具路径相同，单击"路径模拟"对话框中的 ✓ 按钮，关闭"路径模拟控制"操控板。

Step3. 保存文件模型。选择下拉菜单 文件(F) ➡ 🖫 保存(S) 命令，保存模型。

7.5　曲面五轴加工

曲面五轴加工可以用于曲面的粗精加工，系统以相对曲面的法线方向来设定刀具轴线方向。曲面五轴加工的参数设置与曲线五轴的参数设置相似。下面以图 7.5.1 所示的模型为例来说明曲面五轴加工的过程，其操作步骤如下：

Stage1. 打开原始模型

打开文件 D:\ mcx7.1\work\ch07.05\5_AXIS_FACE.MCX-7，系统进入加工环境，此时零

件模型如图 7.5.2 所示。

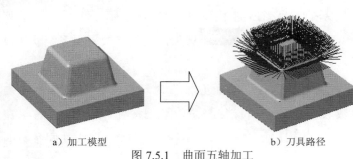

a) 加工模型　　　　　　　　　　b) 刀具路径

图 7.5.1　曲面五轴加工

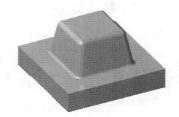

图 7.5.2　零件模型

Stage2. 选择加工类型

Step1. 选择加工类型。选择下拉菜单 刀具路径(T) ➡ 多轴刀具路径(M)... 命令，系统弹出"输入新 NC 名称"对话框，采用系统默认的 NC 名称，单击 ✓ 按钮；系统弹出"多轴刀具路径 – 曲线曲面"对话框。

Step2. 选择刀具路径类型。在"多轴刀具路径 – 曲线曲面"对话框左侧列表中单击 刀具路径类型 节点，然后选择 曲面五轴 选项。

Stage3. 选择刀具

Step1. 选择加工刀具。在"多轴刀具路径 – 曲面五轴"对话框左侧列表中单击 刀具 节点，切换到刀具参数设置界面，单击 多轴刀具路径(M)... 按钮，系统弹出"选择刀具"对话框。在"选择刀具"对话框的列表框中选择 122　6. BULL ENDMILL 1...　6.0　1.0　50.0　4　圆鼻刀 刀具，单击 ✓ 按钮，完成刀具的选择，同时系统返回至"多轴刀具路径 – 曲面五轴"对话框。

Step2. 设置刀具号。在"多轴刀具路径 – 曲面五轴"对话框中双击上一步骤所选择的刀具，系统弹出"定义刀具 – Machine Group-1"对话框。在 刀具号码 文本框中输入值 1，其他参数设置接受系统默认设置，完成刀具号的设置。

Step3. 定义刀具参数。单击 参数 选项卡，在 进给率 文本框中输入值 200.0，在 下刀速率 文本框中输入值 200.0，在 提刀速率 文本框中输入值 200.0，在 主轴转速 文本框中输入值 500.0；单击 Coolant... 按钮，系统弹出"Coolant..."对话框，在 Flood 下拉列表中选择 On 选项，单击"Coolant..."对话框中的 ✓ 按钮。其他设置接受系统默认设置。单击"定义刀具 – Machine Group-1"对话框中的 ✓ 按钮，完成定义刀具参数，同时系统返回至"多轴刀具路径 – 曲面五轴"对话框。

Stage4. 设置切削方式

Step1. 设置切削方式。在"多轴刀具路径 – 曲面五轴"对话框左侧列表中单击 切削方式

节点，切换到切削方式参数界面，如图 7.5.3 所示。

图 7.5.3 所示的"切削方式"参数界面对话框中部分选项的说明如下。

● **模式选项** 区域：用于定义加工区域，其包括 **曲面(s)** 选项、**圆柱** 选项、**圆球** 选项和 **方块** 选项。

　☑ **曲面(s)** 选项：用于定义加工曲面。选择此选项后单击 按钮，用户可以在绘图区选择要加工的曲面。选择曲面后，系统会自动弹出"流线设置"对话框，用户可进一步设置方向参数。

　☑ **圆柱** 选项：用于根据指定的位置和尺寸创建简单的圆柱作为加工面。选择此选项后单击 按钮，系统弹出图 7.5.4a 所示的"圆柱体选项"对话框，用户可输入相关参数定义一个图 7.5.4b 所示的圆柱面作为加工区域。

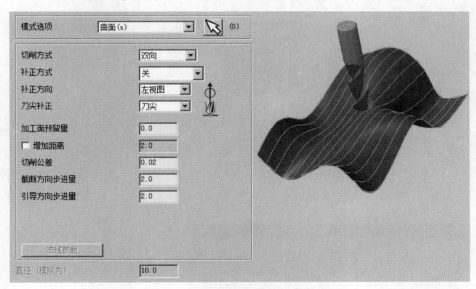

图 7.5.3　"切削方式"参数界面

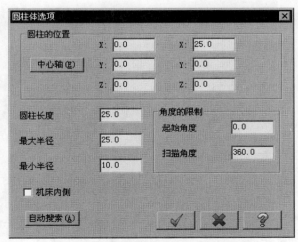

a)"圆柱体选项"对话框

b)定义圆柱面

图 7.5.4　圆柱体模式

☑ **圆球** 选项：用于根据指定的位置和尺寸创建简单的球作为加工面。选择此选项后单击 按钮，系统弹出图 7.5.5a 所示的 "球型选项" 对话框，用户可输入相关参数定义一个图 7.5.5b 所示的球体面作为加工区域。

a) "球型选项" 对话框　　　　　　　b) 定义球体

图 7.5.5　圆球模式

☑ **方块** 选项：用于根据指定的位置和尺寸创建简单的立方体作为加工面。选择此选项后单击 按钮，系统弹出图 7.5.6a 所示的 "立方体的选项" 对话框，用户可输入相关参数定义一个图 7.5.6b 所示的立方体作为加工区域。

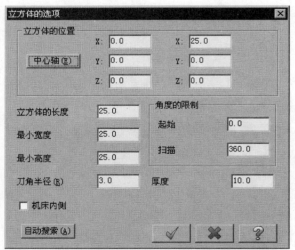

a) "立方体的选项" 对话框　　　　　　　b) 定义立方体

图 7.5.6　立方体模式

☑ **流线参数** 按钮：单击此按钮，系统弹出 "流线设置" 对话框，用户可以定义刀具运动的切削方向、步进方向、起始位置和补正方向。

Step2. 选取加工区域。在"多轴刀具路径 - 曲面五轴"对话框的 模式选项 的下拉列表中选择 曲面(s) 选项；单击其后的 ⬚ 按钮，在图形区中选取图 7.5.7 所示的曲面，然后单击"结束选择"按钮 ⬤；单击"流线设置"对话框中的 ✓ 按钮，系统返回至"多轴刀具路径 - 曲面五轴"对话框。

加工区域面

图 7.5.7　加工区域

Step3. 设置切削方式参数。在 切削方式 下拉列表中选择 双向 选项；在 切削公差 文本框中输入值 0.02；在 截断方向步进量 文本框中输入值 2.0；在 引导方向步进量 文本框中输入值 2.0；其他参数为系统默认设置值。

Step4. 设置刀具轴控制参数。在"多轴刀具路径 - 曲面五轴"对话框左侧列表中单击 刀具轴控制 节点，切换到图 7.5.8 所示的刀具轴控制参数设置界面。在 刀具轴向控制 的下拉列表中选择 曲面模式 选项，在 刀具的向量长度 文本框中输入值 25.0。其他参数为系统默认设置值。

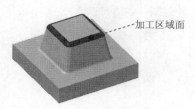

刀具轴向控制	曲面模式	(8)
汇出格式	5 轴	
模拟旋转轴	X 轴	
引线角度	0.0	
侧边倾斜角度	0.0	
☐ 增量角度	1.0	
刀具的向量长度	25.0	
☐ 最小倾斜		
最大角度(增量)	0.0	
刀柄及夹头间隙	0.0	

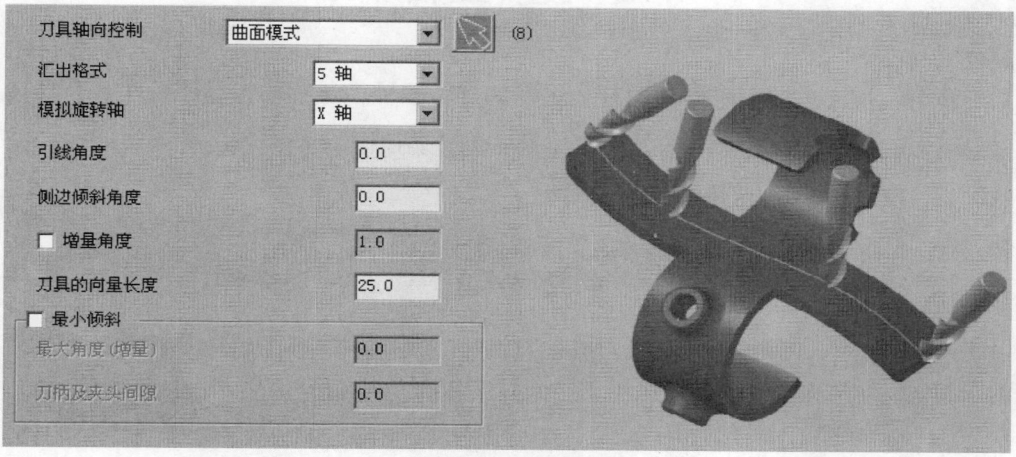

图 7.5.8　设置刀具轴参数

Step5. 设置共同参数。在"多轴刀具路径 - 曲面五轴"对话框左侧节点树中单击 共同参数 节点，切换到共同参数设置界面。在 安全高度... 文本框中输入值 100.0，在 提刀速率... 文本框中输入值 50.0；在 下刀位置... 文本框中输入值 5.0，其他参数设置接受系统默认设置值；完成共同参数的设置。

Step6. 单击"多轴刀具路径 - 曲面五轴"对话框中的 ✓ 按钮，完成曲面五轴参数的设置，此时系统生成图 7.5.9 所示的刀具路径。

图 7.5.9　刀具路径

Stage5. 路径模拟

Step1. 在"操作管理"中单击 刀具路径 - 64.6K - 5_AXIS_FACE.NC - 程序号码 0 节点，系统弹出"路径模拟"对话框及"路径模拟控制"操控板。

Step2. 在"路径模拟控制"操控板中单击 按钮，系统将开始对刀具路径进行模拟，结果与图 7.5.9 所示的刀具路径相同，单击"路径模拟"对话框中的 按钮，关闭"路径模拟控制"操控板。

Step3. 保存文件模型。选择下拉菜单 文件(F) ➡ 保存(S) 命令，保存模型。

7.6　旋转五轴加工

旋转五轴加工主要用来产生圆柱类工件的旋转四轴精加工的刀具路径，其刀具轴或者工作台可以在垂直于 Z 轴的方向上旋转。下面以图 7.6.1 所示的模型为例来说明旋转五轴加工的过程，其操作步骤如下：

a）加工模型　　　　　　　　　　　　　　　　　　　b）刀具路径

图 7.6.1　多轴刀具路径 - 旋转五轴加工

Stage1. 打开原始模型

打开文件 D:\ mcx7.1\work\ch07.06\4_AXIS_ROTARY.MCX-7，系统进入加工环境，此时零件模型如图 7.6.2 所示。

图 7.6.2 零件模型

Stage2. 选择加工类型

选择下拉菜单 刀具路径(T) ➡ 多轴刀具路径(M)... 命令，系统弹出"输入新 NC 名称"对话框，采用系统默认的 NC 名称，单击 ✓ 按钮。在系统弹出的对话框中选择 旋转五轴 选项。

Stage3. 选择刀具

Step1. 选择加工刀具。在"多轴刀具路径 - 旋转五轴"对话框左侧节点树中单击 刀具 节点，切换到刀具参数设置界面。在"多轴刀具路径 - 旋转五轴"对话框中单击 选择刀库 按钮，系统弹出"选择刀具"对话框。在"选择刀具"对话框的列表框中选择 243 9. B... 9.0 4.5 50.0 4 球刀 全部 刀具。单击 ✓ 按钮，完成刀具的选择，系统返回至"多轴刀具路径 - 旋转五轴"对话框。

Step2. 定义刀具参数。在"多轴刀具路径 - 旋转五轴"对话框中双击上一步骤所选择的刀具，系统弹出"定义刀具 - Machine Group-1"对话框。在 刀具号码 文本框中输入值 1，其他参数设置接受系统默认设置，完成刀具号的设置。

Step3. 定义刀具参数。单击 参数 选项卡，在 XY粗铣步进 [%] 文本框中输入值 50.0；在 进给速率 文本框中输入值 300.0，在 下刀速率 文本框中输入值 1200.0，在 提刀速率 文本框中输入值 1200.0，在 主轴转速 文本框中输入值 800.0；单击 Coolant... 按钮，系统弹出"Coolant..."对话框，在 Flood 下拉列表中选择 On 选项，单击"Coolant..."对话框中的 ✓ 按钮。其他参数设置接受系统默认设置值，单击"定义刀具 - Machine Group-1"对话框中的 ✓ 按钮，完成定义刀具参数，同时系统返回至"多轴刀具路径 - 旋转五轴"对话框。

Stage4. 设置加工参数

Step1. 设置切削方式。在"多轴刀具路径 - 旋转五轴"对话框左侧列表中单击 切削方式 节点，切换到切削方式设置界面，如图 7.6.3 所示。

图 7.6.3 所示的"切削方式"设置界面中部分选项的说明如下。
- 绕着旋转轴切削 单选项：用于设置绕着旋转轴进行切削。
- 沿着旋转轴切 单选项：用于设置沿着旋转轴进行切削。

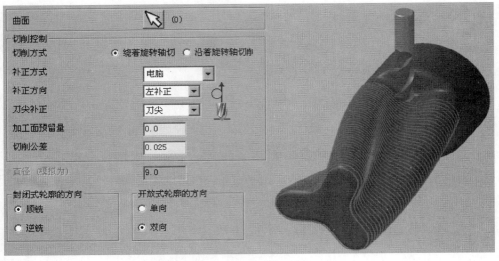

图 7.6.3 "切削方式"设置界面

Step2. 选取加工区域。单击"曲面"后的 ▨ 按钮，在图形区中选取图 7.6.4 所示的曲面，然后单击"结束选择"按钮 ●，完成加工区域的选择，系统返回"多轴刀具路径 - 旋转五轴"对话框。在 切削公差 的文本框中输入值 0.02。其他采用系统默认的参数值。

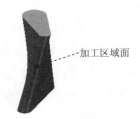
加工区域面

图 7.6.4 加工区域

Step3. 设置刀具轴控制参数。在"多轴刀具路径 – 旋转五轴"对话框左侧列表中单击 刀具轴控制 节点，切换到图 7.6.5 所示的刀具轴控制参数设置界面。单击 ▨ 按钮，选取图 7.6.6 所示的点作为 4 轴点，在 旋转轴 下拉列表中选择 Z 轴 选项，其他参数设置如图 7.6.5 所示。

Step4. 设置共同参数。在"多轴刀具路径 – 旋转五轴"对话框左侧节点树中单击 共同参数 节点，切换到共同参数设置界面，选中 安全高度... 按钮前的复选框，并在其后的文本框中输入值 100.0；在 提刀速率... 文本框中输入值 10.0；在 下刀位置... 文本框中输入值 5.0，完成共同参数的设置。

Step5. 单击"多轴刀具路径 - 旋转五轴"对话框中的 ✓ 按钮，完成"多轴刀具路径 – 旋转五轴"参数的设置，此时系统将自动生成图 7.6.7 所示的刀具路径。

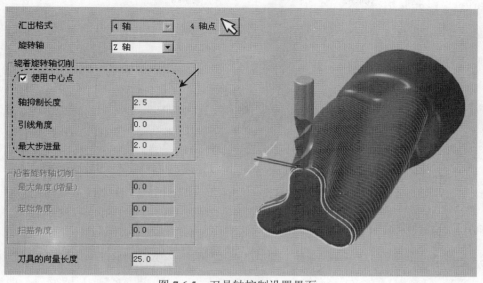

图 7.6.5 刀具轴控制设置界面

图 7.6.6 定义 4 轴点　　　　　图 7.6.7 刀具路径

Stage5. 路径模拟

Step1. 在"操作管理"中单击 刀具路径 - 15162.6K - 4_AXIS_ROTARY.NC - 程序号码 0 节点，系统弹出"路径模拟"对话框及"路径模拟控制"操控板。

Step2. 在"路径模拟控制"操控板中单击 ▶ 按钮，系统将开始对刀具路径进行模拟，结果与图 7.6.7 所示的刀具路径相同，单击"路径模拟"对话框中的 ✓ 按钮，关闭"路径模拟控制"操控板。

Step3. 保存文件模型。选择下拉菜单 文件(F) ➡️ 保存(S) 命令，保存模型。

7.7 两曲线之间形状

两曲线之间形状五轴加工可以对两条曲线之间的模型形状进行切削，通过控制刀具轴向产生平滑且精确的精加工刀具路径。下面以图 7.7.1 所示的模型为例来说明两曲线之间形状五轴加工的操作过程。

Stage1. 打开原始模型

打开文件 D:\mcx7.1\work\ch07.07\ BETWEEN_2_CURVES.MCX-7，系统进入加工环境，此时零件模型如图 7.7.2 所示。

a）加工模型

b）刀具路径

图 7.7.1　两曲线之间形状加工

图 7.7.2　零件模型

Stage2. 选择加工类型

选择下拉菜单 刀具路径(T) ➡ 多轴刀具路径(M)... 命令，系统弹出 "输入新 NC 名称" 对话框，采用系统默认的 NC 名称，单击 ✓ 按钮，系统弹出 "多轴刀具路径 – 曲线五轴" 对话框，单击 线架构 按钮，然后选择 两曲线之间形状 选项。

Stage3. 选择刀具

Step1. 选择加工刀具。在 "多轴刀具路径 – 两曲线之间形状" 对话框左侧节点树中单击 刀具 节点，切换到刀具参数设置界面，单击 选择刀库 按钮，系统弹出 "选择刀具" 对话框。在 "选择刀具" 对话框的列表框中选择 ✓ 213　4. FLAT ENDMILL　4.0　0.0　50.0　4　平底刀　无 刀具；在 "选择刀具" 对话框中单击 ✓ 按钮；完成刀具的选择，同时系统返回至 "多轴刀具路径-两曲线之间形状" 对话框。

Step2. 设置刀具号。在 "多轴刀具路径 – 两曲线之间形状" 对话框中双击上一步骤所选择的刀具，系统弹出 "定义刀具 – 机床群组-1" 对话框。在 刀具号码 文本框中输入值 2，其他参数设置接受系统默认设置值，完成刀具号的设置。

Step3. 定义刀具参数。单击 参数 选项卡，在 进给率 文本框中输入值 150.0，在 下刀速率 文本框中输入值 100.0，在 提刀速率 文本框中输入值 500.0，在 主轴转速 文本框中输入值 2500.0；单击 Coolant... 按钮，系统弹出 "Coolant..." 对话框，在 Flood 下拉列表中选择 On 选项，单击 "Coolant..." 对话框中的 ✓ 按钮。单击 "定义刀具 – 机床群组-1" 对话框中的 ✓ 按钮，完成定义刀具参数，同时系统返回至 "多轴刀具路径 – 两曲线之间形状" 对话框。

Stage4. 设置加工参数

Step1. 设置切削方式。在 "多轴刀具路径 – 两曲线之间形状" 对话框左侧列表中单击

切削方式 节点，切换到切削方式设置界面，如图 7.7.3 所示。

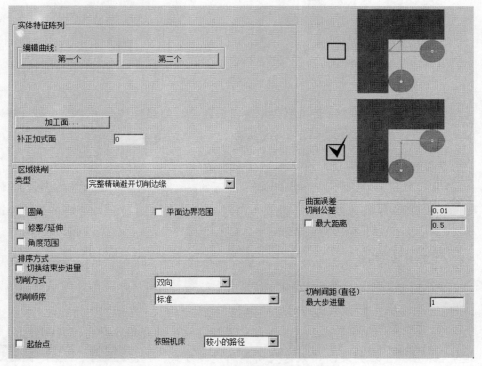

图 7.7.3　"切削方式"设置界面

图 7.7.3 所示的"切削方式"设置界面中部分选项的说明如下。

- 实体特征陈列 区域：用于定义切削模式中的曲线和曲面。

  - ☑ 第一个... 按钮：单击此按钮，系统弹出"串连选项"对话框，用户可以设置第一条曲线。

  - ☑ 第二个... 按钮：单击此按钮，系统弹出"串连选项"对话框，用户可以设置第二条曲线。

  - ☑ 加工面... 按钮：单击此按钮，用户可以增加、移除、显示所选择的加工曲面。

- 区域铣削 区域：用于设置切削的加工范围。

  - ☑ 类型 下拉列表：用来定义切削路径在加工曲面边缘和中间范围的多种切削形式，包括图 7.7.4 所示的 4 种形式。

a）完整精确避开切削边缘

b）完整精确开始与结束在曲面边缘

Mastercam X7

数控加工教程

c）自定义切削次数

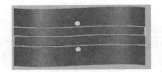

d）限制切削依照一个或两个点

图 7.7.4 切削范围的 4 种形式

☑ □ 圆角 复选框：用于设置刀具路径在尖角处的额外的圆角路径。勾选该选项后，可单击 切削方式 节点下的 圆角 节点定义圆角半径的数值。

☑ □ 修整/延伸 复选框：用于设置刀具路径在曲线两端的延伸和修整刀路长度。勾选该选项后，可单击 切削方式 节点下的 修整/延伸 节点定义详细参数数值。

☑ □ 角度范围 复选框：用于设置刀具路径沿视角方向的加工角度范围。勾选该选项后，可单击 切削方式 节点下的 角度范围 节点定义详细参数数值。

☑ □ 平面边界范围 复选框：用于设置刀具路径通过 2D 曲线投影后的边界范围。勾选该选项后，可单击 切削方式 节点下的 2D 范围 节点定义详细参数数值。

● 排序方式 区域：用于设置切削的顺序和起点等参数。

☑ □ 切换结束步进量 复选框：选中该复选框，切削的步进方向将进行翻转。

☑ 切削方式 下拉列表：用来定义切削的走刀方式，包括 双向 、 单向 、 螺旋式 选项。

☑ 切削顺序 下拉列表：用来定义切削的走刀顺序，仅在 双向 和 单向 方式下可用，包括 标准 、 从中心离开 和 从外到中心 选项，其示意效果分别如图 7.7.5 所示。

☑ □ 起始点 复选框：用于设置刀具路径的起始位置。勾选该选项后，可单击 切削方式 节点下的 起始点参数 节点定义详细参数数值。

a）标准

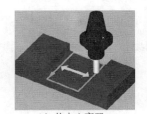

b）从中心离开

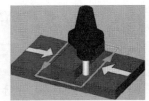

c）从外到中心

图 7.7.5 切削顺序

Step2. 选取加工曲线和曲面。

（1）在"多轴刀具路径 - 两曲线之间形状"对话框中单击 第一个... 按钮，系统弹出"串连选项"对话框并提示"增加串连：1"，在图形区中选取图 7.7.6 所示的曲线串 1；单击 ✓ 按钮，系统返回至"多轴刀具路径 – 两曲线之间形状"对话框。

（2）单击 第二个... 按钮，此时系统提示"增加串连：2"，在图形区中选

取图 7.7.6 所示的曲线串 2；单击 ✓ 按钮，系统返回至"多轴刀具路径 – 两曲线之间形状"对话框。

（3）单击 加工面... 按钮，系统弹出提示"选择加工曲面（注意你的曲面法向）"，选取图 7.7.7 所示的曲面，然后单击"结束选择"按钮 ●，系统弹出"选取加工曲面"对话框，单击 执行(D) 按钮，系统返回"多轴刀具路径 – 两曲线之间形状"对话框。

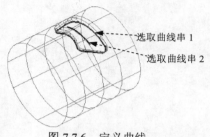

图 7.7.6 定义曲线

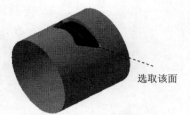

图 7.7.7 定义加工曲面

（4）在 排序方式 区域中选中 □ 切换结束步进量 复选框，其余切削参数采用系统默认设置值。

说明：如果在选取加工曲线时的顺序与前面所述相反，此处就不需要调整步进的方向。

Step3. 设置刀具轴控制。在"多轴刀具路径-两曲线之间形状"对话框左侧列表中单击 刀具轴向控制 节点，设置图 7.7.8 所示的参数。

图 7.7.8 所示的"刀具轴控制"设置界面中部分选项的说明如下。

● 沿着刀具轴... 下拉列表：用于设置刀具轴的控制参数，主要包括以下选项。
  ☑ 引导曲面/延迟 选项：用于设置刀具轴的方向在引导曲面法向基础上进行倾斜。
  ☑ 角度 选项：用于设置刀具轴的方向可沿某个轴向倾斜一定角度。
  ☑ 固定轴的角度 选项：用于设置刀具轴的方向可沿某个轴向固定倾斜一定角度。
  ☑ 倾斜周围轴 选项：用于设置刀具轴的方向可沿某个轴向倾斜一定角度。
  ☑ 线 选项：用于设置刀具轴的方向沿倾斜的直线进行分布。
  ☑ 到串连 选项：用于设置刀具轴的方向从刀尖延伸后汇聚于某个曲线串。
  ☑ 加工叶轮角度层 选项：用于设置刀具轴的方向按照叶轮加工来进行控制。

说明：刀具轴控制的部分选项与前面 5 轴加工的设置含义是完全一致的，此处不再赘述，读者可参考前面小节的介绍。

Step4. 设置进退刀参数。在"多轴刀具路径 – 两曲线之间形状"对话框左侧节点树中单击 共同参数 节点下的 默认引入/引出 节点，切换到进刀参数设置界面，设置图 7.7.9 所示的参数。

汇出格式　　　　5 轴

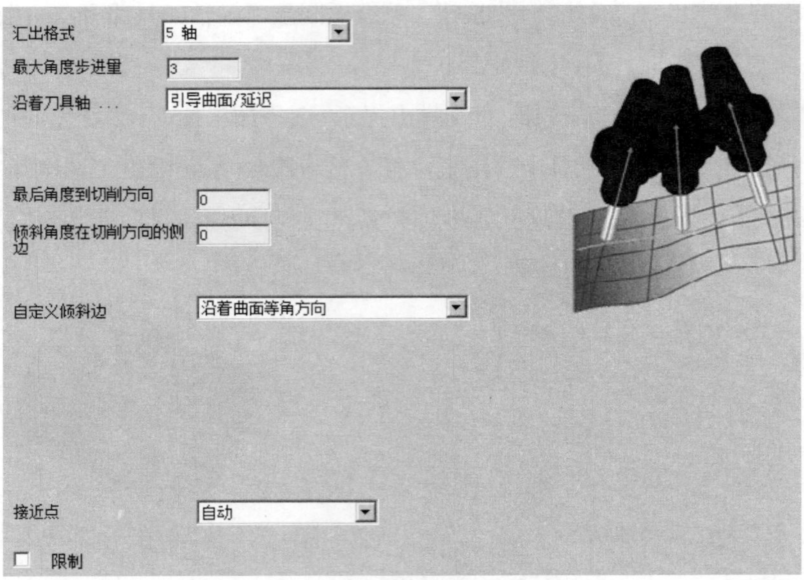

最大角度步进量　3

沿着刀具轴 …　　引导曲面/延迟

最后角度到切削方向　0

倾斜角度在切削方向的侧边　0

自定义倾斜边　　沿着曲面等角方向

接近点　　　　　自动

☐ 限制

图 7.7.8　设置刀具轴控制参数

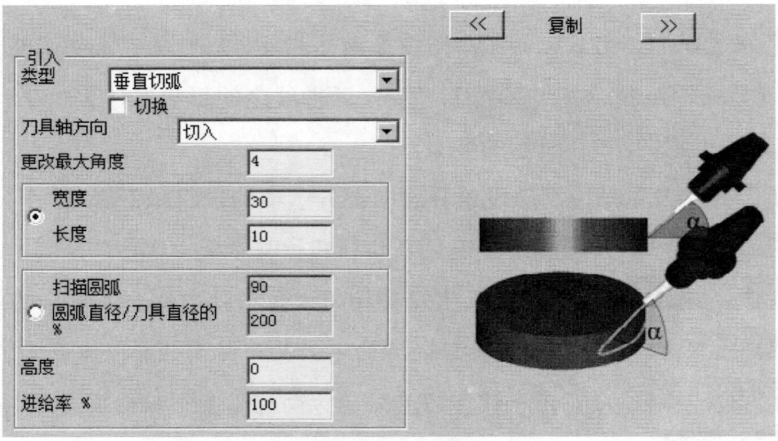

<< 复制 >>

引入

类型　　　　垂直切弧

☐ 切换

刀具轴方向　　切入

更改最大角度　4

宽度　30

长度　10

扫描圆弧　90

圆弧直径/刀具直径的 %　200

高度　0

进给率 %　100

图 7.7.9　进刀参数设置界面

Step5. 设置粗加工参数。在"多轴刀具路径-两曲线之间形状"对话框左侧节点树中单击 粗加工 节点，切换到粗加工参数设置界面，选中 ☑ 分层切削 复选框，然后单击 粗加工 节点下的 分层切削 节点，设置图 7.7.10 所示的分层切削参数。

Step6. 单击"多轴刀具路径-两曲线之间形状"对话框中的 ✓ 按钮，此时系统将自动生成图 7.7.11 所示的刀具路径。

Stage5. 路径模拟

Step1. 在"操作管理"中单击 ≋ 刀具路径 - 3110.8K - BETWEEN_2_CURVES.NC - 程序号码 0 节点，系统弹出"路径模拟"对话框及"路径模拟控制"操控板。

Step2. 在"路径模拟控制"操控板中单击▶按钮，系统将开始对刀具路径进行模拟，结果与图 7.7.11 所示的刀具路径相同，单击"路径模拟"对话框中的✓按钮，关闭"路径模拟控制"操控板。

Step3. 保存文件模型。选择下拉菜单 文件(F) ➡ ⊞ 保存(S) 命令，保存模型。

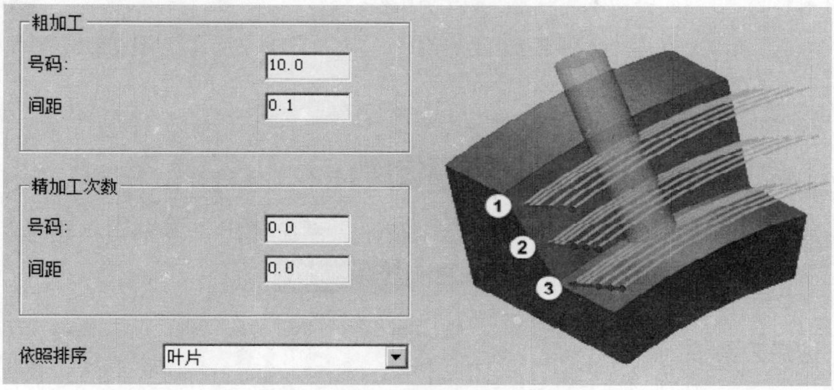

图 7.7.10 设置分层切削参数

图 7.7.11 刀具路径

7.8 平行到曲线

平行到曲线五轴加工可以通过曲线来控制刀尖，并通过加工曲面来控制刀具轴向产生平滑且精确的精加工刀具路径。下面以图 7.8.1 所示的模型为例来说明平行到曲线五轴加工的操作过程。

Stage1. 打开原始模型

打开文件 D:\mcx7.1\work\ch07.08\PARALLEL2CURVE.MCX-7，系统进入加工环境，此时零件模型如图 7.8.2 所示。

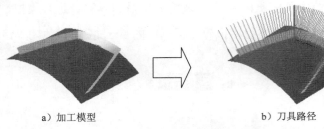

a) 加工模型	b) 刀具路径

图 7.8.1 平行到曲线加工   图 7.8.2 零件模型

Stage2. 选择加工类型

选择下拉菜单 刀具路径(T) ➔ 多轴刀具路径(M)... 命令，系统弹出 "输入新 NC 名称" 对话框，采用系统默认的 NC 名称，单击 ✓ 按钮，系统弹出 "多轴刀具路径 – 曲线五轴" 对话框，单击 线架构 按钮，然后选择 平行到曲线 选项。

Stage3. 选择刀具

Step1. 选择加工刀具。在 "多轴刀具路径 – 平行到曲线" 对话框左侧节点树中单击 刀具 节点，切换到刀具参数设置界面，单击 选择刀库 按钮，系统弹出 "选择刀具" 对话框。在 "选择刀具" 对话框的列表框中选择 ✓ 238   4. BALL ENDMILL   4.0   2.0   50.0   4   球刀   全部 刀具；在 "选择刀具" 对话框中单击 ✓ 按钮；完成刀具的选择，同时系统返回至 "多轴刀具路径 – 平行到曲线" 对话框。

Step2. 设置刀具号。在 "多轴刀具路径 – 平行到曲线" 对话框中双击上一步骤所选择的刀具，系统弹出 "定义刀具 – 机床群组 – 1" 对话框。在 刀具号码 文本框中输入值 2，其他参数设置接受系统默认设置值，完成刀具号的设置。

Step3. 定义刀具参数。单击 参数 选项卡，在 进给速率 文本框中输入值 100.0，在 下刀速率 文本框中输入值 100.0，在 提刀速率 文本框中输入值 500.0，在 主轴转速 文本框中输入值 3000.0；单击 Coolant... 按钮，系统弹出 "Coolant..." 对话框，在 Flood 下拉列表中选择 On 选项，单击 "Coolant..." 对话框中的 ✓ 按钮。单击 "定义刀具 – 机床群组 – 1" 对话框中的 ✓ 按钮，完成定义刀具参数，同时系统返回至 "多轴刀具路径 – 平行到曲线" 对话框。

Stage4. 设置加工参数

Step1. 设置切削方式。在 "多轴刀具路径 – 平行到曲线" 对话框左侧列表中单击 切削方式 节点，切换到切削方式设置界面，如图 7.8.3 所示。

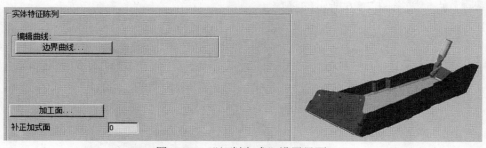

图 7.8.3　"切削方式"设置界面

图 7.8.3 所示的"切削方式"设置界面中部分选项的说明如下。

● 实体特征陈列 区域：用于定义切削模式中的曲线和曲面。

　　☑ 边界曲线... 按钮：单击此按钮，系统弹出"串连选项"对话框，用户可以选择边界曲线串。

　　☑ 加工面... 按钮：单击此按钮，用户可以增加、移除、显示所选择的加工曲面。

Step2. 选取加工曲线和曲面。

（1）在"多轴刀具路径 - 平行到曲线"对话框中单击 边界曲线... 按钮，系统弹出"串连选项"对话框并提示"增加串连：1"，在图形区中选取图 7.8.4 所示的曲线串 1；单击 ✓ 按钮，系统返回至"多轴刀具路径-平行到曲线"对话框。

（2）单击 加工面... 按钮，系统弹出提示"选择加工曲面（注意你的曲面法向）"，选取图 7.8.5 所示的曲面，然后单击"结束选择"按钮 ，系统弹出"选取加工曲面"对话框，单击 执行(D) 按钮，系统返回"多轴刀具路径-平行到曲线"对话框。

（3）在 区域铣削 区域的 类型 下拉列表中选择 自定义切削次数 选项，在 切削次数 文本框中输入值 1，选中 ☑ 圆角 和 ☑ 修整/延伸 选项，其余切削参数采用系统默认设置值。

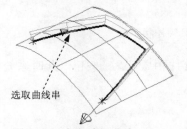

选取曲线串

图 7.8.4　定义边界曲线

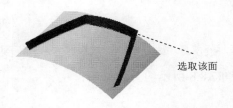

选取该面

图 7.8.5　定义加工曲面

（4）在"多轴刀具路径-平行到曲线"对话框左侧列表中单击 切削方式 节点下的 圆角 节点，在 额外半径 文本框中输入值 1。

（5）在"多轴刀具路径-平行到曲线"对话框左侧列表中单击 切削方式 节点下的

修整/延伸 节点，采用图 7.8.6 所示的参数。

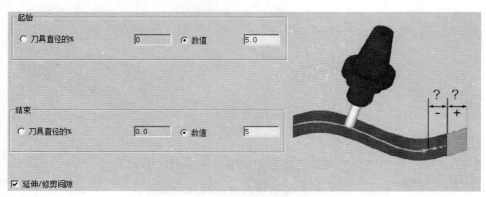

图 7.8.6　设置修整延伸参数

Step3. 设置刀具轴控制。在"多轴刀具路径-平行到曲线"对话框左侧列表中单击 刀具轴向控制 节点，设置图 7.8.7 所示的参数。

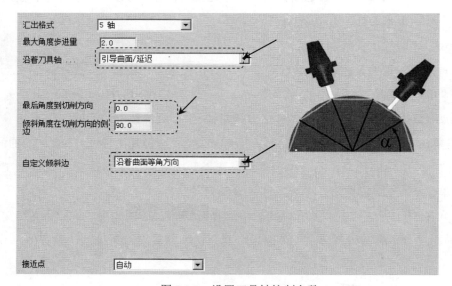

图 7.8.7　设置刀具轴控制参数

Step 4. 单击"多轴刀具路径-平行到曲线"对话框中的 按钮，此时系统将自动生成图 7.8.8 所示的刀具路径。

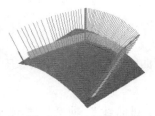

图 7.8.8　刀具路径

Stage5. 路径模拟

Step1. 在"操作管理"中单击 ≋ 刀具路径 - 15.8K - PARALLEL2CURVE.NC - 程序号码 0 节点，系统弹出"路径模拟"对话框及"路径模拟控制"操控板。

Step2. 在"路径模拟控制"操控板中单击 ▶ 按钮，系统将开始对刀具路径进行模拟，结果与图 7.8.8 所示的刀具路径相同，单击"路径模拟"对话框中的 ✓ 按钮，关闭"路径模拟控制"操控板。

Step3. 保存文件模型。选择下拉菜单 文件(F) ➡ 🖫 保存(S) 命令，保存模型。

7.9 钻孔五轴加工

钻孔五轴加工可以以一点或者一个钻孔向量在曲面上产生钻孔的刀具路径，其参数的设置与前面所讲的曲线五轴加工和曲面五轴加工相似。下面以图 7.9.1 所示的模型为例来说明钻孔五轴加工的操作过程。

Stage1. 打开原始模型

打开文件 D:\mcx7.1\work\ch07.09\5_AXIS_DRILL.MCX-7，系统进入加工环境，此时零件模型如图 7.9.2 所示。

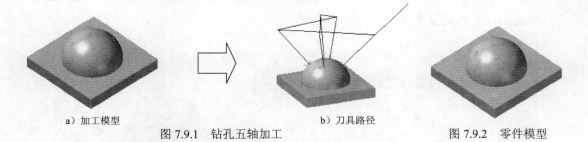

a）加工模型   b）刀具路径

图 7.9.1　钻孔五轴加工   图 7.9.2　零件模型

Stage2. 选择加工类型

选择下拉菜单 刀具路径(T) ➡ 多轴刀具路径(M)... 命令，系统弹出"输入新 NC 名称"对话框，采用系统默认的 NC 名称，单击 ✓ 按钮；在系统弹出的对话框中单击 钻孔/全圆铣削 按钮，然后选择 钻孔 选项。

Stage3. 选择刀具

Step1. 确定刀具类型。在"多轴刀具路径 - 钻孔"对话框左侧节点树中单击 刀具 节点，切换到刀具参数设置界面，单击 过虑(F)... 按钮，系统弹出"刀具过滤列表设置"对话框，单击 刀具类型 区域中的 无(N) 按钮后，在刀具类型按钮群中单击 📙（点钻）按钮，单击

Mastercam X7

数控加工教程

按钮，关闭"刀具过滤列表设置"对话框，系统返回至"多轴刀具路径 - 钻孔"对话框。

Step2. 选择刀具。在"多轴刀具路径 - 钻孔"对话框中单击 选择刀库 按钮，系统弹出"选择刀具"对话框。在"选择刀具"对话框的列表框中选择 7 10. SPO... 10.0 0.0 50.0 2 点钻 刀具；在"选择刀具"对话框中单击 按钮，完成刀具的选择，同时系统返回至"多轴刀具路径 - 钻孔"对话框。

Step3. 设置刀具号。在"多轴刀具路径-钻孔"对话框中双击上一步骤所选择的刀具，系统弹出"定义刀具-Machine Group-1"对话框。在 刀具号码 文本框中输入值 1，其他参数设置接受系统默认设置值，完成刀具号的设置。

Step4. 定义刀具参数。单击 参数 选项卡，在 下刀速率 文本框中输入值 200.0，在 提刀速率 文本框中输入值 200.0，在 主轴转速 文本框中输入值 500.0；单击 Coolant... 按钮，系统弹出"Coolant..."对话框，在 Flood 下拉列表中选择 On 选项，单击 "Coolant..."对话框中的 按钮。其他参数设置接受系统默认设置值。单击"定义刀具-Machine Group-1"对话框中的 按钮，完成定义刀具参数，同时系统返回至"多轴刀具路径 - 钻孔"对话框。

Stage4. 设置加工参数

Step1. 设置切削方式。在"多轴刀具路径 - 钻孔"对话框左侧列表中单击 切削方式 节点，切换到切削方式设置界面，如图 7.9.3 所示。

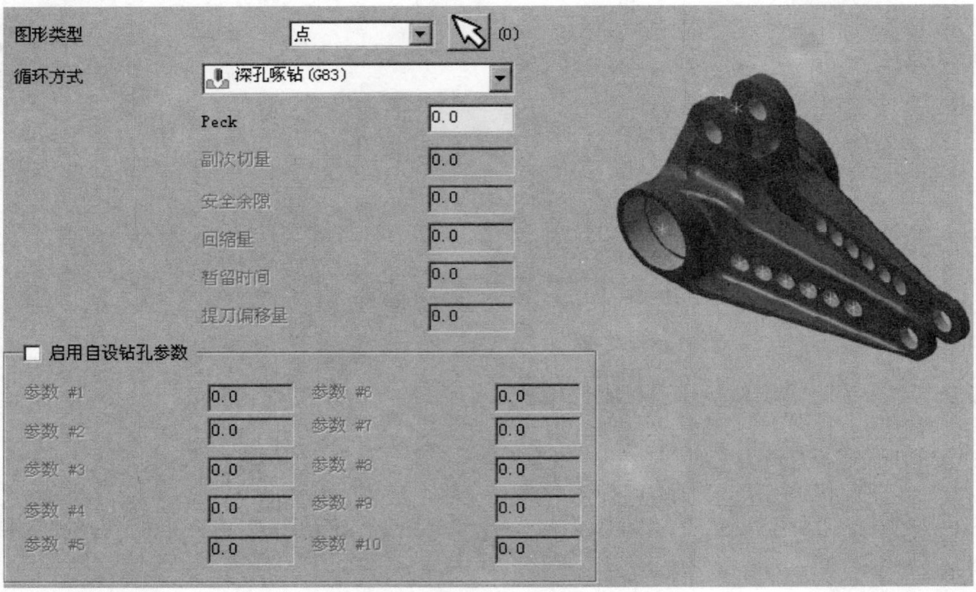

图 7.9.3 "切削方式"设置界面

图 7.9.3 所示的"切削方式"设置界面中部分选项的说明如下。

- 图形类型 下拉列表：用于定义钻孔点的方式，其包括 点 选项和 点/线 选项。

  ☑ 点 选项：用于选取钻孔点。单击其后的按钮，可以在绘图区选取现有的点作为刀具路径的钻孔点。

  ☑ 点/线 选项：用于选取直线的端点作为生成刀具路径的控制点。当选取直线的端点作为生成刀具路径的控制点时，系统会自动选取该直线作为刀具轴线方向，此时不能对 刀具轴控制 进行设置。

Step2. 在 图形类型 的下拉列表中选择 点 选项，然后单击其后的 ↘ 按钮，系统弹出图 7.9.4 所示的"选取钻孔的点"对话框。单击 窗选(W) 按钮，在图形区窗选图 7.9.5 所示的所有点，单击"选取钻孔的点"对话框中的 ✓ 按钮，系统返回至"多轴刀具路径 - 钻孔"对话框。在 循环方式 下拉列表中选择 探孔啄钻(G83) 选项，其他参数采用系统默认设置值。

Step3. 设置刀具轴控制参数。在"多轴刀具路径 - 钻孔"对话框左侧列表中单击 刀具轴控制 节点，切换到刀具轴控制参数设置界面。在 刀具轴向控制 的下拉列表中选择 曲面 选项，然后单击其后的 ↘ 按钮，在图形区中选取图 7.9.6 所示的曲面，然后单击"结束选择"按钮 ●；系统返回至"多轴刀具路径 - 钻孔"对话框。在 汇出格式 下拉列表中选择 5 轴 选项，其他选项为系统默认设置。

Step4. 设置碰撞控制参数。在"多轴刀具路径 - 钻孔"对话框左侧节点树中单击 碰撞控制 节点，在 刀尖控制 区域选中 ⦿ 原始点 单选项。

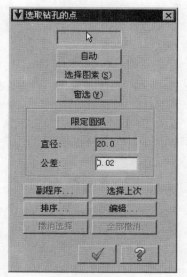

图 7.9.4　"选取钻孔的点"对话框

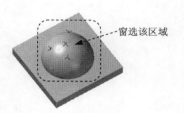

图 7.9.5　选取钻孔点

图 7.9.6　选取刀轴控制面

Step5. 设置共同参数。在"多轴刀具路径 - 钻孔"对话框左侧节点树中单击 共同参数 节点，切换到共同参数设置界面，选中 安全高度... 按钮前的复选框，并在其后的文本框中输入值 100.0；在 提刀速率... 文本框中输入值 10.0；在 工作表面... 文本框中输入值 0.0，在 深度... 文本框中输入值-5.0，完成共同参数的设置。

Step6. 单击"多轴刀具路径 - 钻孔"对话框中的 ✓ 按钮，完成钻孔五轴加工参数的设置，此时系统将自动生成图 7.9.7 所示的刀具路径。

图 7.9.7　刀具路径

Stage5．路径模拟

Step1. 在"操作管理"中单击 ≋ 刀具路径 - 5.3K - 5_AXIS_DRILL.NC - 程序号码 0 节点，系统弹出"路径模拟"对话框及"路径模拟控制"操控板。

Step2. 在"路径模拟控制"操控板中单击 ▶ 按钮，系统将开始对刀具路径进行模拟，结果与图 7.9.7 所示的刀具路径相同，单击"路径模拟"对话框中的 ✓ 按钮，关闭"路径模拟控制"操控板。

Step3. 保存文件模型。选择下拉菜单 文件(F) ➡ 🖬 保存(S) 命令，保存模型。

第8章　Mastercam X7 车削加工

━━━━━━
本章提要

　　Mastercam X7 的车削加工模块为我们提供了多种车削加工方法，包括粗车、精车、车端面、车螺纹、径向车削、截断、快速车削和循环车削等。通过本章的学习，希望读者能够清楚地了解数控车削加工的一般流程及操作方法，并了解其中的原理。

8.1　概　　述

　　车削加工主要应用于轴类和盘类零件的加工，是工厂中应用最广泛的一种加工方式。车床为二轴联动，相对于铣削加工，车削加工要简单得多。在工厂中多数数控车床都采用手工编程，但随着科学技术的进步，也开始有人使用软件编程。

　　使用 Mastercam X7 可以快速生成车削加工刀具轨迹和 NC 文件，在绘图时，只需绘制零件图形的一半即可以用软件进行加工仿真。

8.2　粗　车　加　工

　　粗车加工用于大量切除工件中多余的材料，使工件接近于最终的尺寸和形状，为精车加工做准备。粗车加工一次性去除材料多，加工精度不高。下面以图 8.2.1 所示的模型为例讲解粗车加工的一般过程，其操作步骤如下。

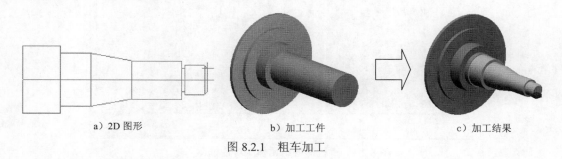

　　a）2D 图形　　　　　　　　　　b）加工工件　　　　　　　　c）加工结果

图 8.2.1　粗车加工

Stage1.　进入加工环境

Step1. 打开文件 D:\mcx7.1\work\ch08.02\ROUGH_LATHE.MCX-7。

Mastercam X7

数控加工教程

Step2. 进入加工环境。选择下拉菜单 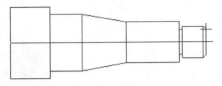 命令，系统进入加工环境，此时零件模型如图 8.2.2 所示。

图 8.2.2　零件模型

Stage2. 设置工件和夹爪

Step1. 在"操作管理"中单击 山 属性 – Lathe Default 节点前的"+"号，将该节点展开，然后单击 ◆ 素材设置 节点，系统弹出图 8.2.3 所示的"机器群组属性"对话框。

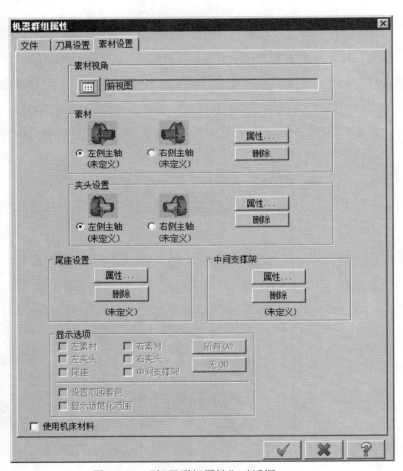

图 8.2.3　"机器群组属性"对话框

图 8.2.3 所示的"机器群组属性"对话框中部分选项的说明如下。

● 素材视角 区域：用于定义素材的视角方位，单击 ▦ 按钮，在系统弹出的"视角选择"

266

对话框中可以更改素材的视角。

- 素材 区域：用于定义工件的形状和大小，其包括 ⊙ 左侧主轴 单选项、⊙ 右侧主轴 单选项、 属性... 按钮和 删除 按钮。

  - ☑ ⊙ 左侧主轴 单选项：用于定义主轴在机床左侧。

  - ☑ ⊙ 右侧主轴 单选项：用于定义主轴在机床右侧。

  - ☑ 属性... 按钮：单击此按钮，系统弹出"机床组件管理 – 素材"对话框，此时可以详细定义工件的形状、大小和位置。

  - ☑ 删除 按钮：单击此按钮，系统将删除已经定义的工件等信息。

- 夹头设置 区域：用于定义夹爪的形状和大小，其包括 ⊙ 左侧主轴 单选项、⊙ 右侧主轴 单选项、 属性... 按钮和 删除 按钮。

  - ☑ ⊙ 左侧主轴 单选项：用于定义夹爪在机床左侧。

  - ☑ ⊙ 右侧主轴 单选项：用于定义夹爪在机床右侧。

  - ☑ 属性... 按钮：单击此按钮，系统弹出"机床组件管理-夹爪的设置"对话框，此时可以详细定义夹爪的信息。

  - ☑ 删除 按钮：单击此按钮，系统将删除已经定义的夹爪等信息。

- 尾座设置 区域：用于定义尾座的大小，定义方法同夹爪类似。

- 中间支撑架 区域：用于定义中间支撑架的大小，定义方法同夹爪类似。

- 显示选项 区域：通过选中或取消选中不同的复选框来控制各素材的显示或隐藏。

Step2. 设置工件的形状。在"机器群组属性"对话框 素材 区域中单击 属性... 按钮，系统弹出"机床组件管理 – 素材"对话框，如图 8.2.4 所示。

图 8.2.4 所示的"机床组件管理 – 材料"对话框中各选项的说明如下。

- 图形: 下拉列表：用来设置工件的形状。

- 由两点产生(2)... 按钮：通过选择两个点来定义工件的大小。

- 外径:文本框：通过输入数值定义工件的外径大小或通过单击其后的 选择.. 按钮，在绘图区选取点定义工件的外径大小。

- ☑ 内径 文本框：通过输入数值定义工件的内孔大小或通过单击其后的 选择.. 按钮，在绘图区选取点定义工件的内孔大小。

- 长度:文本框：通过输入数值定义工件的长度或通过单击其后的 选择.. 按钮，在绘图区选取点定义工件的长度。

- 轴向位置 区域：可用于设置 Z 坐标或通过单击其后的 选择.. 按钮，在绘图区选取点定义毛坯一端的位置。

- ☑ 使用边缘 复选框：选中此复选框，可以通过输入沿零件各边缘的延伸量来定义工件。

Mastercam X7
数控加工教程

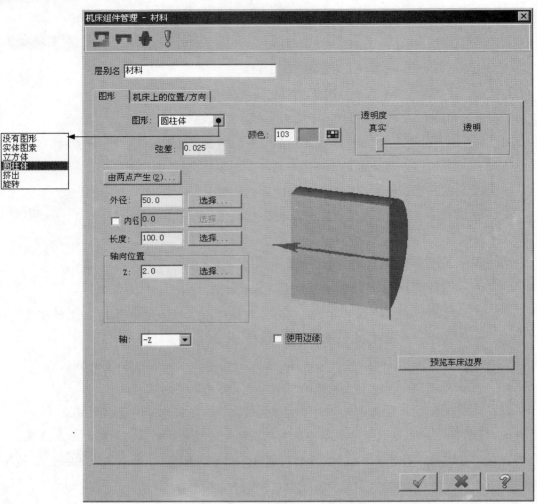

图 8.2.4　"机床组件管理 – 材料"对话框

Step3. 设置工件的尺寸。在"机床组件管理 – 材料"对话框中单击 由两点产生(2)... 按钮，然后在图形区选取图 8.2.5 所示的两点（点 1 为最右段上边竖直直线的下端点，点 2 的位置大致如图所示即可），系统返回到"机床组件管理 – 材料"对话框，在 外径: 文本框中输入值 50.0，在 长度: 文本框中输入值 150.0，在 轴向位置 区域的 Z: 文本框中输入值 2.0，其他参数采用系统默认设置值，单击 预览车床边界 按钮查看工件，如图 8.2.6 所示。按 Enter 键，然后在"机床组件管理 – 材料"对话框中单击 ✓ 按钮，返回到"机器群组属性"对话框。

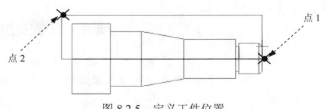

图 8.2.5　定义工件位置

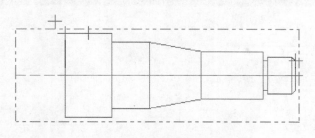

图 8.2.6 预览工件形状和位置

Step4. 设置夹爪的形状。在"机器群组属性"对话框的 夹头设置 区域中单击 属性… 按钮，系统弹出"机床组件管理 - 夹爪的设置"对话框。

Step5. 设置夹爪的尺寸。在"机床组件管理 - 夹爪的设置"对话框中单击 由两点产生 按钮，然后在图形区选取图 8.2.7 所示的两点（两点的位置大致如图所示即可），系统返回到"机床组件管理 - 夹爪的设置"对话框。

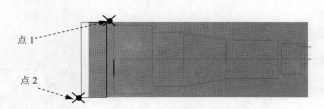

图 8.2.7 定义夹爪位置

Step6. 设置图 8.2.8 所示的参数，单击 预览车床边界 按钮查看夹爪，结果如图 8.2.9 所示。按 Enter 键，然后在"机床组件管理 - 夹爪的设置"对话框中单击 ✓ 按钮，返回到"机器群组属性"对话框。

Step7. 在"机器群组属性"对话框中单击 ✓ 按钮，完成工件和夹爪的设置。

Stage3. 选择加工类型

Step1. 选择下拉菜单 刀具路径(T) ➡ 粗车(R) 命令，系统弹出图 8.2.10 所示的"输入新 NC 名称"对话框，采用系统默认的 NC 名称，单击 ✓ 按钮，系统弹出"串连选项"对话框。

Step2. 定义加工轮廓。在该对话框中单击 ⚙ 按钮，然后在图形区中依次选取图 8.2.11 所示的轮廓线（中心线以上的部分），单击 ✓ 按钮，系统弹出图 8.2.12 所示的"车床粗加工 属性"对话框。

说明：在选取加工轮廓时建议用串联的方式选取加工轮廓，如果用单体的方式选择加工轮廓应保证所选轮廓的方向一致。

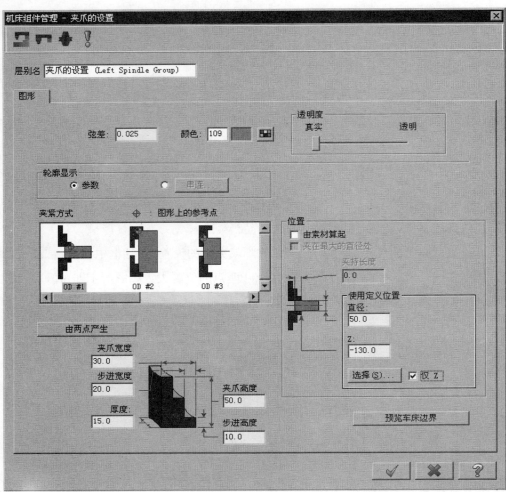

图 8.2.8　"机床组件管理 - 夹爪的设置"对话框

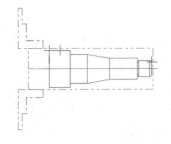

图 8.2.9　预览夹爪形状和位置

图 8.2.10　"输入新 NC 名称"对话框

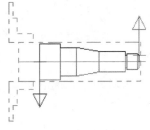

图 8.2.11　选取加工轮廓

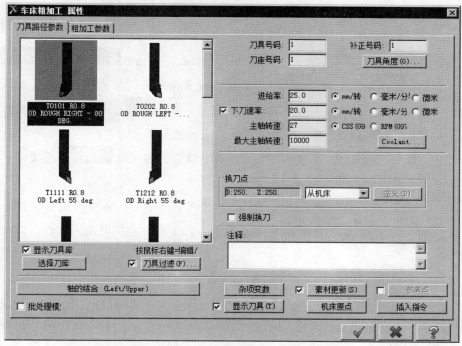

图 8.2.12　"车床粗加工 属性"对话框

图 8.2.12 所示的"车床粗加工 属性"对话框中部分选项的说明如下。

- **显示刀具库** 复选框：用于在刀具显示窗口内显示当前的刀具组。
- **选择刀库** 按钮：用于在刀具库中选取加工刀具。
- **刀具过滤(F)...** 按钮：用于设置刀具过滤的相关选项。
- **刀具号码** 文本框：用于显示程序中的刀具号码。
- **补正号码** 文本框：用于显示每个刀具的补正号码。
- **刀座号码** 文本框：用于显示每个刀具的刀座号码。
- **刀具角度(G)...** 按钮：用于设置刀具进刀、切削以及刀具角度的相关选项。单击此按钮，系统弹出"刀具角度"对话框，用户可以在此对话框中设置相关角度选项。
- **进给率** 文本框：用于定义刀具在切削过程中的进给率值。
- **下刀速率** 文本框：用于定义下刀的速率值。当此文本框前的复选框被选中时，下刀速率文本框及其后的单位设置单选项方可使用，否则下刀速率的相关设置为不可用状态。
- **主轴转速** 文本框：用于定义主轴的转速值。
- **最大主轴转速** 文本框：用于定义用户允许的最大主轴转速值。
- **Coolant...** 按钮：用于选择加工过程中的冷却方式。单击此按钮，系统弹出"Coolant..."对话框，用户可以在此对话框中选择冷却方式。

- 换刀点 区域：该区域包括换刀点的坐标 X:125. Z:250. 、 从机床 ▼ 下拉列表和 定义(D) 按钮。

  - ☑ 从机床 ▼ ：用于选取换刀点的位置，其包括 从机床 选项、使用者定义 选项 和 依照刀具 选项。从机床 选项：用于设置换刀点的位置来自车床，此位置根据 定义的轴结合方式的不同而有所差异。使用者定义 选项：用于设置任意的换刀 点。依照刀具 选项：用于设置换刀点的位置来自刀具。

  - ☑ 定义(D) 按钮：用于定义换刀点的位置。当选择 使用者定义 选项时，此按钮 为激活状态，否则为不可用状态。

- ☑ 强制换刀 复选框：用于设置强制换刀的代码。例如：当使用同一把刀具进行连 续的加工时，可将无效的刀具代码（1000）改为1002，并写入NCI，同时建立新 的连接。

- 注释:文本框：用于添加刀具路径注释。

- 轴的结合 (Left/Upper) 按钮：用于选择轴的结合方式。在加工时， 车床刀具对同一个轴向具有多重的定义时，即可以选择相应的结合方式。

- 杂项变数 按钮：用于设置杂项变数的相关选项。

- 素材更新(S) 按钮：用于设置工件更新的相关选项。当此按钮前的复选框被选中 时方可使用，否则杂项变数的相关设置为不可用状态。

- 参考点 按钮：用于设置备刀的相关选项。当此按钮前的复选框被选中时方 可使用，否则备刀的相关设置为不可用状态。

- ☑ 批处理模: 复选框：用于设置刀具成批次处理。当选中此复选框时，刀具路径会自 动添加到刀具路径管理器中，直到批次处理运行才能生成NCI程序。

- 显示刀具(T) 按钮：用于设置刀具显示的相关选项。

- 机床原点 按钮：用于设置机床原点的相关选项。

- 插入指令... 按钮：用于输入有关的指令。

Stage4. 选择刀具

Step1. 在"车床粗加工 属性"对话框中采用系统默认的刀具，在 进给率: 文本框中输 入值200.0；在 主轴转速: 文本框中输入值800.0，并选中 ◉ RPM 单选项；在 换刀点 下拉列表中选 择 使用者定义 选项，单击 定义(D) 按钮，在弹出的"换刀点-使用者定义"对话框 D: 文本框 中输入值25.0，在 Z: 文本框中输入值25.0。单击该对话框中的 ✓ 按钮，系统返回至"车 床粗加工 属性"对话框，其他参数采用系统默认设置值。

Step2. 设置冷却方式。单击 Coolant... 按钮，系统弹出"Coolant..."对话框，在 Flood （切削液）下拉列表中选择 On 选项，单击该对话框的 ✓ 按钮，关闭"Coolant..."对话框。

Stage5. 设置加工参数

Step1. 设置粗车参数。在"车床粗加工 属性"对话框中单击 粗加工参数 选项卡，设置图 8.2.13 所示的参数。

图 8.2.13 所示的"粗加工参数"选项卡中部分选项的说明如下。

- 重叠量(O) 按钮：当该按钮前的复选框处于选中状态时，该按钮可用。单击此按钮，系统会弹出图 8.2.14 所示的"粗车重叠量参数"对话框，用户可以通过此对话框设置相邻两次粗车之间的重叠距离。

- 粗车步进量：文本框：用于设置每一次切削的深度，若选中 ☑ 等距 复选框则表示将步进量设置为刀具允许的最大切削深度。

- 最后削深度：文本框：用于定义最小切削量。

- X方向预留量：文本框：用于定义粗车结束时工件在 X 方向的剩余量。

- Z方向预留量：文本框：用于定义粗车结束时工件在 Z 方向的剩余量。

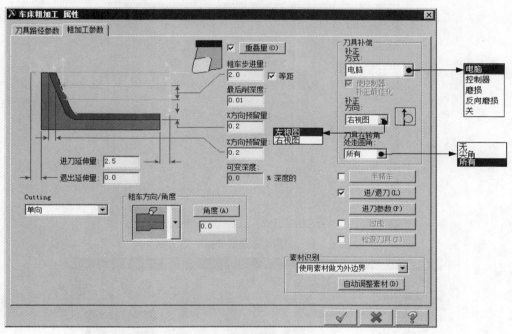

图 8.2.13　"粗加工参数"选项卡

- 可变深度：文本框：用于定义粗车切削深度为比例值。

- 进刀延伸量：文本框：用于定义开始进刀时刀具与工件之间的距离。

- 退出延伸量：文本框：用于定义退刀时刀具与工件之间的距离。

- Cutting 区域：用于定义切削方法，其包括 单向 和 Zig zag straight 、 Zig zag downward 两个单选项。

  - ☑ 单向 单选项：用于设置刀具只在一个方向进行切削。

☑ `Zig zag straight` 选项：用于设置刀具在水平方向进行往复切削，但要注意选择可以双向切削的刀具。

☑ `Zig zag downward` 选项：用于设置刀具在斜向下方向进行往复切削，但要注意选择可以双向切削的刀具。

- `粗车方向/角度` 下拉列表：用于定义粗车的方向和角度。其中包括 、 、 和 选项，单击 `角度(A)` 按钮，系统弹出"粗车角度"对话框，用户可以通过此对话框设置粗车角度。

- `半精车` 按钮：选中此按钮前的复选项可以激活此按钮，单击此按钮，系统弹出"半精车参数"对话框，通过设置半精车参数可以增加一道半精车工序。

- `进/退刀(L)` 按钮：选中此按钮前的复选框可以激活此按钮，单击此按钮，系统弹出图 8.2.15 所示的"进退/刀设置"对话框，其中"进刀"选项卡用于设置进刀刀具路径，"退刀"选项卡用于设置退刀刀具路径。

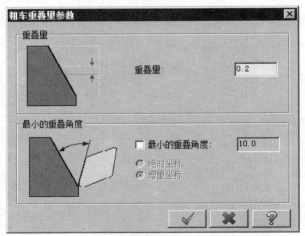

图 8.2.14 "粗车重叠量参数"对话框

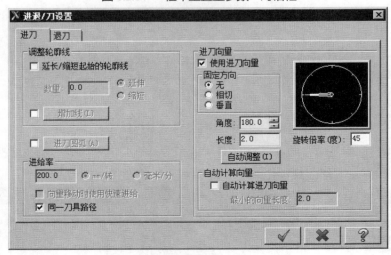

图 8.2.15 "进退/刀设置"对话框

- <u>进刀参数(P)</u> 按钮：单击此按钮，系统弹出图 8.2.16 所示的"进刀的车削参数"对话框，用户可以通过此对话框对进刀的切削参数进行设置。

- <u>过滤…</u> 按钮：用于设置除去加工中不必要的刀具路径。当该按钮前的复选框被选中时方可使用，否则此按钮为不可用状态。单击此按钮，系统弹出"Filter settings"（过滤设置）对话框，用户可以在此对话框中对过滤设置的相关选项进行设置。

- 素材识别 下拉列表：用于定义调整工件去除部分的方式，其包括残留材料选项、使用素材做为外边界选项、延伸素材到单一外形选项和无法识别素材选项。

  - ☑ 残留材料选项：用于设置工件是上一个加工操作后的剩余部分。

  - ☑ 使用素材做为外边界选项：用于定义工件的边界为外边界。

  - ☑ 延伸素材到单一外形选项：用于把串联的轮廓线性延伸至工件边界。

  - ☑ 无法识别素材选项：用于设置不使用上述选项。

- <u>自动调整素材(D)</u> 按钮：用于调整粗加工时的去除部分。

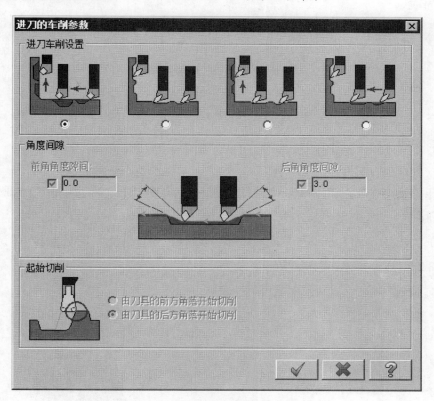

图 8.2.16 "进刀的车削参数"对话框

Step2. 单击"车床粗加工 属性"对话框中的 ✓ 按钮，完成参数的设置，此时系统将自动生成图 8.2.17 所示的刀具路径。

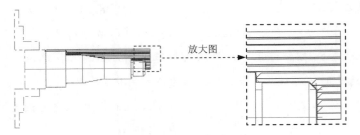

图 8.2.17　刀具路径

Stage6. 加工仿真

Step1. 路径模拟。

（1）在"操作管理"中单击 ![] 刀具路径 - 11.6K - ROUGH_LATHE.NC - 程序号码 0 节点，系统弹出图 8.2.18 所示的"路径模拟"对话框及"路径模拟控制"操控板。

图 8.2.18　"路径模拟"对话框

（2）在"路径模拟控制"操控板中单击 ▶ 按钮，系统将开始对刀具路径进行模拟，结果与图 8.2.17 所示的刀具路径相同，在"路径模拟"对话框中单击 ✓ 按钮。

Step2. 实体切削验证。

（1）在"操作管理"的 刀具路径管理器 选项卡中单击 ✓ 按钮，然后单击"验证已选择的操作"按钮 ，系统弹出图 8.2.19 所示的"Mastercam Simulator"对话框。

（2）在"Mastercam Simulator"对话框中单击 ▶ 按钮，系统将开始进行实体切削仿真，结果如图 8.2.20 所示，单击 X 按钮。

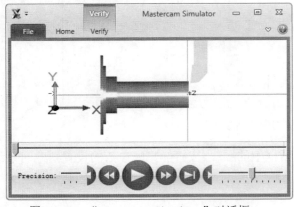

图 8.2.19　"Mastercam Simulator"对话框

图 8.2.20　仿真结果

Step3. 保存加工结果。选择下拉菜单 文件(F) ➡ 保存(S)命令，即可保存加工结果。

8.3 精车加工

精车加工与粗车加工基本相同，也是用于切除工件外形外侧、内侧或端面的粗加工留下来的多余材料。精车加工与其他车削加工方法相同，也要在绘图区域选择线串来定义加工边界。下面以图8.3.1所示的模型为例讲解精车加工的一般操作过程。

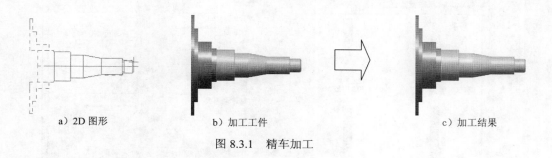

a）2D图形   b）加工工件   c）加工结果

图 8.3.1　精车加工

Stage1. 进入加工环境

Step1. 打开文件 D:\mcx7.1\work\ch08.03\FINISH_LATHE.MCX-7，模型如图 8.3.2 所示。

Step2. 隐藏刀具路径。在 刀具路径管理器 选项卡中单击 ✔ 按钮，再单击 ≈ 按钮，将已存的刀具路径隐藏。

Stage2. 选择加工类型

Step1. 选择下拉菜单 刀具路径(T) ➡ 精车(F)命令，系统弹出"串连选项"对话框。

Step2. 定义加工轮廓。在该对话框中单击 ⊙⊙⊙ 按钮，然后在图形区中依次选取图 8.3.3 所示的轮廓线（中心线以上的部分），单击 ✔ 按钮，系统弹出图8.3.4所示的"车床-精车 属性"对话框。

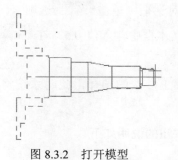

图 8.3.2　打开模型

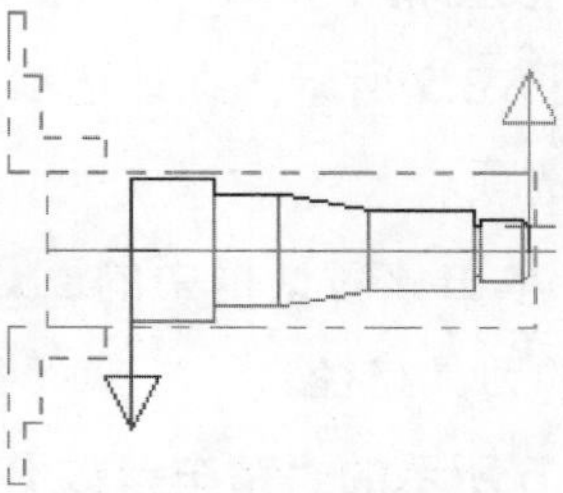

图 8.3.3　选取加工轮廓

Stage3. 选择刀具

Step1. 在"车床-精车 属性"对话框中选择"T2121 R0.8 OD FINISH RIGHT"刀具，在 进给率 文本框中输入值 2.0；在 主轴转速 文本框中输入值 1200.0，并选中 ⊙ RPM 单选项；在 机床原点 下拉列表中选择 自定义视角 选项，单击 自定义(D) 按钮，在系统弹出的"换刀点-使用者定义"对话框 X: 文本框中输入值 25.0，Z: 文本框中输入值 25.0，单击该对话框的 ✔ 按钮，返回到"车床-精车 属性"对话框，其他参数采用系统默认设置值。

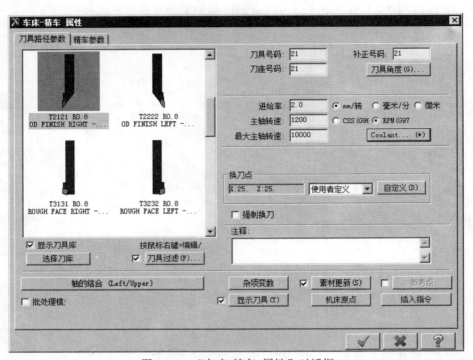

图 8.3.4 "车床-精车 属性"对话框

Step2. 设置冷却方式。单击 Coolant... 按钮，系统弹出"Coolant..."对话框，在 Flood（切削液）下拉列表中选择 On 选项，单击该对话框中的 ✔ 按钮，关闭"Coolant..."对话框。

Stage4. 设置加工参数

Step1. 设置精车参数。在"车床-精车 属性"对话框中单击 精车参数 选项卡，"精车参数"选项卡如图 8.3.5 所示，在该选项卡的 精修步进量 文本框中输入值 0.5，在 处走圆角 下拉列表中选择 无 选项。

Step2. 单击该对话框中的 ✔ 按钮，完成加工参数的选择，此时系统将自动生成图 8.3.6 所示的刀具路径。

图 8.3.5 所示的"精车参数"选项卡中部分按钮的说明如下。

● **精车次数**: 文本框: 用于定义精修的次数。如果精修次数大于 1，并且**方式**为电脑，则系统将根据电脑的刀具补偿参数来决定补正方向；如果**方式**为控制器，则系统将根据控制器来决定补正方向；如果**方式**为关，则**补正方向**为未知的，且每次精修刀路将为同一个路径。

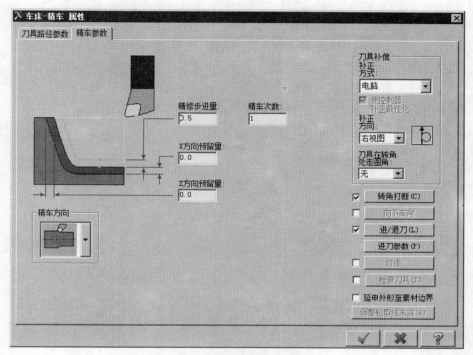

图 8.3.5 "精车参数"选项卡

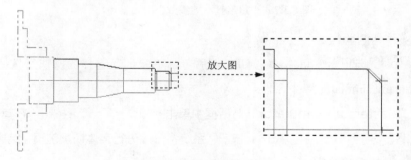

图 8.3.6 刀具路径

● **转角打断(C)** 按钮: 用于设置在外部所有转角处打断原有的刀具路径，并自动创建圆弧或斜角过渡。当该按钮前的复选框处于选中状态时，该按钮可用，单击该按钮后，系统弹出图 8.3.7 所示的"角落打断的参数"对话框，用户可以对角落打断的参数进行设置。

Stage5. 加工仿真

Step1. 路径模拟。

（1）在"操作管理"中单击 ≋ 刀具路径 - 5.6K - ROUGH_LATHE.NC - 程序号码 0 节点，系统弹出"路径模拟"对话框及"路径模拟控制"操控板。

（2）在"路径模拟控制"操控板中单击 ▶ 按钮，系统将开始对刀具路径进行模拟，结果与图8.3.6所示的刀具路径相同，在"路径模拟"对话框中单击 ✓ 按钮。

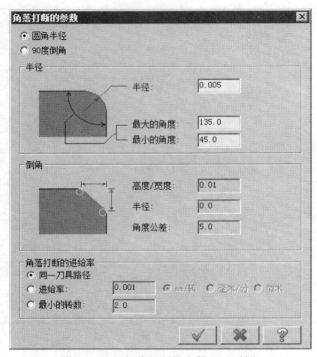

图8.3.7　"角落打断的参数"对话框

Step2. 实体切削验证。

（1）在 刀具路径 选项卡中单击 ✓ 按钮，然后单击"验证已选择的操作"按钮 ⬡，系统弹出"Mastercam Simulator"对话框。

（2）在"Mastercam Simulator"对话框中单击 ● Stop Conditions ▾ 按钮，在其下拉菜单中选择 √ Collision 命令，单击 ▶ 按钮，系统将开始进行实体切削仿真，结果如图8.3.8所示，单击 X 按钮。

图8.3.8　仿真结果

Step3. 保存加工结果。选择下拉菜单 文件(F) ➡ 🖫 保存(S) 命令，即可保存加工结果。

8.4 径 向 车 削

径向车削用于加工垂直于车床主轴方向或者端面方向的凹槽。在径向加工命令中，其加工几何模型的选择以及参数设置均与前面介绍的有所不同。下面以图 8.4.1 所示的模型为例讲解径向车削加工的一般操作过程。

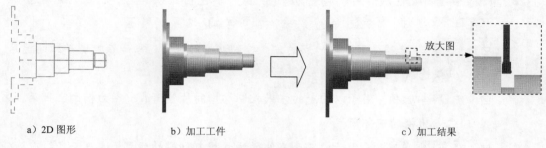

a）2D 图形　　　　b）加工工件　　　　c）加工结果

图 8.4.1　径向车削

Stage1. 进入加工环境

Step1. 打开文件 D:\mcx7.1\work\ch08.04\GROOVE_LATHE.MCX-7，模型如图 8.4.2 所示。

Step2. 隐藏刀具路径。在 刀具路径管理器 选项卡中单击 ✓ 按钮，再单击 ≋ 按钮，将已存的刀具路径隐藏。

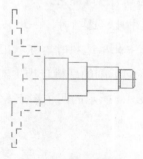

图 8.4.2　打开模型

Stage2. 选择加工类型

Step1. 选择下拉菜单 刀具路径(T) ➡ ⬜ 径向车(G) 命令，系统弹出图 8.4.3 所示的"径向车削的切槽选项"对话框。

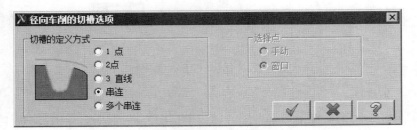

图 8.4.3　"径向车削的切槽选项"对话框

图 8.4.3 所示的"径向车削的切槽选项"对话框各选项的说明如下。

- **切槽的定义方式** 区域：用于定义切槽的方式，其包括⚬1 点 单选项、⦿2点 单选项、⦿3 直线 单选项、串连 单选项和 多个串连 单选项。

  ☑ ⚬1 点 单选项：用于以一点的方式控制切槽的位置，每一点控制单独的槽角。如果选取了两个点，则加工两个槽。

  ☑ ⦿2点 单选项：用于以两点的方式控制切槽的位置，第一点为槽的上部角，第二点为槽的下部角。

  ☑ ⦿3 直线 单选项：用于以三条直线的方式控制切槽的位置，这三条直线应为矩形的三条边线，第一条和第三条平行且相等。

  ☑ ⦿串连 单选项：用于以内/外边界的方式控制切槽的位置及形状。当选中此单选项时，定义的外边界必须延伸并经过内边界的两个端点，否则将产生错误的信息。

  ☑ ⦿多个串连 单选项：用于以多条串连的边界控制切槽的位置。

- **选择点** 区域：用于定义选择点的方式，其包括 手动 单选项和 窗口 单选项。此区域仅当 切槽的定义方式 为⚬1 点 时可用。

  ☑ ⦿手动 单选项：当选中此单选项时，一次只能选择一点。

  ☑ ⦿窗口 单选项：当选中此单选项时，可以框选在定义的矩形边界以内的点。

Step2. 定义加工轮廓。在"径向车削的切槽选项"对话框中选中⦿2点 单选项，单击✓按钮，在图形区依次选择图 8.4.4 所示的两个端点，然后按 Enter 键，系统弹出图 8.4.5所示的"车床-径向粗车 属性"对话框。

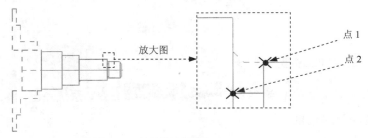

图 8.4.4　定义加工轮廓

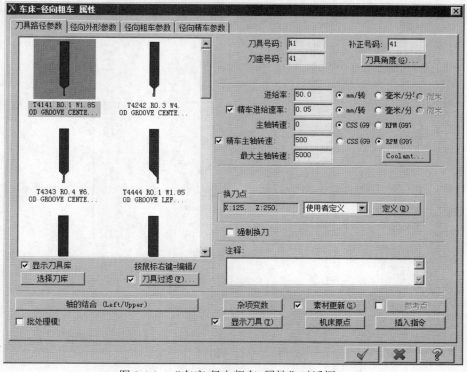

图 8.4.5 "车床-径向粗车 属性"对话框

Stage3. 选择刀具

Step1. 在"车床-径向粗车 属性"对话框中双击系统默认选中的刀具，系统弹出"定义刀具-机床群组-1"对话框，设置刀片参数如图 8.4.6 所示。

图 8.4.6 所示的"定义刀具-机床群组-1"对话框中各按钮的说明如下。

- 选择目录(E) 按钮：通过指定目录选择已存在的刀具。

- 取得刀片(G) 按钮：单击此按钮，系统弹出"径向车削/截断的刀把"对话框，在其列表框中可以选择不同序号来指定刀片。

- 保存刀片(S) 按钮：单击此按钮，可以保存当前的刀片类型。

- 删除刀片(D) 按钮：单击此按钮，系统弹出"径向车削/截断的刀把"对话框，可以选中其列表框中的刀把进行删除。

- 刀片名称 文本框：用于定义刀片的名称。

- 刀片材质 下拉列表：用于选择刀片的材质，系统提供了 硬质合金 、金属陶瓷 、陶瓷 、烧结体 、钻石 和 未知 六个选项。

- 刀片厚度 文本框：用于指定刀片的厚度。

- 将保存到刀库... 按钮：将当前设定的刀具保存在指定的刀库中。

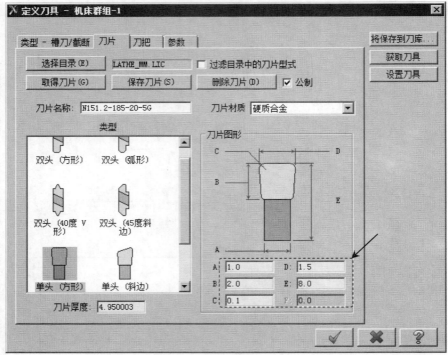

图 8.4.6 "定义刀具 – 机床群组–1"对话框

- 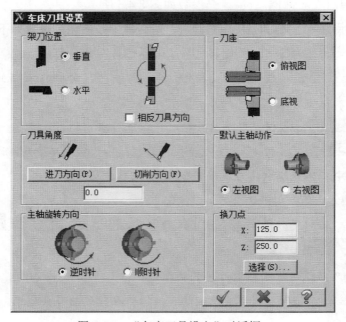【获取刀具】按钮：单击此按钮，在图形区显示刀具形状。

- 【设置刀具】按钮：单击此按钮，系统弹出图 8.4.7 所示的"车床刀具设定"对话框，用于设定刀具的物理方位和方向等。

图 8.4.7 "车床刀具设定"对话框

Step2. 在"定义刀具"对话框中单击 刀把 选项卡，设置参数如图 8.4.8 所示。

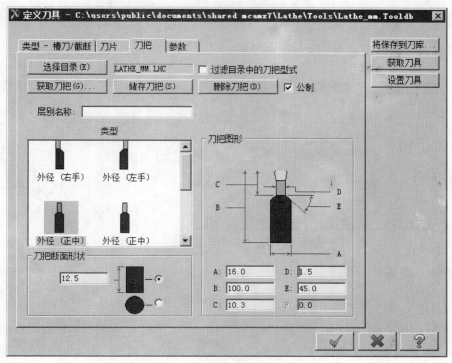

图 8.4.8　"刀把"选项卡

Step3. 在"定义刀具"对话框中单击 参数 选项卡，如图 8.4.9 所示，在 主轴转速: 文本框中输入值 500.0，并选中 ⊙ RPM 单选项，单击 ✓ 按钮，返回至"车床-径向粗车 属性"对话框。

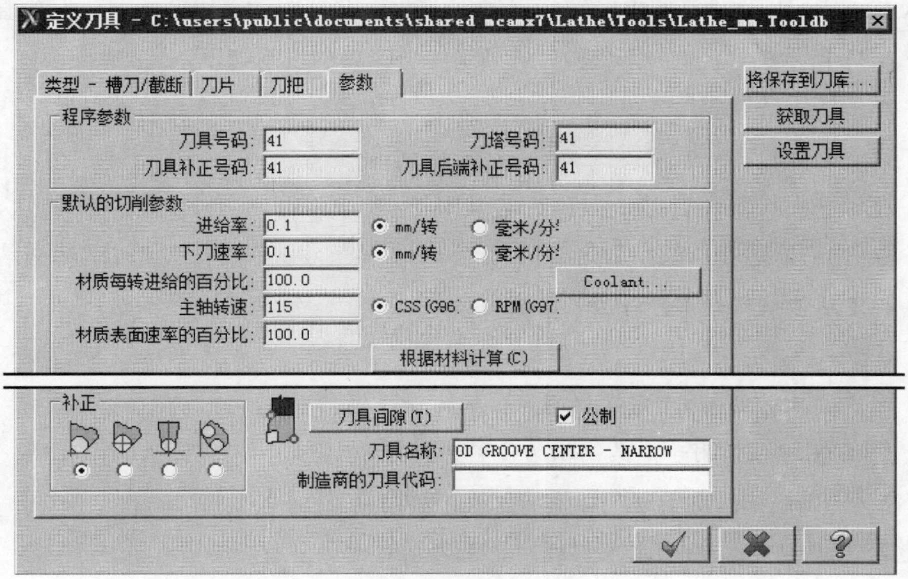

图 8.4.9　"参数"选项卡

图 8.4.9 所示的"参数"选项卡中部分按钮的说明如下。

- 刀具间隙(T) 按钮：单击此按钮，系统弹出"车刀的间隙设定"对话框，如图 8.4.10 所示，同时在图形区显示刀具。在"车刀的间隙设定"对话框中修改刀具参数，可以在图形区看到刀具动态的变化。

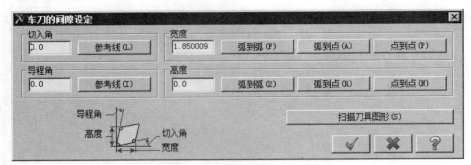

图 8.4.10 "车刀的间隙设定"对话框

Stage4. 设置加工参数

Step1. 在"车床-径向粗车 属性"对话框 进给率: 后的文本框中输入值 3.0；在 主轴转速 后的文本框中输入值 700.0，并选中 ⊙ RPM 单选项；单击 Coolant... 按钮，系统弹出 "Coolant..."对话框，在 Flood 下拉列表中选择 On 选项，单击该对话框中的 ✓ 按钮，关闭"Coolant..."对话框，在 从机床 ▼ 下拉列表中选择 使用者定义 选项，单击 自定义(D) 按钮，在系统弹出的"换刀点-使用者定义"对话框 X: 文本框中输入值 25.0，Z: 文本框中输入值 25.0，单击 ✓ 按钮。

Step2. 在"车床-径向粗车 属性"对话框单击 径向外形参数 选项卡，"径向外形参数"界面如图 8.4.11 所示，选中 ☑ 使用素材做为外边界 复选框，其他参数采用系统默认设置值。

图 8.4.11 所示的"径向外形参数"选项卡中各选项的说明如下。

- ☑ 使用素材做为外边界 复选框：用于开启延伸切槽到工件外边界的类型区域。当选中该复选框时，延伸切槽到素材边界 区域可以使用。

- 延伸切槽到素材边界 区域：用于定义延伸切槽到工件外边界的类型，包括 ⊙ 与切槽的角度平径 单选项和 ⊙ 与切槽的壁边相切 单选项，用户可以通过这两个单选项来指定延伸切槽到工件外边界的类型。

- 角度: 文本框：用于定义切槽的角度。

- 外径(D) 按钮：用于定义切槽的位置为外径槽。

- 内径(I) 按钮：用于定义切槽的位置为内径槽。

- 平面铣(A) 按钮：用于定义切槽的位置为端面槽。

- 后视(B) 按钮：用于定义切槽的位置为背面槽。

- 进刀方向(F) 按钮：用于定义进刀方向。单击此按钮，然后在图形区选取一条直线为切槽的进刀方向。

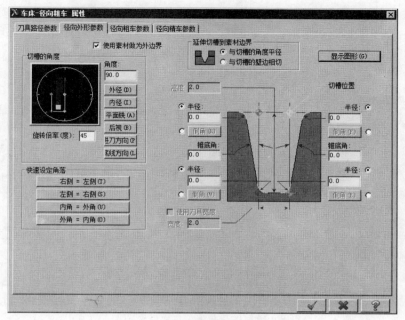

图 8.4.11 "径向外形参数"选项卡

- 基线方向(L) 按钮：用于定义切槽的底线方向。单击此按钮，然后在图形区选择一条直线为切槽的底线方向。

- 旋转倍率(度)文本框：用于定义每次旋转倍率基数的角度值。用户可以在文本框中输入某个数值，然后通过单击此文本框上方的角度盘上的位置来定义切槽的角度，系统会以定义的数值的倍数来确定相应的角度。

- 右侧 = 左侧(T) 按钮：用于指定切槽右边的参数与左边相同。

- 左侧 = 右侧(S) 按钮：用于指定切槽左边的参数与右边相同。

- 内角 = 外角(U) 按钮：用于指定切槽内角的参数与外角相同。

- 外角 = 内角(O) 按钮：用于指定切槽外角的参数与内角相同。

Step3. 在"车床-径向粗车 属性"对话框单击 径向粗车参数 选项卡，切换到"径向粗车参数"界面，参数设置如图 8.4.12 所示。

图 8.4.12 所示的"径向粗车参数"选项卡中各选项的说明如下。

- ☑ 粗车 复选框：用于创建粗车切槽的刀具路径。

- 素材的安全间隙 文本框：用于定义每次切削时刀具退刀位置与槽之间的高度。

- 粗切量：下拉列表：用于定义进刀量的方式，其包括 切削次数 选项、步近量 选项和 刀具宽度的百分比 选项。用户可以在其下的文本框中输入粗切量的值。

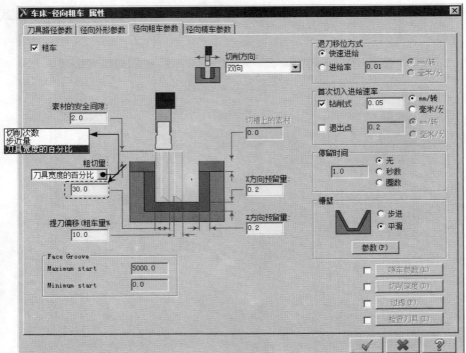

图 8.4.12 "径向粗车参数"选项卡

- **提刀偏移(粗车量%)** 文本框：用于定义退刀前刀具离开槽壁的距离。
- **退刀移位方式** 区域：用于定义退刀的方式，其包括 **⊙快速进给** 单选项和 **⊙进给率** 单选项。
  - ☑ **⊙快速进给** 单选项：该单选项用于定义以快速移动的方式退刀。
  - ☑ **⊙进给率** 单选项：用于定义以进给率的方式退刀。
- **停留时间** 区域：用于定义刀具在凹槽底部的停留时间，包括 **⊙无**、**⊙秒数** 和 **⊙圈数** 三个选项。
  - ☑ **⊙无** 单选项：用于定义刀具在凹槽底部不停留直接退刀。
  - ☑ **⊙秒数** 单选项：用于定义刀具以时间为单位的停留方式。用户可以在 **停留时间** 区域的文本框中输入相应的值来定义停留的时间。
  - ☑ **⊙圈数** 单选项：用于定义刀具以转数为单位的停留方式。用户可以在 **停留时间** 区域的文本框中输入相应的值来定义停留的转数。
- **槽壁** 区域：用于设置当切槽方式为斜壁时的加工方式，其包括 **⊙步进** 和 **⊙平滑** 两个选项。
  - ☑ **⊙步进** 单选项：用于设置以台阶的方式加工侧壁。
  - ☑ **⊙平滑** 单选项：用于设置以平滑的方式加工侧壁。
  - ☑ **参数(P)** 按钮：用于设置平滑加工侧壁的相关参数。当选中 **⊙平滑** 单选项时激活该按钮。单击此按钮，系统弹出图 8.4.13 所示的"槽壁的平滑设定"对

话框，用户可以对该对话框中的参数进行设置。

● ⬛ 啄车参数(K) 按钮：用于设置啄车的相关参数。当选中此按钮前的复选框时，该按钮被激活。单击此按钮，系统弹出图 8.4.14 所示的"**啄车参数**"对话框，用户可以在"**啄车参数**"对话框中对啄车的相关参数进行设置。

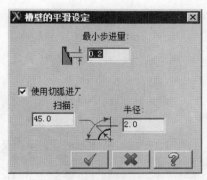

图 8.4.13 "槽壁的平滑设定"对话框

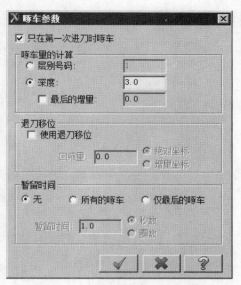

图 8.4.14 "啄车参数"对话框

● ⬛ 切削深度(D) 按钮：当切削的厚度较大，并需要得到光滑的表面时，用户需要采用分层切削的方法进行加工。选中 ⬛ 切削深度(D) 前的复选框，单击此按钮，系统弹出图 8.4.15 所示的"**切槽的分层切深设定**"对话框，用户可以通过该对话框对分层加工进行设置。

● ⬛ 过虑(F)... 按钮：用于设置除去精加工时不必要的刀具路径。除去精加工时不必要的刀具路径的相关设置。选中 ⬛ 过虑(F)... 前的复选框，单击此按钮，系统弹出图 8.4.16 所示的"**过滤设置**"对话框，用户可以通过该对话框对程序过滤的相关参数进行设置。

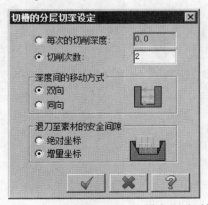

图 8.4.15 "切槽的分层切深设定"对话框

图 8.4.16 "过虑设置"对话框

Step4. 在"车床-径向粗车 属性"对话框单击 径向精车参数 选项卡，切换到"径向精车参数"界面，如图 8.4.17 所示，单击 进刀(L) 按钮，系统弹出"进刀"对话框，如图 8.4.18 所示。在 第一个路径引入 选项卡 固定方向 区域选中 相切 单选项；单击 第二个路径引入 选项卡，在 固定方向 区域选中 垂直 单选项，单击"进刀"对话框中的 按钮，关闭"进刀"对话框。

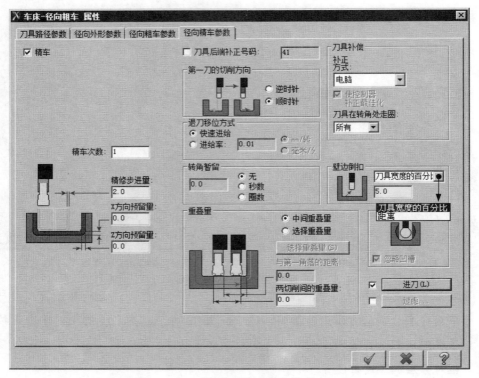

图 8.4.17 "径向精车参数"选项卡

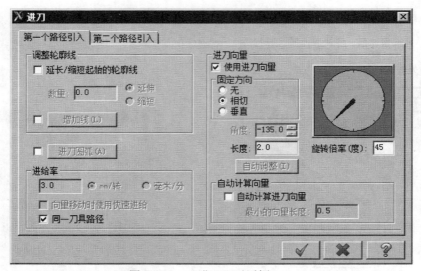

图 8.4.18 "进刀"对话框

图 8.4.17 所示的"径向精车参数"选项卡中部分选项的说明如下。

- ☑ 精车 复选框：用于创建精车切槽的刀具路径。

- ☑ 刀具后端补正号码 复选框：用于设置刀背补正号码。当在切槽的精加工过程中出现用刀背切削时，就需要选中此复选框并设置刀具补偿的号码。

- 第一刀的切削方向 区域：用于定义第一刀的切削方向，其包括 ⊙ 顺时针 和 ⊙ 逆时针 两个单选项。

- 重叠量 区域：用于定义切削时的重叠量，其包括 选择重叠量(S) 按钮、与第一角落的距离 文本框和 两切削间的重叠量 文本框。

  - ☑ 选择重叠量(S) 按钮：用于在绘图区直接定义第一次精加工终止的刀具位置和第二次精加工终止的刀具位置，系统将自动计算出刀具与第一角落的距离值和两切削间的重叠量。

  - ☑ 与第一角落的距离 文本框：用于定义第一次精加工终止的刀具位置与第一角落的距离值。

  - ☑ 两切削间的重叠量 文本框：用于定义两次精加工的刀具重叠量值。

- 壁边倒扣 区域的下拉列表：用于设置退刀前离开槽壁的距离方式。

  - ☑ 刀具宽度的百分比 选项：该选项表示以刀具宽度的定义百分比的方式确定退刀的距离，可以通过其下的文本框指定退刀距离。

  - ☑ 距离 选项：该选项表示以值的方式确定退刀的距离，可以通过其下的文本框指定退刀距离。

图 8.4.18 所示的"进刀"对话框中部分选项的说明如下。

- 调整轮廓线 区域：用于设置起始端的轮廓线，其包括 ☑ 延长/缩短起始的轮廓线 复选框、数量 文本框、⊙ 延伸 单选项、⊙ 缩短 单选项和 增加线(L) 按钮。

  - ☑ ☑ 延长/缩短起始的轮廓线 复选框：用于设置延伸/缩短现有的起始轮廓线刀具路径。

  - ☑ ⊙ 延伸 单选项：用于设置起始端轮廓线的类型为延伸现有的起始端刀具路径。

  - ☑ ⊙ 缩短 单选项：用于设置起始端轮廓线的类型为缩短现有的起始端刀具路径。

  - ☑ 数量 文本框：用于定义延伸或缩短的起始端刀具路径长度值。

  - ☑ 增加线(L) 按钮：用于在现有的刀具路径的起始端前创建一段进刀路径。当此按钮前的复选框处于选中状态时，该按钮可用。单击此按钮，系统弹出图 8.4.19 所示的"新建轮廓线"对话框，用户可以通过此对话框来设置新轮廓线的长度和角度，或者通过单击"新建轮廓线"对话框中的 自定义(D) 按钮选取起始端的新轮廓线。

● <u>进刀圆弧(A)</u> 按钮：用于在每次刀具路径的开始位置添加一段进刀圆弧。当此按钮前的复选框处于选中状态时，该按钮可用。单击此按钮，系统弹出图 8.4.20 所示的"进刀/退出圆弧"对话框，用户可以通过此对话框来设置进刀/退出圆弧的扫描角度和半径。

图 8.4.19 "新建轮廓线"对话框

图 8.4.20 "进刀/退出圆弧"对话框

● <u>进给率</u> 区域：用于设置圆弧处的进给率，其包括 <u>进给率</u> 区域的文本框、<u>☑向量移动时使用快速进给</u> 复选框和 <u>☑同一刀具路径</u> 复选框。

☑ <u>进给率</u>区域的文本框：用于指定圆弧处的进给率。

☑ <u>☑向量移动时使用快速进给</u> 复选框：用于设置在刀具路径的起始端采用快速移动的进刀方式。如果原有的进刀向量分别由 X 轴和 Z 轴的向量组成，则刀具路径不会改变，保持原有的刀具路径。

☑ <u>☑同一刀具路径</u> 复选框：用于设置在刀具路径的起始端采用与现有的刀具路径进给率相同的进刀方式。

● <u>进刀向量</u> 区域：用于对进刀向量的相关参数进行设置，其包括 <u>☑使用进刀向量</u> 复选框、<u>固定方向</u> 区域、<u>角度:</u> 文本框、<u>长度:</u> 文本框、<u>自动调整(I)</u> 按钮和 <u>自动计算向量</u> 区域。

☑ <u>☑使用进刀向量</u> 复选框：用于在进刀圆弧前创建一个进刀向量，进刀向量是由长度和角度控制的。

☑ <u>固定方向</u> 区域：用于设置进刀向量的方向，其包括 ⊙<u>无</u>单选项、⊙<u>相切</u>单选项和 ⊙<u>垂直</u>单选项。

☑ <u>角度:</u>文本框：用于定义进刀向量的角度。当进刀向量方向为 ⊙<u>无</u>的时候，此文本框为可用状态。用户可以在其后的文本框中输入值来定义进刀方向的角度。

☑ <u>长度:</u>文本框：用于定义进刀向量的长度。用户可以在其后的文本框中输入值来定义进刀方向的长度。

☑ <u>自动调整(I)</u> 按钮：用于根据现有的进刀路径自动调整进刀向量的参数。当进刀向量方向为 ⊙<u>无</u>的时候，此文本框为可用状态。

☑ <u>自动计算向量</u> 区域：用于自动计算进刀向量的长度，该长度将根据工件、夹爪和模型的相关参数进行计算。此区域包括 ☑ 自动计算进刀向量 复选框和 最小的向量长度 文本框。当选中 ☑ 自动计算进刀向量 复选框时，最小的向量长度 文本框处于激活状态，用户可以在其文本框中输入一个最小的进刀向量长度值。

Step5. 在"车床-径向粗车 属性"对话框中单击 ☑ 按钮，完成加工参数的选择，此时系统将自动生成图 8.4.21 所示的刀具路径。

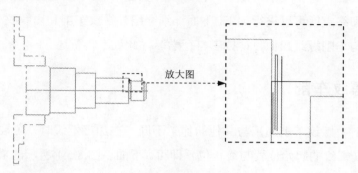

图 8.4.21 刀具路径

Stage5. 加工仿真

Step1. 路径模拟。

（1） 在"操作管理"中单击 ≋ 刀具路径 - 15.2K - GROOVE_LATHE.NC - 程序号码 0 节点，系统弹出"路径模拟"对话框及"路径模拟控制"操控板。

（2） 在"路径模拟控制"操控板中单击 ▶ 按钮，系统将开始对刀具路径进行模拟，在"路径模拟"对话框中单击 ☑ 按钮。

Step2. 实体切削验证。

（1） 在 刀具路径管理器 选项卡中单击 ✓ 按钮，然后单击"验证已选择的操作"按钮 ⬡，系统弹出"Mastercam Simulator"对话框。

（2） 在"Mastercam Simulator"对话框中单击 ● Stop Conditions ▾ 按钮，在其下拉菜单中选择 ✓ Collision 命令，单击 ▶ 按钮，系统将开始进行实体切削仿真，结果如图 8.4.22 所示，单击 X 按钮。

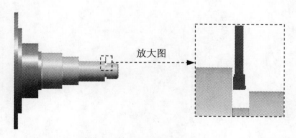

图 8.4.22 仿真结果

Step3. 保存加工结果。选择下拉菜单 文件(F) ➡ 🖫 保存(S) 命令，即可保存加工结果。

8.5　车螺纹刀具路径

车螺纹刀具路径包括车削外螺纹、内螺纹和螺旋槽等，在设置加工参数时，只要指定了螺纹的起点和终点就可以进行加工。下面详细介绍外螺纹车削和内螺纹车削的加工过程，而螺旋槽车削与车削螺纹相似，请读者自行学习，此处不再赘述。

8.5.1　外螺纹车削

Mastercam 中螺纹车削加工与其他的加工不同，在加工螺纹时不需要选取加工的几何模型，只需定义螺纹的起始位置与终止位置即可。下面以图 8.5.1 所示的模型为例讲解外螺纹切削加工的一般过程，其操作步骤如下。

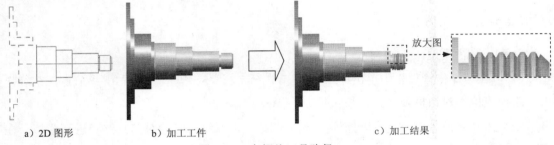

a）2D 图形　　　　b）加工工件　　　　　　　　c）加工结果

图 8.5.1　车螺纹刀具路径

Stage1．进入加工环境

Step1．打开文件 D:\mcx7.1\work\ch08.05.01\THREAD_OD_LATHE.MCX-7，模型如图 8.5.2 所示。

Step2．隐藏刀具路径。在 刀具路径管理器 选项卡中单击 ✔ 按钮，再单击 ≋ 按钮，将已存的刀具路径隐藏。

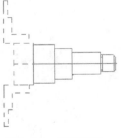

图 8.5.2　打开模型

Stage2. 选择加工类型

选择下拉菜单 刀具路径(T) ➡ 车螺纹(T) 命令，系统弹出图 8.5.3 所示的"车床-车螺纹 属性"对话框。

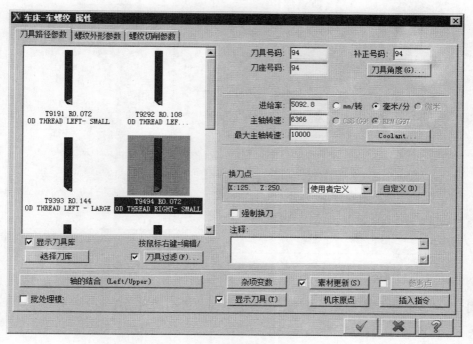

图 8.5.3 "车床-车螺纹 属性"对话框

Stage3. 选择刀具

Step1. 设置刀具参数。选取图 8.5.3 所示的"T9494 R0.072 OD THREAD RIGHT-SMALL"刀具，在"车床-车螺纹 属性"对话框 进给率: 文本框中输入值 100.0。

Step2. 设置冷却方式。单击 Coolant... 按钮，系统弹出"Coolant..."对话框，在 Flood 下拉列表中选择 On 选项，单击该对话框中的 ✓ 按钮，关闭"Coolant..."对话框。

Step3. 设置刀具路径参数。在 换刀点 下拉列表中选择 使用者定义 选项，单击 自定义(D) 按钮，在系统弹出的"换刀点-使用者定义"对话框 X: 文本框中输入值 25.0，Z: 文本框中输入值 25.0，单击该对话框中的 ✓ 按钮，返回至"车床-车螺纹 属性"对话框，其他参数采用系统默认设置值。

Stage4. 设置加工参数

Step1. 在"车床-车螺纹 属性"对话框中单击 螺纹外形参数 选项卡，切换到图 8.5.4 所示的"螺纹外形参数"界面。

Mastercam X7
数控加工教程

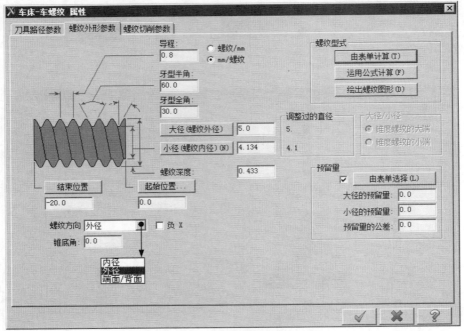

图 8.5.4 "螺纹外形参数"选项卡

图 8.5.4 所示的"螺纹外形参数"选项卡中部分选项的说明如下。

- **结束位置** 按钮：单击此按钮，可以在图形区选取螺纹的结束位置。
- **起始位置** 按钮：单击此按钮，可以在图形区选取螺纹的起始位置。
- **螺纹方向** 下拉列表：用于定义螺纹所在位置，包括 **内径**、**外径** 和 **端面/背面** 三个选项。
- **□ 负 X** 复选框：用于设置当在 X 轴负向车削时，显示螺纹。
- **锥底角** 文本框：用于定义螺纹的圆锥角度。如果指定的值为正值，即从螺纹开始到螺纹尾部，螺纹的直径将逐渐增加；如果指定的值为负值，即从螺纹的开始到螺纹的尾部，螺纹的直径将逐渐减小；如果用户直接在绘图区选取了螺纹的起始位置和结束位置，则系统会自动计算角度并显示在此文本框中。
- **由表单计算(T)** 按钮：单击此按钮，系统弹出"螺纹表格"对话框，通过此对话框可以选择螺纹的类型和规格。
- **运用公式计算(F)** 按钮：单击此按钮，系统弹出"运用公式计算螺纹"对话框，如图 8.5.5 所示，用户可以通过此对话框对计算螺纹公式及相关设置进行定义。
- **绘出螺纹图形(D)** 按钮：单击此按钮后可以在图形区绘制所需的螺纹。
- **预留量** 区域：用于定义切削的预留量，其包括 **由表单选择(L)** 按钮、**大径的预留量** 文本框、**小径的预留量** 文本框和 **预留量的公差** 文本框。

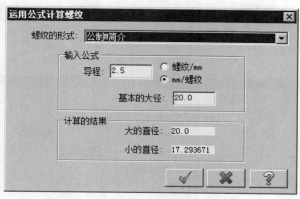

图 8.5.5 "运用公式计算螺纹"对话框

- ☑ 由表单选择(L) 按钮：单击此按钮，系统弹出"Allowance Table"对话框，通过此对话框可以选择不同螺纹类型的预留量。当选中此按钮前的复选框时，该按钮可用。

- ☑ 大径的预留量:文本框：用于定义螺纹外径的加工预留量。当 螺纹方向 为 端面/背面 时，此文本框不可用。

- ☑ 小径的预留量:文本框：用于定义螺纹内径的加工预留量。当 螺纹方向 为 端面/背面 时，此文本框不可用。

- ☑ 预留量的公差:文本框：用于定义螺纹外径和内径的加工公差。当 螺纹方向 为 端面/背面 时，此文本框不可用。

Step2. 设置螺纹形式的参数选项卡。在"螺纹外形参数"选项卡中单击 起始位置... 按钮，然后在图形中选取图 8.5.6 所示的点 1（最右端竖直线的上端点）作为起始位置；单击 结束位置 按钮，然后在图形区选取图 8.5.6 所示的点 2（水平直线的右端点）作为结束位置；单击 大径(螺纹外径) 按钮，然后在图形区选取图 8.5.6 所示的边线的中点作为大的直径参考；单击 小径(螺纹内径)(N) 按钮，然后选取图 8.5.6 所示的边线的中点作为牙底直径参考；在 螺纹方向 下拉列表中选择 外径 选项，在 导程: 文本框中输入值 2.0，其他参数采用系统默认设置值。

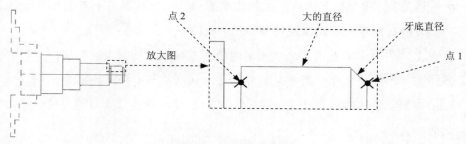

图 8.5.6 定义螺纹参数

Step3. 设置车螺纹参数选项卡。在"车床-车螺纹 属性"对话框中单击 螺纹切削参数 选项卡，结果如图 8.5.7 所示，在 退刀延伸量: 文本框中输入值 1.0，其他采用系统默认的设置参数值。

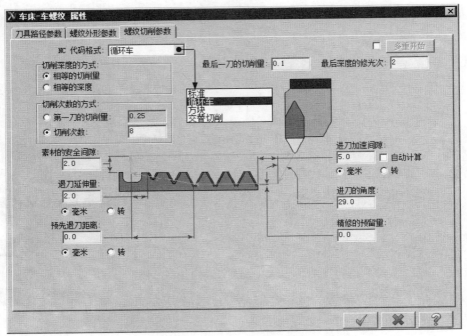

图 8.5.7   "螺纹切削参数"选项卡

图 8.5.7 所示的"螺纹切削参数"选项卡中部分选项的说明如下。

- NC代码的格式: 下拉列表: 该下拉列表中包含 标准 选项、循环车 选项、方块 选项和 交替切削 选项。

- 切削深度的方式: 区域: 用于定义切削深度的决定因素。

  - ☑ ⊙ 相等的切削量 单选项: 选中此单选项，系统按相同的切削材料量进行加工。

  - ☑ ⊙ 相等的深度 单选项: 选中此单选项，系统按相同的切削深度进行加工。

- 切削次数的方式: 区域: 用于选择定义切削次数的方式，其包括 ⊙ 第一刀的切削量: 单选项 和 ⊙ 切削次数: 单选项。

  - ☑ ⊙ 第一刀的切削量: 单选项: 选择此单选项，系统根据第一刀的切削量、最后一刀的切削量和螺纹深度计算切削次数。

  - ☑ ⊙ 切削次数: 单选项: 选中此单选项，直接输入切削次数即可。

- 素材的安全间隙: 文本框: 用于定义刀具每次切削前与工件间的距离。

- 退刀延伸量: 文本框: 用于定义最后一次切削时的刀具位置与退刀槽的径向中心线间的距离。

- 预先退刀距离: 文本框: 用于定义开始退刀时的刀具位置与退刀槽的径向中心线间的距离。

- 进刀加速间隙: 文本框: 用于定义刀具切削前与加速到切削速度时在 Z 轴方向上的距离。
- ☑ 自动计算 复选框: 用于自动计算进刀加速间隙。
- 最后一刀的切削量: 文本框: 用于定义最后一次切削的材料去除量。
- 最后深度的修光次: 文本框: 用于定义螺纹精加工的次数。当精加工无材料去除时，所有的刀具路径将为相同的加工深度。

Step4. 在"车床-车螺纹 属性"对话框中单击 ✓ 按钮，完成加工参数的设置，此时系统将自动生成图 8.5.8 所示的刀具路径。

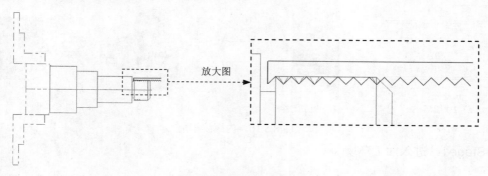

图 8.5.8 刀具路径

Stage5. 加工仿真

Step1. 路径模拟。

（1）在"操作管理"中单击 ≋ 刀具路径 - 4.9K - GROOVE_LATHE.NC - 程序号码 0 节点，系统弹出"路径模拟"对话框及"路径模拟控制"操控板。

（2）在"路径模拟控制"操控板中单击 ▶ 按钮，系统将开始对刀具路径进行模拟，结果与图 8.5.8 所示的刀具路径相同，在"路径模拟"对话框中单击 ✓ 按钮。

Step2. 实体切削验证。

（1）在 刀具路径管理器 选项卡中单击 ✓ 按钮，然后单击"验证已选择的操作"按钮 ⬡，系统弹出"Mastercam Simulator"对话框。

（2）在"Mastercam Simulator"对话框中单击 ⬤ Stop Conditions ▾ 按钮，在其下拉菜单中选择 ☑ Collision 命令，单击 ⬤ 按钮，系统将开始进行实体切削仿真，结果如图 8.5.9 所示，单击 ✕ 按钮。

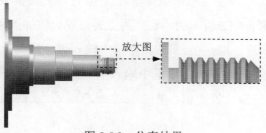

图 8.5.9 仿真结果

Step3. 保存加工结果。选择下拉菜单 文件(F) ➡ 保存(S) 命令，即可保存加工结果。

8.5.2　内螺纹车削

内螺纹车削加工与外螺纹车削加工基本相同，只是在螺纹的方向参数设置上有所区别。在加工内螺纹时也不需要选择加工的几何模型，只需定义螺纹的起始位置与终止位置即可。下面以图 8.5.10 所示的模型为例讲解内螺纹车削加工的一般过程，其操作步骤如下。

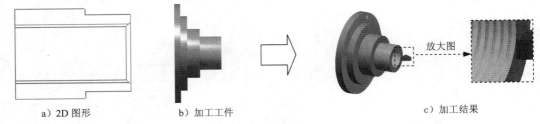

　　a）2D 图形　　　　　　b）加工工件　　　　　　　c）加工结果

图 8.5.10　内螺纹车削

Stage1.　进入加工环境

打开文件 D:\mcx7.1\work\ch08.05.02\THREAD_ID_LATHE.MCX-7，模型如图 8.5.11 所示，系统进入加工环境。

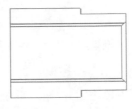

图 8.5.11　打开模型

Stage2.　设置工件和夹爪

Step1. 在"操作管理"中单击 山 属性 - Lathe Default MM 节点前的"+"号，将该节点展开，然后单击 ◆ 素材设置 节点，系统弹出"机器群组属性"对话框。

Step2. 设置工件的形状。在"机器群组属性"对话框的 素材 区域中单击 属性... 按钮，系统弹出"机床组件管理 - 素材"对话框。

Step3. 设置工件的尺寸。在"机床组件管理 - 素材"对话框中单击 由两点产生(2)... 按钮，然后在图形区选取图 8.5.12 所示的两点（两点的位置大致如图所示即可），系统返回到"机床组件管理 - 素材"对话框；在 外径 文本框中输入值 40.0，选中 ☑ 内径 复选框，并在 ☑ 内径 文本框中输入值 24.0，在 长度 文本框中输入值 50.0，在 轴向位置 区域 Z: 文本框中输入值 0.0，其他参数采用系统默认设置值。单击 预览车床边界 按钮查看工件，结果如

图 8.5.13 所示。按 Enter 键，然后在"机床组件管理 – 素材"对话框中单击 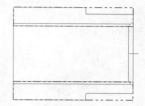 按钮，返回至"机器群组属性"对话框。

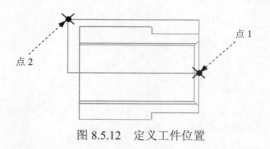

图 8.5.12　定义工件位置　　　　　　　　图 8.5.13　预览工件形状和位置

Step4. 设置夹爪的形状。在"机器群组属性"对话框 夹头设置 区域中单击 属性… 按钮，系统弹出"机床组件管理 - 夹头设置"对话框。

Step5. 设置夹爪的尺寸。在"机床组件管理 - 夹头设置"对话框中设置参数如图 8.5.14 所示。单击 预览车床边界 按钮查看夹爪，如图 8.5.15 所示；按 Enter 键，然后在"机床组件管理 - 夹头设置"对话框中单击 按钮，返回到"机器群组属性"对话框。

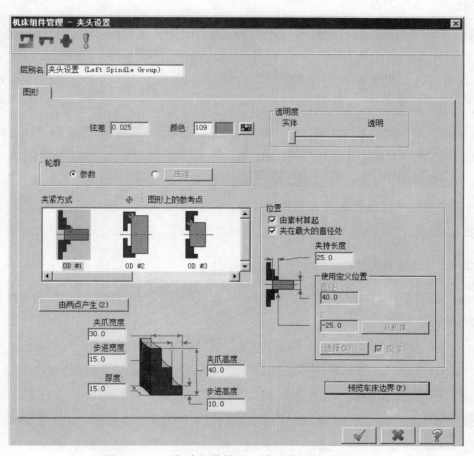

图 8.5.14　"机床组件管理 - 夹头设置"对话框

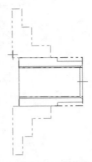

图 8.5.15　预览夹爪形状和位置

Step6. 在"机器群组属性"对话框中单击 ✓ 按钮，完成工件和夹爪的设置。

Stage3. 选择加工类型

选择下拉菜单 刀具路径(T) ➡ 🔧 车螺纹(T) 命令，系统弹出"输入新 NC 名称"对话框，接受系统默认名称，单击 ✓ 按钮，系统弹出"车床-车螺纹 属性"对话框。

Stage4. 选择刀具

Step1. 在"车床-车螺纹 属性"对话框中选择"T102102　R0.072　ID　THREAD　MIN. 30. DIA.."刀具并双击，系统弹出"定义刀具"对话框，在 刀片 选项卡 刀片图形 区域 A: 文本框中输入值 5.0，单击 刀把 选项卡，在 刀把图形 区域 A: 文本框中输入值 10.0，在 C: 文本框中输入值 6.0，单击 ✓ 按钮，返回至"车床-车螺纹 属性"对话框。

Step2. 在 进给率: 文本框中输入值 1000.0；单击 Coolant... 按钮，系统弹出"Coolant…"对话框，在 Flood 下拉列表中选择 On 选项，单击该对话框中的 ✓ 按钮，关闭"Coolant…"对话框，在 机床原点 下拉列表中选择 自定义视角 选项，单击 D 定义 按钮，在系统弹出的"换刀点-使用者定义"对话框 X: 文本框中输入值 25.0，Z: 文本框中输入值 25.0，单击该对话框中的 ✓ 按钮，返回至"车床-车螺纹 属性"对话框，其他参数采用系统默认设置值。

Stage5. 设置加工参数

Step1. 在"车床-车螺纹 属性"对话框中单击 螺纹外形参数 选项卡，切换到"螺纹型式的参数"界面。

Step2. 在"螺纹型式的参数"界面中单击 起始位置 按钮，然后选取图 8.5.16 所示的点 1 作为起始位置；单击 结束位置 按钮，然后选取图 8.5.16 所示的点 2 作为结束位置；单击 大径(螺纹外径) 按钮，然后选取图 8.5.16 所示的点 3 作为大的直径参考；单击 小径(螺纹内径)(N) 按钮，然后选取图 8.5.16 所示的点 4 作为牙底直径参考；在 螺纹方向 下拉列表中选择 内径 选项，在 导程: 文本框中输入值 2.0，其他参数采用系统默认设置值。

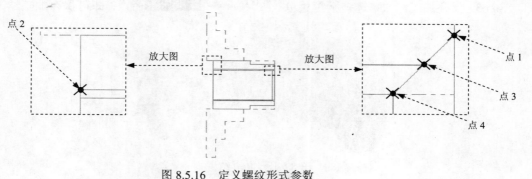

图 8.5.16　定义螺纹形式参数

Step3. 在"车床-车螺纹 属性"对话框中单击 ✓ 按钮，完成加工参数的设置，此时系统将自动生成图 8.5.17 所示的刀具路径。

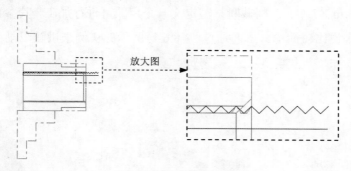

图 8.5.17　刀具路径

Stage6. 加工仿真

Step1. 路径模拟。

（1）在"操作管理"中单击 刀具路径 - 4.9K - THEAD_ID_LATHE.NC - 程序号码 0 节点，系统弹出"路径模拟"对话框及"路径模拟控制"操控板。

（2）在"路径模拟控制"操控板中单击 ▶ 按钮，系统将开始对刀具路径进行模拟，结果与图 8.5.17 所示的刀具路径相同，在"路径模拟"对话框中单击 ✓ 按钮。

Step2. 实体切削验证。

（1）在"操作管理"中确认 ☑ 1 - 车床-车螺纹 - [WCS: 俯视图] - [刀具平面: 车床 顶部 左边 [TOP]] 节点被选中，然后单击"验证已选择的操作"按钮 📦，系统弹出"Mastercam Simulator"对话框。

（2）在"Mastercam Simulator"对话框中单击 ● Stop Conditions ▾ 按钮，在其下拉菜单中选择 ☑ Collision 命令，单击 ▶ 按钮，系统将开始进行实体切削仿真，结果如图 8.5.18 所示，单击 ✕ 按钮。

Step3. 保存加工结果。选择下拉菜单 文件(F) ➡️ 保存(S) 命令，即可保存加工结果。

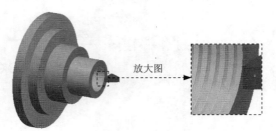

图 8.5.18　仿真结果

8.6　车 削 截 断

在 Mastercam X7 中，车削截断只需定义一个点即可进行加工，其参数设置较前面所叙述的加工方式来说比较简单。下面通过图 8.6.1 所示的实例来讲解车削截断的详细操作过程，其操作过程如下。

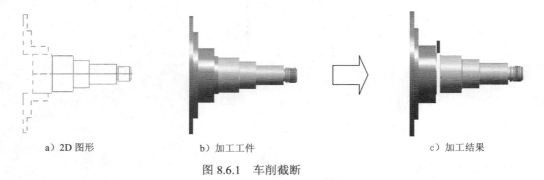

a）2D 图形　　　b）加工工件　　　c）加工结果

图 8.6.1　车削截断

Stage1．进入加工环境

Step1. 打开模型。选择文件 D:\mcx7.1\work\ch08.06\LATHE_CUT.MCX-7，模型如图 8.6.2 所示。

Step2. 隐藏刀具路径。在 刀具路径管理器 选项卡中单击 ✓ 按钮，再单击 ≋ 按钮，将已存的刀具路径隐藏。

Stage2．选择加工类型

Step1. 选择命令。选择下拉菜单 刀具路径(T) ➡️ 截断(C) 命令，系统提示"选择截断的边界点："。

Step2. 定义边界点。在图形区选取图 8.6.3 所示的边界点作为截断的边界点，系统弹出"车床-截断 属性"对话框。

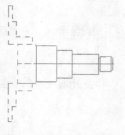

图 8.6.2 打开模型

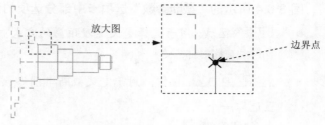

图 8.6.3 定义截断边界点

Stage3. 选择刀具

Step1. 在"车床-截断 属性"对话框中选择"T151151 R0.4 W4. OD CUTOFF RIGHT"刀具，在 主轴转速 文本框中输入值 500.0，并选中 ⊙ RPM 单选项；在 换刀点 下拉列表中选择 使用者定义 选项，单击 自定义(D) 按钮，在系统弹出的"换刀点-使用者定义"对话框 X: 文本框中输入值 25.0，Z: 文本框中输入值 25.0，单击该对话框中的 ✓ 按钮，返回到"车床-截断属性"对话框，其他参数采用系统默认设置值。

Step2. 设置冷却方式。在"车床-截断 属性"对话框中单击 Coolant... 按钮，系统弹出"Coolant..."对话框，在 Flood （切削液）下拉列表中选择 On 选项，单击该对话框中的 ✓ 按钮，关闭"Coolant..."对话框。

Stage4. 设置加工参数

Step1. 在"车床-截断 属性"对话框中单击 截断参数 选项卡，如图 8.6.4 所示，采用系统默认的参数设置值。

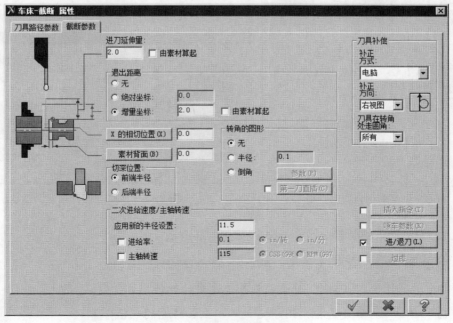

图 8.6.4 "截断参数"选项卡

图 8.6.4 所示的"截断参数"选项卡中部分选项的说明如下。

- 退出距离 区域：用于选择定义退刀距离的方式。包括 ⊙ 无 、 ○ 绝对坐标: 、 ⊙ 增量坐标: 和 □ 由素材算起 四个选项。

- X 的相切位置(X) 按钮：用于定义截断车削终点的 X 坐标，单击此按钮可以在图形区选取一个点。

- 素材背面(B) 按钮：用于定义工件反向的材料。

- 切深位置: 区域：用于定义截断车削的位置。

  ☑ ⊙ 前端半径 单选项：刀具的前端点与指定终点的 X 坐标重合。

  ☑ ⊙ 后端半径 单选项：刀具的后端点与指定终点的 X 坐标重合。

- 转角的图形 区域：用于定义刀具在工件转角处的切削外形。

  ☑ ⊙ 无 单选项：选中此选项则切削外形为直角。

  ☑ ⊙ 半径 单选项：选中此选项则切削外形为圆角，可以在其后的文本框中指定圆角半径。

  ☑ ⊙ 倒角 单选项：选中此选项则切削外形为倒角，单击 参数(P) 按钮，系统弹出图 8.6.5 所示的"截断倒角"对话框，用户可以通过此对话框对倒角的参数进行设置。

  ☑ 第一刀直插(C) 按钮：单击此按钮，系统弹出图 8.6.6 所示的"切削间隙"对话框，用户可以通过此对话框设置第一刀下刀的参数。当此按钮前的复选框处于选中状态时可用。

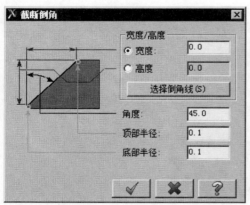

图 8.6.5 "截断倒角"对话框

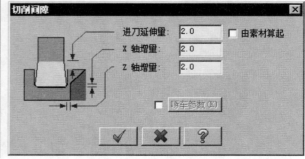

图 8.6.6 "切削间隙"对话框

- 二次进给速度/主轴转速 区域：用于定义第二速率和主轴转速。

  ☑ 应用新的半径设置: 文本框：用于定义应用范围的半径值。

  ☑ □ 进给率: 复选框：用于定义第二速率的数值。

  ☑ ☑ 主轴转速 复选框：用于定义第二主轴转速的数值。

Step2. 在"车床-截断 属性"对话框中单击 ✓ 按钮，完成刀具的选择，此时系统将自动生成图 8.6.7 所示的刀具路径。

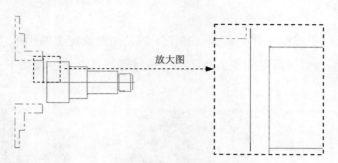

图 8.6.7 刀具路径

Stage5. 加工仿真

Step1. 路径模拟。

（1）在"操作管理"中单击 ≋ 刀具路径 - 5.2K - GROOVE_LATHE.NC - 程序号码 0 节点，系统弹出"路径模拟"对话框及"路径模拟控制"操控板。

（2）在"路径模拟控制"操控板中单击 ▶ 按钮，系统将开始对刀具路径进行模拟，结果与图 8.6.7 所示的刀具路径相同，在"路径模拟"对话框中单击 ✓ 按钮。

Step2. 实体切削验证。

（1）在 刀具路径管理器 选项卡中单击 ✔ 按钮，然后单击"验证已选择的操作"按钮 🗇，系统弹出"Mastercam Simulator"对话框。

（2）在"Mastercam Simulator"对话框中单击 ▶ 按钮，系统将开始进行实体切削仿真，结果如图 8.6.8 所示。

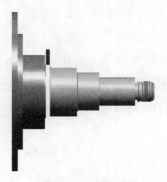

图 8.6.8 仿真结果

Step3. 保存加工结果。选择下拉菜单 文件(F) ➔ 保存(S) 命令，即可保存加工结果。

8.7 车 端 面

端面车削加工用于车削工件的端面。加工区域是由两点定义的矩形来确定的。下面以图 8.7.1 所示的模型为例讲解端面车削加工的一般过程，其操作步骤如下。

a) 2D 图形   b) 加工工件   c) 加工结果

图 8.7.1 车端面

Stage1. 进入加工环境

打开文件 D:\mcx7.1\work\ch08.07\LATHE_FACE_DRILL.MCX-7，模型如图 8.7.2 所示。

Stage2. 设置工件和夹爪

Step1. 在"操作管理"中单击 属性 – Lathe Default MM 节点前的"+"号，将该节点展开，然后单击 素材设置 节点，系统弹出"机器群组属性"对话框。

Step2. 设置工件的形状。在"机器群组属性"对话框的 素材 区域中单击 属性... 按钮，系统弹出"机床组件管理 - 素材"对话框。

Step3. 设置工件的尺寸。在"机床组件管理 - 素材"对话框中单击 由两点产生(2)... 按钮，然后在图形区选取图 8.7.3 所示的两点（点 1 为最左边直线的端点，点 2 的位置大致如图所示即可），系统返回至"机床组件管理 - 素材"对话框，在 外径 文本框中输入值 40.0，在 长度 文本框中输入值 62.0，在 轴向位置 区域 Z: 文本框中输入值 2.0，其他参数采用系统默认设置值，单击 预览车床边界 按钮查看工件，如图 8.7.4 所示。按 Enter 键，然后在"机床组件管理 - 素材"对话框中单击 ✓ 按钮，返回至"机器群组属性"对话框。

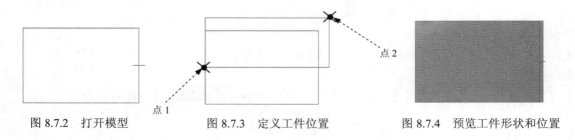

图 8.7.2 打开模型   图 8.7.3 定义工件位置   图 8.7.4 预览工件形状和位置

Step4. 设置夹爪的形状。在"机器群组属性"对话框 夹头设置 区域中单击 属性... 按钮，系统弹出"机床组件管理 - 夹爪的设置"对话框。

Step5. 设置夹爪的尺寸。在"机床组件管理 - 夹爪的设置"对话框中单击 由两点产生 按钮，然后在图形区选取图 8.7.5 所示的两点（两点的位置大致如图所示即可），系统返回到"机床组件管理 - 夹爪的设置"对话框，设置参数如图 8.7.6 所示，单击 预览车床边界 按钮查看夹爪，如图 8.7.7 所示。按 Enter 键，然后在"机床组件管理 - 夹爪的设置"对话框中单击 ✓ 按钮，返回到"机器群组属性"对话框。

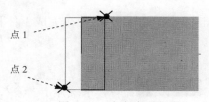

图 8.7.5 定义夹爪位置

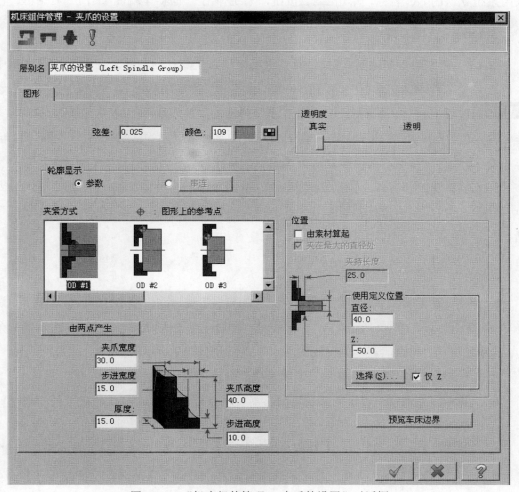

图 8.7.6 "机床组件管理 - 夹爪的设置"对话框

图 8.7.7 预览夹爪形状和位置

Step6. 在"机器群组属性"对话框中单击 ✓ 按钮，完成工件和夹爪的设置。

Stage3. 选择加工类型

选择下拉菜单 刀具路径(T) ➡️ ┃┃ 车端面(A) 命令，系统弹出"输入新 NC 名称"对话框，采用系统默认的 NC 名称，单击 ✓ 按钮，系统弹出"车床-车端面 属性"对话框。

Stage4. 选择刀具

Step1. 在"车床-车端面 属性"对话框中采用系统默认的刀具，在 进给率: 文本框中输入值 5.0；在 主轴转速: 文本框中输入值 800.0，并选中 ● RPM 单选项；在 换刀点 下拉列表中选择 使用者定义 选项，单击 定义(D) 按钮，在系统弹出的"换刀点-使用者定义"对话框 X: 文本框中输入值 25.0，Z: 文本框中输入值 25.0，单击该对话框中的 ✓ 按钮，返回到"车床-车端面 属性"对话框，其他参数采用系统默认设置值。

Step2. 设置冷却方式。单击 Coolant... 按钮，系统弹出"Coolant..."对话框，在 Flood（切削液）下拉列表中选择 On 选项，单击该对话框中的 ✓ 按钮，关闭"Coolant..."对话框。

Stage5. 设置加工参数

Step1. 设置车端面参数。在"车床-车端面 属性"对话框中单击 车端面参数 选项卡，选中 ● 选择点(S) 单选项，单击 ● 选择点(S) 按钮，在图形区选取图 8.7.8 所示的两个点（点 1 为毛坯右上顶点，点 2 为直线的端点），设置图 8.7.9 所示的参数。

图 8.7.9 所示的"车端面参数"选项卡中部分选项的说明如下。

- 重叠量: 文本框：用于定义在端面车削时，刀具在 X 方向超过所定义的矩形框的切削深度。
- 回缩量: 文本框：用于定义刀具在开始下一次切削之前退回的位置与端面间的增量。
- □ 从中心线切削 复选框：选中此复选框，切削时，刀具从工件中心线向外切削。

Step2. 单击 ✓ 按钮完成刀具的选择，此时系统将自动生成图 8.7.10 所示的刀具路径。

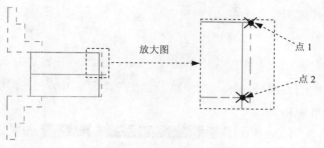

图 8.7.8　定义夹爪位置

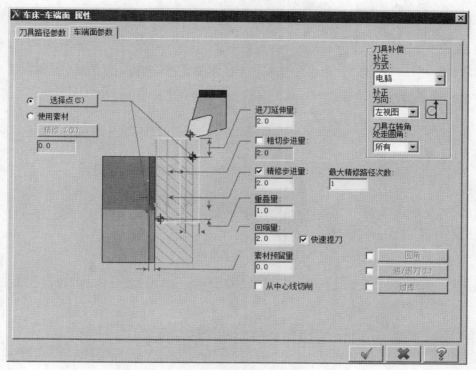

图 8.7.9　"车端面参数"选项卡

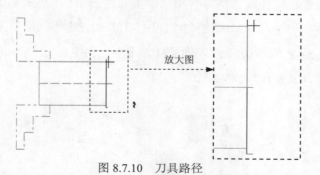

图 8.7.10　刀具路径

Stage6. 加工仿真

Step1. 路径模拟。

Mastercam X7

数控加工教程

（1）在"操作管理"中单击 刀具路径 - 4.9K - LATHE_FACE_DRILL.NC - 程序号码 0 节点，系统弹出"路径模拟"对话框及"路径模拟控制"操控板。

（2）在"路径模拟控制"操控板中单击 按钮，系统将开始对刀具路径进行模拟，结果与图8.7.10所示的刀具路径相同，在"路径模拟"对话框中单击 按钮。

Step2. 实体切削验证。

（1）在"操作管理"中确认 1 - 车床-车端面 - [WCS: TOP] - [刀具平面: 车床 顶部 左边 [TOP] 1] 节点被选中，然后单击"验证已选择的操作"按钮 ，系统弹出"Mastercam Simulator"对话框。

（2）在"Mastercam Simulator"对话框中单击 Stop Conditions 按钮，在其下拉菜单中选择 Collision 命令，单击 按钮，系统将开始进行实体切削仿真，结果如图8.7.11所示，单击 X 按钮。

图8.7.11　仿真结果

Step3. 保存加工结果。选择下拉菜单 文件(F) ➡ 保存(S) 命令，即可保存加工结果。

8.8　车削钻孔

车床钻孔加工与铣床钻孔加工的方法相同，主要用于钻孔、铰孔或攻丝。但是车床钻孔加工不同于铣床钻孔加工，在车床钻孔加工中，刀具沿 Z 轴移动而工件旋转；而在铣床钻孔加工中，刀具既沿 Z 轴移动又沿 Z 轴旋转。下面以图8.8.1所示的模型为例讲解车削钻孔加工的一般过程，其操作步骤如下。

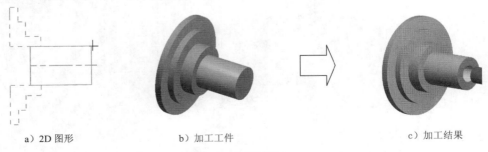

a）2D图形　　　　　　b）加工工件　　　　　　c）加工结果

图8.8.1　车削钻孔

Stage1.进入加工环境

Step1. 打开文件 D:\mcx7.1\work\ch08.08\LATHE_DRILL.MCX-7，模型如图 8.8.2 所示。

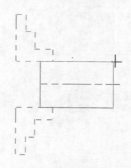

图 8.8.2　打开模型

Step2. 隐藏刀具路径。在 刀具路径管理器 选项卡中单击 ✓ 按钮，再单击 ≋ 按钮，将已存的刀具路径隐藏。

Stage2.选择加工类型

选择下拉菜单 刀具路径(T) ➡ 钻孔(D)... 命令。

Stage3.选择刀具

Step1. 在"车床-钻孔 属性"对话框中选择"T126126 20. Dia. DRILL　20. DIA."刀具，在 进给率 文本框中输入值 10.0，并选中 ◉ mm/转 单选项；在 主轴转速 文本框中输入值 1200.0，并选中 ◉ RPM 单选项；在 换刀点 下拉列表中选择 使用者定义 选项，单击 自定义(D) 按钮，在系统弹出的"换刀点-使用者定义"对话框 X: 后的文本框中输入值 25.0，Z: 文本框中输入值 25.0，单击该对话框中的 ✓ 按钮，返回至"车床-钻孔 属性"对话框，其他参数采用系统默认设置值。

Step2. 设置冷却方式。单击 Coolant... 按钮，系统弹出"Coolant..."对话框，在 Flood 下拉列表中选择 On 选项，单击该对话框中的 ✓ 按钮，关闭"Coolant..."对话框。

Stage4.设置加工参数

在"车床-钻孔 属性"对话框中单击 深孔钻-无啄孔 选项卡，如图 8.8.3 所示，在 深度... 后的文本框中输入值-35.0，单击 钻孔位置(P) 按钮，在图形区选取图 8.8.4 所示的点（最右端竖线与轴中心线的交点处），其他参数采用系统默认设置值，单击该对话框中的 ✓ 按钮，完成钻孔参数的设置，此时系统将自动生成图 8.8.5 所示的刀具路径。

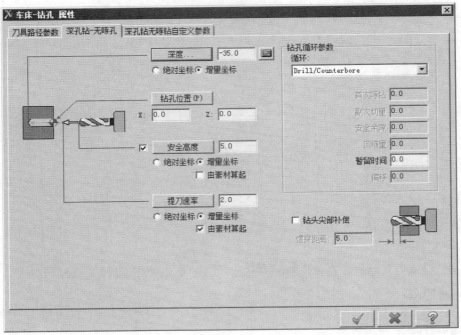

图 8.8.3 "深孔钻-无啄孔"选项卡

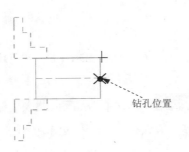

图 8.8.4 定义钻孔位置

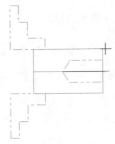

图 8.8.5 刀具路径

图 8.8.3 所示的"深孔钻-无啄孔"选项卡中部分选项的说明如下。

- **深度...** 按钮：单击此按钮，可以在图形区选取一个点定义孔的深度，也可以在其后的文本框中直接输入孔深，通常为负值。

- **▦** 按钮：用于设置精加工时刀具的有关参数。单击此按钮，系统弹出"深度的计算"对话框，通过此对话框用户可以对深度的计算的相关参数进行修改。

- **钻孔位置(P)** 按钮：用于定义钻孔开始的位置，单击此按钮，可以在图形区选取一个点，也可以在其下的两个坐标文本框中输入点的坐标值。

- **安全高度** 按钮：用于定义在钻孔之前刀具与工件之间的距离。当此按钮前的复选框处于选中状态时可用。单击此按钮，可以选择一个点，或直接在其后的文本框中输入安全高度值，包括 **⊙绝对坐标**、**⊙增量坐标** 和 **☐由素材算起** 三个附属选项。

- 提刀速率 按钮：用于定义刀具进刀点，单击此按钮，可以在图形区选取一个点，也可以在其后的文本框中直接输入进刀点与工件端面之间的距离值。
- ☑钻头尖部补偿 复选框：用于计算孔的深度，以便确定钻孔的贯穿距离。
- 惯穿距离：文本框：当钻孔为通孔时，指定刀尖与工件末端的距离。当选中 ☑钻头尖部补偿 复选框时，此文本框可用。

Stage5. 加工仿真

Step1. 路径模拟。

（1）在"操作管理"中单击 ≋刀具路径 - 5.1K - LATHE_FACE_DRILL.NC - 程序号码 0 节点，系统弹出"路径模拟"对话框及"路径模拟控制"操控板。

（2）在"路径模拟控制"操控板中单击 ▶ 按钮，系统将开始对刀具路径进行模拟，在"路径模拟"对话框中单击 ✓ 按钮。

Step2. 实体切削验证。

（1）在"操作管理"中确认 ☑2 - 车床-钻孔 - [WCS: TOP] - [刀具平面: 车床 顶部 左边 [TOP] 1] 节点被选中，然后单击"验证已选择的操作"按钮 ◈ ，系统弹出 "Mastercam Simulator" 对话框。

（2）在 "Mastercam Simulator" 对话框中单击 ● Stop Conditions ▾ 按钮，在其下拉菜单中选择 ✓ Collision 命令，单击 ● 按钮，系统将开始进行实体切削仿真，结果如图 8.8.6 所示，单击 ✕ 按钮。

图 8.8.6　仿真结果

Step3. 保存加工结果。选择下拉菜单 文件(F) ➡ 🖫保存(S) 命令，即可保存加工结果。

8.9 车 内 径

车内径与粗/精车加工基本相同，只是在选取加工边界时有所区别。粗/精车加工选取的是外部线串，而车内径选取的是内部线串。下面以图 8.9.1 所示的模型为例讲解车内径加工的一般过程，其操作步骤如下。

Stage1. 进入加工环境

打开文件 D:\mcx7.1\work\ch08.09\ROUGH_ID_LATHE.MCX-7，模型如图 8.9.2 所示。

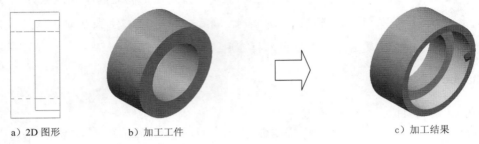

a）2D 图形　　　　b）加工工件　　　　c）加工结果

图 8.9.1　车内径

Stage2. 选择加工类型

Step1. 选择下拉菜单 刀具路径(T) ➡ 粗车(R) 命令，系统弹出"输入新 NC 名称"对话框，采用系统默认的 NC 名称，单击 ✓ 按钮，系统弹出"串连选项"对话框。

Step2. 定义加工轮廓。在图形区中选取图 8.9.3 所示的轮廓，单击 ✓ 按钮，系统弹出"车床粗加工 属性"对话框。

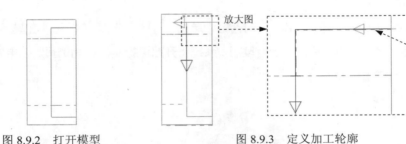

放大图　　选取此边链

图 8.9.2　打开模型　　　　图 8.9.3　定义加工轮廓

Stage3. 选择刀具

Step1. 在"车床粗加工 属性"对话框中选择"T0909 R0.4 ID FINSH 16.DIA.-55 DEG"刀具并双击，系统弹出"定义刀具-机床群组-1"对话框，设置刀片参数如图 8.9.4 所示，在"定义刀具-机床群组-1"对话框中单击 搪杆 选项卡，在 刀把图形 区域 A: 文本框中输入值 15.0，在 C: 文本框中输入值 10.0，单击该对话框中的 ✓ 按钮，返回至"车床粗加工 属性"对话框。

Step2. 在"车床粗加工 属性"对话框 主轴转速: 文本框中输入值 500.0，并选中 RPM 单选项；在 换刀点 下拉列表中选择 使用者定义 选项，单击 定义(D) 按钮，在系统弹出的"换刀点-使用者定义"对话框 X: 文本框中输入值 25.0，Z: 文本框中输入值 25.0，单击该对话框中的 ✓ 按钮，返回至"车床粗加工 属性"对话框，其他参数采用系统默认设置值。

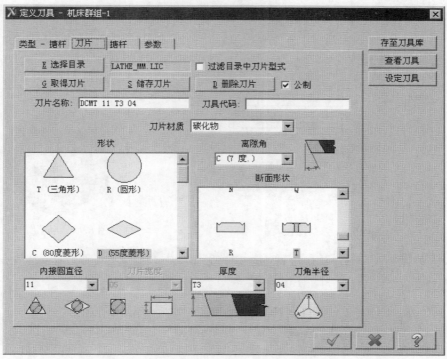

图 8.9.4 "定义刀具 – 机床群组-1"对话框

Step3. 设置冷却方式。单击 Coolant... 按钮,系统弹出"Coolant..."对话框,在 Flood (切削液)下拉列表中选择 On 选项,单击该对话框中的 ✓ 按钮,关闭"Coolant..."对话框。

Stage4. 设置加工参数

在"车床粗加工 属性"对话框中单击 粗加工参数 选项卡,在 粗车方向/角度 后的下拉列表中选择 ⬚ 选项,其他参数采用系统默认设置值,单击该对话框中的 ✓ 按钮,完成粗车内径参数的设置,此时系统将自动生成图 8.9.5 所示的刀具路径。

Stage5. 加工仿真

Step1. 路径模拟。

(1)在"操作管理"中单击 ≋ 刀具路径 – 8.2K – ROUGH_ID_LATHE.NC – 程序号码 0 节点,系统弹出"路径模拟"对话框及"路径模拟控制"操控板。

(2)在"路径模拟控制"操控板中单击 ▶ 按钮,系统将开始对刀具路径进行模拟,结果与图 8.9.5 所示的刀具路径相同,在"路径模拟"对话框中单击 ✓ 按钮。

Step2. 实体切削验证。

(1)在 刀具路径管理器 选项卡中单击 ✓ 按钮,然后单击"验证已选择的操作"按钮 ⬚,系统弹出"Mastercam Simulator"对话框。

（2）在"Mastercam Simulator"对话框中单击 ⬤ Stop Conditions ▾ 按钮,在其下拉菜单中选择 ☑ Collision 命令,单击 ▶ 按钮,系统将开始进行实体切削仿真,结果如图 8.9.6 所示,单击 ✖ 按钮。

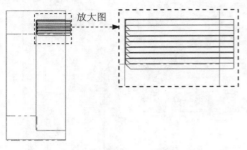

图 8.9.5　刀具路径

图 8.9.6　仿真结果

Step3. 保存加工结果。选择下拉菜单 文件(F) ➡ 🖫 保存(S) 命令,即可保存加工结果。

8.10　内 槽 车 削

内槽车削也是径向车削的一种,只是其加工的位置与外槽车削不同,但其参数设置基本与径向车削相同。下面以图 8.10.1 所示的模型为例讲解内槽车削加工的一般过程,其操作步骤如下。

a）2D 图形　　　　b）加工工件　　　　c）加工结果

图 8.10.1　车内槽

Stage1. 进入加工环境

打开文件 D:\mcx7.1\work\ch08.10\LATHE_FACE_DRILL_ID.MCX-7,模型如图 8.10.2 所示。

Stage2. 选择加工类型

Step1. 选择下拉菜单 刀具路径(T) ➡ 🛢 径向车(G) 命令,系统弹出"输入新 NC 名称"对话框,采用系统默认的 NC 名称,单击 ✓ 按钮,系统弹出"径向车削的切槽选项"对话框。

Step2. 定义加工轮廓。在"径向车削的切槽选项"对话框中选中 ⦿ 两点 单选项,单击 ✓ 按钮,然后在图形区依次选择图 8.10.3 所示的两个点（直线的端点）,然后按 Enter

键，系统弹出"车床-径向粗车 属性"对话框。

 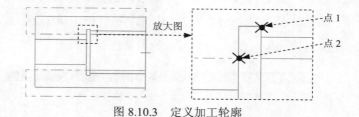

图 8.10.2 打开模型　　　　图 8.10.3 定义加工轮廓

Stage3. 选择刀具

Step1. 定义刀具。在"车床-径向粗车 属性"对话框中选择"T3333 R0.1 W1.5 ID GROOVE MIN. 6. DIA"刀具并双击，系统弹出"定义刀具-机床群组-1"对话框，在 刀片图形 区域 A: 文本框中输入值 1.0，在 D: 文本框中输入值 1.5，单击该对话框中的 ✓ 按钮，返回至"车床-径向粗车 属性"对话框。

Step2. 在"车床-径向粗车 属性"对话框 进给率: 文本框中输入值 3.0；在 主轴转速: 后的文本框中输入值 800.0，在 换刀点 下拉列表中选择 使用者定义 选项，单击 定义(D) 按钮，在系统弹出的"换刀点-使用者定义"对话框 X: 文本框中输入值 25.0，Z: 文本框中输入值 25.0，单击该对话框中的 ✓ 按钮，完成刀具参数的设置。

Stage4. 设置加工参数

Step1. 在"车床-径向粗车 属性"对话框中单击 径向外形参数 选项卡，切换到"径向外形参数"界面，如图 8.10.4 所示，采用系统默认的参数设置值。

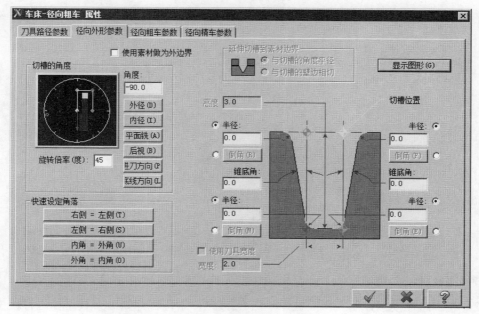

图 8.10.4 "径向外形参数"选项卡

Step2. 在"车床-径向粗车 属性"对话框单击 径向粗车参数 选项卡,切换到"径向粗车参数"界面,如图 8.10.5 所示,采用系统默认的参数设置值。

Step3. 在"车床-径向粗车 属性"对话框中单击 ✓ 按钮,完成加工参数的选择,此时系统将自动生成图 8.10.6 所示的刀具路径。

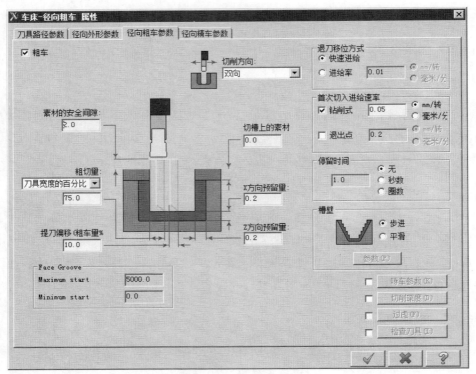

图 8.10.5 "径向粗车参数"选项卡

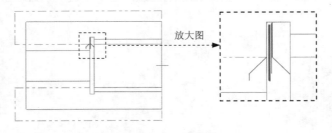

图 8.10.6 刀具路径

Stage5. 加工仿真

Step1. 路径模拟。

(1)在"操作管理"中单击 ≋ 刀具路径 - 15.3K - LATHE_FACE_DRILL_ID.NC - 程序号码 0 节点,系统弹出"路径模拟"对话框及"路径模拟控制"操控板。

(2)在"路径模拟控制"操控板中单击 ▶ 按钮,系统将开始对刀具路径进行模拟,结

果与图 8.10.6 所示相同，在"路径模拟"对话框中单击 按钮。

Step2. 实体切削验证。

（1）在"操作管理"中确认 1 - 车床-径向粗车 - [WCS: TOP] - [刀具面: 车床 顶部 左边 [TOP] 1] 节点被选中，然后单击"验证已选择的操作"按钮 ，系统弹出"Mastercam Simulator"对话框。

（2）在"Mastercam Simulator"对话框中单击 Stop Conditions 按钮,在其下拉菜单中选择 √ Collision 命令，单击 按钮，系统将开始进行实体切削仿真，结果如图 8.10.7 所示，单击 按钮。

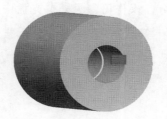

图 8.10.7 仿真结果

Step3. 保存加工结果。选择下拉菜单 文件(F) → 保存(S) 命令，即可保存加工结果。

8.11 简 式 车 削

简式车削可以进行快捷的粗车、精车或者挖槽加工。采用此命令生成刀具路径时，需要设置的参数较少，所以使用方便。该命令一般应用于结构较简单的粗车、精车或者挖槽加工中。

8.11.1 简式粗车

简式粗车与粗车的边界选择相同，但是具体的参数设置比粗车参数简单。下面以图 8.11.1 所示的模型为例讲解简式粗车加工的一般过程，其操作步骤如下。

a）2D 图形　　　　b）加工工件　　　　c）加工结果

图 8.11.1 简式粗车

Stage1. 进入加工环境

打开文件 D:\mcx7.1\work\ch08.11\LATHE_QUIK.MCX-7，模型如图 8.11.2 所示。

Stage2. 选择加工类型

Step1. 选择下拉菜单 刀具路径(T) ➡ 简式加工(Q) ➡ 粗车(R) 命令，系统弹出"输入新 NC 名称"对话框，采用系统默认的 NC 名称，单击 ✓ 按钮，系统弹出"串连选项"对话框。

Step2. 定义加工轮廓。在该对话框中单击 ⦾⦾⦾ 按钮，然后在图形区中选取图 8.11.3 所示的轮廓线（中心线以上的部分，操作可参见随书光盘中的视频），然后单击 ✓ 按钮，系统弹出图 8.11.4 所示的"车床 简式粗车 属性"对话框。

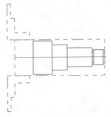

图 8.11.2　零件模型

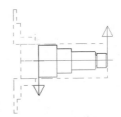

图 8.11.3　选取加工轮廓

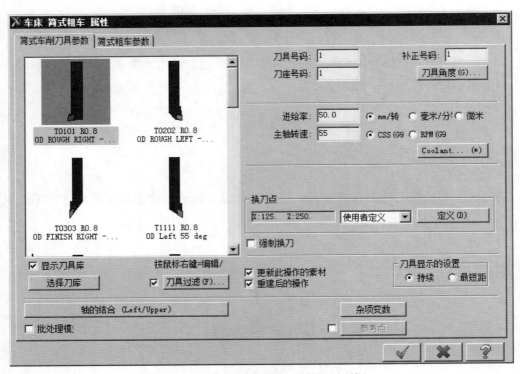

图 8.11.4　"车床 简式粗车 属性"对话框

图 8.11.4 所示的"车床 简式粗车 属性"对话框中部分选项的说明如下。

- ☑ 更新此操作的素材 复选框：当选中此复选框时，系统会自动更新工件的材料去除量。当用户在刀具路径中添加了进/退刀向量时，此复选框应处于选中状态。

- ☑ 重建后的操作 复选框：当选中此复选框时，系统会自动标记当前编辑操作中存在问题的操作。例如，若用户改变了一些不会影响到工件边界（如进给率、圆弧速度）的操作，系统会自动扫描所有操作以免存在重复操作。

- 刀具显示的设置 区域：用于设置刀具显示方式，其包括 ◉ 持续 单选项和 ○ 最短距 单选项。

  - ☑ ◉ 持续 单选项：用于设置生成或重建刀具路径时，在没有停止的情况下始终显示刀具。

  - ☑ ○ 最短距 单选项：用于设置生成或重建刀具路径时，分步显示刀具。在分步显示的时候，按 Enter 键显示下一步，按 Esc 键连续显示剩余步骤。

Stage3. 选择刀具

Step1. 在"车床 简式粗车 属性"对话框中采用系统默认的刀具，在 主轴转速: 文本框中输入值 500.0，并选中 ◉ RPM 单选项；在 换刀点 下拉列表中选择 使用者定义 选项，单击 定义(D) 按钮，在系统弹出的"换刀点-使用者定义"对话框 X: 文本框中输入值 25.0，Z: 文本框中输入值 25.0，单击该对话框的 ✓ 按钮，返回至"车床 简式粗车 属性"对话框，其他参数采用系统默认设置值。

Step2. 设置冷却方式。单击 Coolant... 按钮，系统弹出"Coolant..."对话框，在 Flood（切削液）下拉列表中选择 On 选项，单击该对话框中的 ✓ 按钮，关闭"Coolant..."对话框。

Stage4. 设置加工参数

在"车床 简式粗车 属性"对话框中单击 简式粗车参数 选项卡，如图 8.11.5 所示，采用系统默认的参数设置值。单击 ✓ 按钮，此时生成的刀具路径如图 8.11.6 所示。

Stage5. 加工仿真

Step1. 路径模拟。

（1）在"操作管理"中单击 ▨ 刀具路径 - 8.4K - LATHE_QUIK.NC - 程序号码 0 节点，系统弹出"路径模拟"对话框及"路径模拟控制"操控板。

（2）在"路径模拟控制"操控板中单击 ▶ 按钮，系统将开始对刀具路径进行模拟，在"路径模拟"对话框中单击 ✓ 按钮。

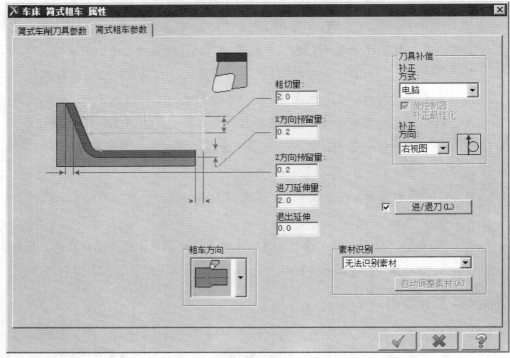

图 8.11.5 "简式粗车参数"选项卡

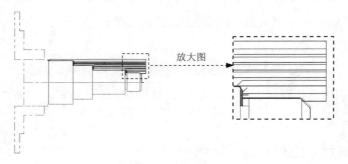

图 8.11.6 刀具路径

Step2. 实体切削验证。

（1）在"操作管理"中确认 📁 1 - 车床 简式粗车 - [WCS: TOP] - [刀具面:车床 顶部 左边 [TOP] 1] 节点被选中，然后单击"验证已选择的操作"按钮 📦，系统弹出"Mastercam Simulator"对话框。

（2）在"Mastercam Simulator"对话框中单击 ▶ 按钮，系统将开始进行实体切削仿真，结果如图 8.11.7 所示，单击 ✕ 按钮。

Step3. 保存加工结果。选择下拉菜单 文件(F) ➡ 🖫 保存(S) 命令，即可保存加工结果。

图 8.11.7 仿真结果

8.11.2 简式精车

采用简式精车方式进行加工时，可以先不选择加工模型，其加工模型可以通过此加工方式特有的"简式精车参数"来定义加工模型，也可以选择一个先前的粗加工的模型作为简式精车的加工对象。下面还是以前面的模型 LATHE_QUIK.MCX-7 为例，紧接着 8.11.1 节的操作来继续说明图 8.11.8 所示的简式精车的一般步骤，其操作步骤如下。

a）2D 图形   b）加工工件   c）加工结果

图 8.11.8 简式精车

Stage1. 选择加工类型

选择下拉菜单 刀具路径(T) ➡ 简式加工(Q) ➡ 精车(F) 命令，系统弹出"车床 简式精车属性"对话框。

Stage2. 选择刀具

Step1. 在"车床 简式精车 属性"对话框中选择"T0303 R0.8 OD FINISH RIGHT-35 DEG"刀具，在 主轴转速 文本框中输入值 1500.0，并选中 ⊙ RPM 单选项；在 换刀点 下拉列表中选择 使用者定义 选项，单击 定义(D) 按钮，在系统弹出的"换刀点-使用者定义"对话框 X: 文本框中输入值 25.0，Z: 文本框中输入值 25.0，单击该对话框中的 ✓ 按钮，返回到"车床 简式精车 属性"对话框，其他参数采用系统默认设置值。

Step2. 设置冷却方式。单击 Coolant... 按钮，系统弹出"Coolant..."对话框，在 Flood（切削液）下拉列表中选择 On 选项，单击该对话框中的 ✓ 按钮，关闭"Coolant..."对话框。

Stage3．设置加工参数

在"车床 简式精车 属性"对话框中单击 简式精车参数 选项卡，如图 8.11.9 所示，此时系统自动提取了上一个简式粗车的外形，其余采用系统默认的参数设置值。单击 ✓ 按钮，此时生成刀具路径如图 8.11.10 所示。

Stage4．加工仿真

Step1．路径模拟。

（1）在"操作管理"中单击 ≋ 刀具路径 - 6.1K - LATHE_QUIK.NC - 程序号码 0 节点，系统弹出"路径模拟"对话框及"路径模拟控制"操控板。

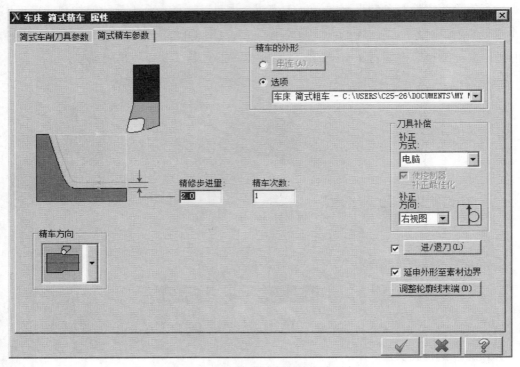

图 8.11.9　"简式精车参数"选项卡

（2）在"路径模拟控制"操控板中单击 ▶ 按钮，系统将开始对刀具路径进行模拟，结果与图 8.11.10 所示的刀具路径相同，在"路径模拟"对话框中单击 ✓ 按钮。

Step2．实体切削验证。

（1）在 刀具路径管理器 选项卡中单击 ✓ 按钮，然后单击"验证已选择的操作"按钮 ⍟，系统弹出"Mastercam Simulator"对话框。

（2）在"Mastercam Simulator"对话框中单击 ▶ 按钮，系统将开始进行实体切削仿真，结果如图 8.11.11 所示，单击 X 按钮。

图 8.11.10　刀具路径　　　　　　　　　图 8.11.11　仿真结果

Step3. 保存加工结果。选择下拉菜单 文件(F) ➡️ 📃 保存(S) 命令，即可保存加工结果。

8.11.3　简式径向车削

采用简式径向车削方式进行加工与使用径向车削加工的加工方法基本相同，也需要设置加工模型，然后再对其参数进行设置。下面还是以前面的模型 LATHE_QUIK.MCX-7 为例，紧接着 8.11.2 节的操作来继续说明图 8.11.12 所示的简式径向车削的一般步骤，其操作步骤如下。

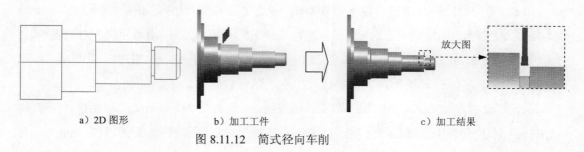

a) 2D 图形　　　　　　　b) 加工工件　　　　　　　c) 加工结果

图 8.11.12　简式径向车削

Stage1. 选择加工类型

Step1. 选择命令。选择下拉菜单 刀具路径(T) ➡️ 简式加工(Q) ➡️ 径向车(G) 命令，系统弹出图 8.11.13 所示的"简式径向车削的选项"对话框。

图 8.11.13　"简式径向车削的选项"对话框

Step2. 定义加工边界。选中 ⊙ 2点 单选项，单击 ✔️ 按钮，在图形区依次选取图 8.11.14

所示的两个点（右端竖直线的上端点和左端竖直线的下端点），然后按 Enter 键，系统弹出"车床 简式径向车削 属性"对话框。

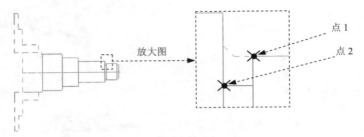

图 8.11.14　定义加工轮廓

Stage2. 选择刀具

Step1. 在"车床 简式径向车削 属性"对话框中双击系统默认的刀具，系统弹出"定义刀具"对话框，在"定义刀具"对话框中单击 刀片 选项卡，在 刀把图形 区域的 A: 文本框中输入值 1.0，在 D: 文本框中输入值 1.5，单击该对话框中的 ✓ 按钮，返回到"车床 简式径向车削 属性"对话框。

Step2. 在 主轴转速: 文本框中输入值 800.0，并选中 ⊙ RPM 单选项；在 换刀点 下拉列表中选择 使用者定义 选项，单击 定义(D) 按钮，在系统弹出的"换刀点-使用者定义"对话框 X: 文本框中输入值 25.0，Z: 文本框中输入值 25.0，单击该对话框中的 ✓ 按钮，返回至"车床 简式径向车削 属性"对话框，其他参数采用系统默认设置值。

Step3. 设置冷却方式。单击 Coolant... 按钮，系统弹出"Coolant..."对话框，在 Flood（切削液）下拉列表中选择 On 选项，单击该对话框中的 ✓ 按钮，关闭"Coolant..."对话框。

Stage3. 设置加工参数

Step1. 在"车床 简式径向车削 属性"对话框中单击 简式径向车削型式参数 选项卡，切换到"简式径向车削形式参数"界面，选中 ☑ 使用素材做为外边界 复选框。

Step2. 在"车床 简式径向车削 属性"对话框中单击 简式径向车削参数 选项卡，切换到"简式径向精车参数"界面，单击 进刀(L) 按钮，系统弹出"进刀"对话框，在 第一个路径引入 选项卡中选中 ⊙ 相切 单选项；单击 第二个路径引入 选项卡，在 固定方向 区域中选中 ⊙ 垂直 单选项，单击"进刀"对话框中的 ✓ 按钮，关闭"进刀"对话框。

Step3. 单击"车床 简式径向车削 属性"对话框中的 ✓ 按钮，完成加工参数的设置，此时生成刀具路径如图 8.11.15 所示。

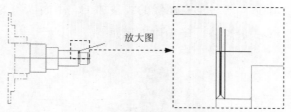

图 8.11.15　刀具路径

Stage4．加工仿真

Step1．路径模拟。

（1）在"操作管理"中单击 刀具路径 - 15.3K - LATHE_QUIK.NC - 程序号码 0 节点，系统弹出"路径模拟"对话框及"路径模拟控制"操控板。

（2）在"路径模拟控制"操控板中单击 ▶ 按钮，系统将开始对刀具路径进行模拟，结果与图 8.11.15 所示的刀具路径相同，在"路径模拟"对话框中单击 ✓ 按钮。

Step2．实体切削验证。

（1）在 刀具路径管理器 选项卡中单击 ✓ 按钮，然后单击"验证已选择的操作"按钮 🔲，系统弹出"Mastercam Simulator"对话框。

（2）在"Mastercam Simulator"对话框中单击 ▶ 按钮，系统将开始进行实体切削仿真，结果如图 8.11.16 所示，单击 X 按钮。

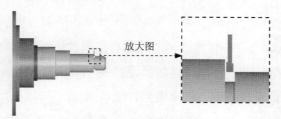

图 8.11.16　仿真结果

Step3．保存加工结果。选择下拉菜单 文件(F) ➡ 保存(S) 命令，即可保存加工结果。

8.12　车削切削循环

车削切削循环加工可以通过调用机床控制系统的循环指令（如 G71 等），从而使得后处理后的程序简洁，而且便于操作人员的修改。

8.12.1　粗车循环

粗车循环的实际刀具路径与前面所述的粗车加工相似，但是选项卡的参数设置要相对简单一些，外形重复车削适用于外形有曲线的线条加工。下面以图 8.12.1 所示的模型为例讲解外形重复车削加工的一般过程，其操作步骤如下。

a）2D 图形　　　　　　　　　b）加工工件　　　　　　　　c）加工结果

图 8.12.1　外形重复车削

Stage1．进入加工环境

打开文件 D:\mcx7.1\work\ch08.12\LATHE_CYCLE_ROUGH.MCX-7，模型如图 8.12.2 所示。

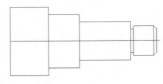

图 8.12.2　打开模型

Stage2．设置工件和夹爪

Step1．在"操作管理"中单击 **山 属性 – Lathe Default MM** 节点前的"+"号，将该节点展开，然后单击 **◆ 素材设置** 节点，系统弹出"机器群组属性"对话框。

Step2．设置工件的形状。在"机器群组属性"对话框的 **素材** 区域中选择 **⊙ 左侧主轴** 选项，单击 **属性…** 按钮，系统弹出"机床组件管理 – 素材"对话框。

Step3．设置工件的尺寸。在"机床组件管理 – 素材"对话框中单击 **由两点产生(2)…** 按钮，然后在图形区选取图 8.12.3 所示的两点（点 1、点 2 的位置大致如图所示即可），系统返回到"机床组件管理 – 素材"对话框，在 **外径:** 文本框中输入值 50.0,在 **长度:** 文本框中输入值 130.0，在 **轴向位置** 区域 **Z:** 文本框中输入值 0.0，其他参数采用系统默认设置值，单击 **预览车床边界** 按钮查看工件，如图 8.12.4 所示。按 Enter 键，然后在"机床组件管理 – 素材"对话框中单击 **✓** 按钮，返回至"机器群组属性"对话框。

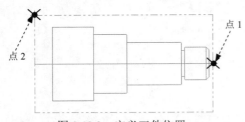

图 8.12.3　定义工件位置

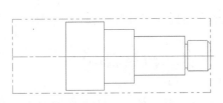

图 8.12.4　预览工件形状和位置

Step4. 设置夹爪的形状。在"机器群组属性"对话框 夹头设置 区域中选择 ⊙ 左侧主轴 选项，单击 属性... 按钮，系统弹出"机床组件管理 - 夹头设置"对话框。

Step5. 设置夹爪的尺寸。在"机床组件管理 - 夹头设置"对话框中设置参数，如图8.12.5所示。

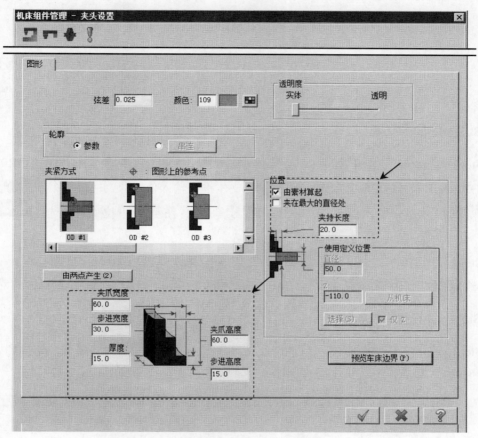

图 8.12.5 "机床组件管理-夹头设置"对话框

Step6. 单击 预览车床边界 按钮查看夹爪，如图8.12.6所示。按 Enter 键，然后在"机床组件管理 - 夹头设置"对话框中单击 √ 按钮，返回到"机器群组属性"对话框。

Step7. 在"机器群组属性"对话框中单击 √ 按钮，完成工件和夹爪的设置。

Stage3. 选择加工类型

Step1. 选择下拉菜单 I 刀具路径 ➡ 循环车 (N) ➡ ⊜ 粗车 (R) 命令，系统弹出"输入新 NC 名称"对话框，采用系统默认的 NC 名称，单击 √ 按钮，系统弹出"串连选项"对话框。

Step2. 定义加工轮廓。在"串连选项"对话框中选中 ☑ 接续 复选框。确认 ○○ 按钮被按下，然后在图形区中从右侧开始依次选取图8.12.7所示的轮廓，单击 √ 按钮，系统弹出"车床 粗车循环 属性"对话框。

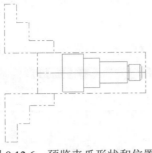

图 8.12.6　预览夹爪形状和位置

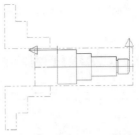

图 8.12.7　定义加工轮廓

Stage4．选择刀具

Step1. 在"车床 粗车循环 属性"对话框 刀具路径参数 选项卡中选择"T0101 R0.8 OD ROUGH RIGHT -80 DEG"刀具，在 进给率: 文本框中输入值 0.3，并选中 ⊙ mm/转 单选项；在 主轴转速 文本框中输入值 800.0，并选中 ⊙ RPM 单选项；在 换刀点 下拉列表中选择 使用者定义 选项。

Step2. 设置冷却方式。单击 Coolant... 按钮，系统弹出"Coolant…"对话框，在 Flood （切削液）下拉列表中选择 On 选项，单击该对话框中的 ✓ 按钮，关闭"Coolant…"对话框。

Stage5．设置加工参数

Step1. 在"车床 粗车循环 属性"对话框中单击 循环粗车的参数 选项卡，切换到"循环粗车的参数"界面，设置加工参数如图 8.12.8 所示，其余选项采用系统默认设置。

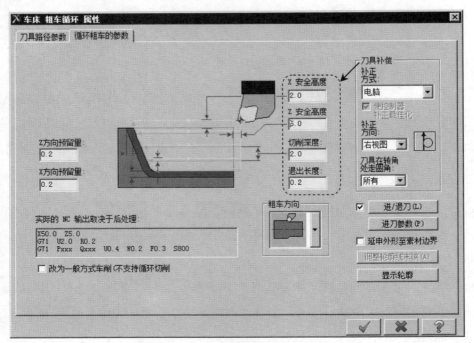

图 8.12.8　"循环粗车的参数"选项卡

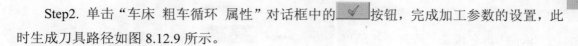

Step2. 单击"车床 粗车循环 属性"对话框中的 按钮，完成加工参数的设置，此时生成刀具路径如图 8.12.9 所示。

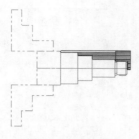

图 8.12.9　刀具路径

Stage6. 加工仿真

Step1. 路径模拟。

（1）在"操作管理"中单击 刀具路径 - 18.2K - LATHE_CYCLE_ROUGH.NC - 程序号码 0 节点，系统弹出"路径模拟"对话框及"路径模拟控制"操控板。

（2）在"路径模拟控制"操控板中单击 按钮，系统将开始对刀具路径进行模拟，结果与图 8.12.9 所示的刀具路径相同，在"路径模拟"对话框单击 按钮。

Step2. 实体切削验证。

（1）在"操作控制"中确认 1 - 车床 粗车循环 - [WCS: TOP] - [刀具平面: 车床 顶部 左边 [TOP] 节点被选中，然后单击"验证已选择的操作"按钮 ，系统弹出"Mastercam Simulator"对话框。

（2）在"Mastercam Simulator"对话框中单击 按钮，系统将开始进行实体切削仿真，结果如图 8.12.10 所示，单击 X 按钮。

图 8.12.10　仿真结果

Stage7. 后处理

Step1. 在"操作控制"中确认 1 - 车床 粗车循环 - [WCS: TOP] - [刀具平面: 车床 顶部 左边 [TOP] 节点被选中，然后单击 G1 按钮，系统弹出"后处理程序"对话框。

Step2. 采用系统默认的参数，在"后处理程序"对话框中单击 按钮，系统弹出"另存为"对话框，选择合适存放位置，单击 按钮。

Step3. 完成上步操作后，系统弹出图 8.12.11 所示的"Mastercam Code Expert 编辑器"

窗口，从中可以观察到系统已经生成了 NC 程序。

Step4. 保存模型。选择下拉菜单 文件(F) ➡ 保存(S) 命令，即可保存加工结果。

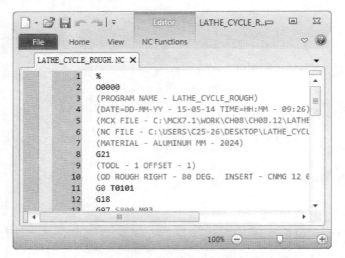

图 8.12.11　"Mastercam Code Expert 编辑器"窗口

8.12.2　精车循环

精车循环的实际刀具路径与前面小节所述的精车加工相似，但是参数设置要相对简单一些。下面紧接着以上面的加工模型（图 8.12.12）为例，讲解精车循环加工的一般过程，其操作步骤如下。

a）加工工件　　　　　　　　　　　　　　b）加工结果

图 8.12.12　精车循环

Step1. 选择下拉菜单 刀具路径(T) ➡ 循环车(N) ➡ 精车(F) 命令，系统弹出"车床 精车循环 属性"对话框。

Step2. 选择刀具。在"车床 精车循环 属性"对话框中选择"T1212 R0.8 OD RIGHT 55 DEG"刀具，在 进给率: 文本框中输入值 0.1，并选中 ⊙ mm/转 单选项；在 主轴转速: 文本框中输入值 1200.0，并选中 ⊙ RPM 单选项。

Step3. 设置冷却方式。单击 Coolant... 按钮，系统弹出"Coolant..."对话框，在 Flood

（切削液）下拉列表中选择 On 选项，单击该对话框中的 ✓ 按钮，关闭"Coolant…"对话框。

Step4. 设置循环精车参数。在"车床 精车循环 属性"对话框中单击 循环精车的参数 选项卡，切换到"循环精车的参数"界面，采用系统默认参数设置值。

Step5. 生成刀具路径。单击"车床 精车循环 属性"对话框中的 ✓ 按钮，此时生成刀具路径如图 8.12.13 所示。

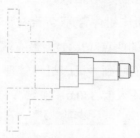

图 8.12.13　刀具路径

说明：读者可参考粗车循环中的操作方法，进行后处理的检验。

Step6. 保存模型。选择下拉菜单 文件(F) ➜ 保存(S) 命令，即可保存加工结果。

8.12.3　外形重复循环

外形重复车削与前面所述的车削加工相似，但是选项卡的参数设置要相对简单一些，外形重复车削适用于外形有曲线的线条加工。下面以图 8.12.14 所示的模型为例讲解外形重复车削加工的一般过程，其操作步骤如下。

a）2D 图形　　　　　　　b）加工工件　　　　　　c）加工结果

图 8.12.14　外形重复车削

Stage1. 进入加工环境

打开文件 D:\mcx7.1\work\ch08.12\COUTOUR_LATHE_PATTEN.MCX-7，模型如图 8.12.15 所示。

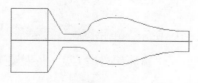

图 8.12.15　打开模型

Stage2.　设置工件和夹爪

Step1.　在"操作管理"中单击 山 属性 – Lathe Default MM 节点前的"+"号，将该节点展开，然后单击◆ 素材设置 节点，系统弹出"机器群组属性"对话框。

Step2.　设置工件的形状。在"机器群组属性"对话框的 素材 区域中单击 属性… 按钮，系统弹出"机床组件管理 - 素材"对话框。

Step3.　设置工件的尺寸。在"机床组件管理 - 素材"对话框中单击 由两点产生 ⑵… 按钮，然后在图形区选取图 8.12.16 所示的两点（点 1 为最右端竖直线与轴的中心线的交点，点 2 的位置大致如图所示即可），系统返回到"机床组件管理 - 素材"对话框，在 外径: 文本框中输入值 130.0，在 长度: 文本框中输入值 380.0，在 轴向位置 区域 Z: 文本框中输入值 0.0，其他参数采用系统默认设置值，单击 预览车床边界 按钮查看工件，如图 8.12.17 所示。按 Enter 键，然后在"机床组件管理 - 素材"对话框中单击 ✓ 按钮，返回至"机器群组属性"对话框。

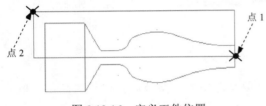

图 8.12.16　定义工件位置

图 8.12.17　预览工件形状和位置

Step4.　设置夹爪的形状。在"机器群组属性"对话框 夹头设置 区域中单击 属性… 按钮，系统弹出"机床组件管理 - 夹头设置"对话框。

Step5.　设置夹爪的尺寸。在"机床组件管理 - 夹头设置"对话框中单击 由两点产生 按钮，然后在图形区选取图 8.12.18 所示的两点（两点的位置大致如图所示即可），系统返回到"机床组件管理 - 夹头设置"对话框。

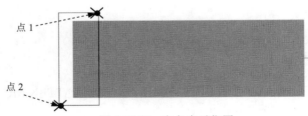

图 8.12.18　定义夹爪位置

Step6.　设置参数如图 8.12.19 所示，单击 预览车床边界 按钮查看夹爪，如图 8.12.20 所示。按 Enter 键，然后在"机床组件管理 - 夹头设置"对话框中单击 ✓ 按钮，返回到"机器群组属性"对话框。

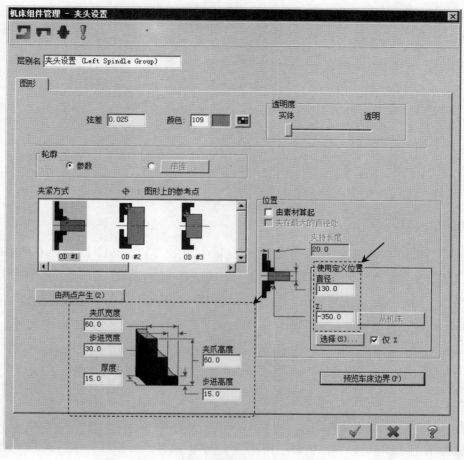

图 8.12.19 "机床组件管理-夹头设置"对话框

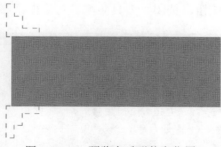

图 8.12.20 预览夹爪形状和位置

Step7. 在"机器群组属性"对话框中单击 ✓ 按钮，完成工件和夹爪的设置。

Stage3. 选择加工类型

Step1. 选择下拉菜单 刀具路径(T) → 循环车(N) → 外形重复(P) 命令，系统弹出"输入新 NC 名称"对话框，采用系统默认的 NC 名称，单击 ✓ 按钮，系统弹出"串连选项"

对话框。

Step2. 定义加工轮廓。在该对话框中单击 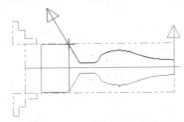 按钮，然后在图形区中从右侧开始选取图 8.12.21 所示的轮廓，单击 ✔ 按钮，系统弹出"车床 外形重复循环 属性"对话框。

图 8.12.21　定义加工轮廓

Stage4. 选择刀具

Step1. 在"车床 外形重复循环 属性"对话框中选择"T2121 R0.8 OD FINISH RIGHT-35 DEG"刀具，在 进给率: 文本框中输入值 0.15，并选中 ⊙ mm/转 单选项；在 主轴转速: 文本框中输入值 1000.0，并选中 ⊙ RPM 单选项；在 换刀点 下拉列表中选择 使用者定义 选项，单击 定义(D) 按钮，在系统弹出的"换刀点-使用者定义"对话框 X: 文本框中输入值 25.0，Z: 文本框中输入值 100.0，单击该对话框中的 ✔ 按纽，返回到"车床 外形重复循环 属性"对话框，其他参数采用系统默认设置值。

Step2. 设置冷却方式。单击 Coolant... 按钮，系统弹出"Coolant..."对话框，在 Flood（切削液）下拉列表中选择 On 选项，单击该对话框中的 ✔ 按钮，关闭"Coolant..."对话框。

Step3. 设置刀具角度。在"车床 外形重复循环 属性"对话框中单击 刀具角度(G)... 按钮，系统弹出"刀具角度"对话框，在 刀具角度 区域的文本框中输入值 4.0，如图 8.12.22 所示，单击该对话框中的 ✔ 按钮，关闭"刀具角度"对话框。

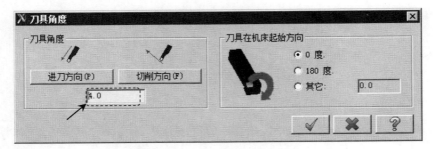

图 8.12.22　"刀具角度"对话框

Stage5. 设置加工参数

在"车床 外形重复循环 属性"对话框中单击 循环外形重复的参数 选项卡，切换到"循环外形重复的参数"界面，设置加工参数如图 8.12.23 所示，单击"车床 外形重复循环 属性"对话框中的 ✔ 按钮，完成加工参数的设置，此时生成刀具路径如图 8.12.24 所示。

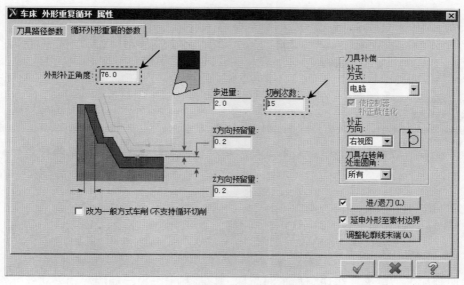

图 8.12.23 "循环外形重复的参数"选项卡

Stage6. 加工仿真

Step1. 路径模拟。

（1）在"操作管理"中单击 ≋ 刀具路径 - 20.8K - COUTOUR_LATHE_PATTEN.NC - 程序号码 0 节点，系统弹出"路径模拟"对话框及"路径模拟控制"操控板。

（2）在"路径模拟控制"操控板中单击 ▶ 按钮，系统将开始对刀具路径进行模拟，结果与图 8.12.24 所示的刀具路径相同，在"路径模拟"对话框中单击 ✓ 按钮。

Step2. 实体切削验证。

（1）在"操作控制"中确认 🗁 1-车床 外形重复循环-[WCS: TOP]-[刀具平面:车床 顶部 左边 [TOP] 1]节点被选中，然后单击"验证已选择的操作"按钮 🔲，系统弹出"Mastercam Simulator"对话框。

（2）在"Mastercam Simulator"对话框中单击 ▶ 按钮，系统将开始进行实体切削仿真，结果如图 8.12.25 所示，单击 X 按钮。

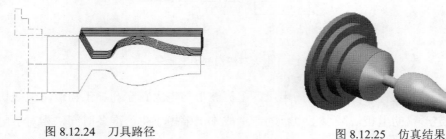

图 8.12.24 刀具路径　　　　　　图 8.12.25 仿真结果

Step3. 保存模型。选择下拉菜单 文件(F) ➡ 保存(S) 命令，即可保存加工结果。

第 9 章　　线切割加工

本章将介绍线切割的加工方法，其中包括线切割加工概述、外形切割加工和四轴切割加工。学习完本章之后，希望读者能够熟练掌握这两种线切割加工方法。

9.1　概　　述

线切割加工是电火花线切割加工的简称，它是利用一根运动的线状金属丝（钼丝或铜丝）作工具电极，在工件和金属丝间通以脉冲电流，靠火花放电对工件进行切割的加工方法。在 Mastercam X7 中，线切割主要分为两轴和四轴两种。

线切割加工的原理如图 9.1.1 所示。工件上预先打好穿丝孔，电极丝穿过该孔后，经导向轮由储丝筒带动正、反向交替移动。放置工件的工作台按预定的控制程序，在 X、Y 两个坐标方向上作伺服进给移动，把工件切割成形。加工时，需在电极丝和工件间不断浇注工作液。

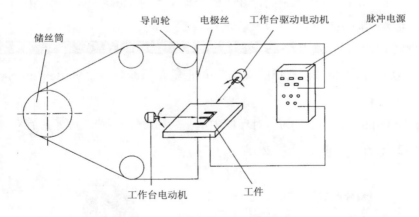

图 9.1.1　电火花线切割加工原理

线切割加工的工作原理和使用的电压、电流波形与电火花穿孔加工相似，但线切割加工不需要特定形状的电极，减少了电极的制造成本，缩短了生产准备时间，相对于电火花穿孔加工生产率高、加工成本低，在加工过程中工具电极损耗很小，可获得较高的加工精度。小孔、窄缝，凸、凹模加工可一次完成，多个工件可叠起来加工，但不能加工盲孔和立体成形表面。由于电火花线切割加工具有上述特点，因此在国内外的发展都比较迅速，已经成为一种高精度和高自动化的特种加工方法，在成形刀具与难切削材料、模具制造和精密复杂零件加工等方面得到了广泛应用。

电火花加工还有其他许多方式的应用，如电火花磨削、电火花共轭回转加工、电火花表面强化和刻字加工等。电火花磨削加工可磨削加工精密小孔、深孔、薄壁孔及硬质合金小模数滚刀；电火花共轭回转加工可加工精密内、外螺纹环规，精密内、外齿轮等。

9.2　外形切割路径

两轴线切割加工可以用于任何类型的二维轮廓加工。在两轴线切割加工时，刀具（钼丝或铜丝）沿着指定的刀具路径切割工件，在工件上留下细线切割所留下的轨迹线，从而使零件和工件分离得到所需的零件。下面以图 9.2.1 所示的模型为例来说明外形切割的加工过程，其操作步骤如下。

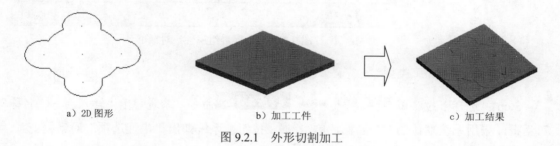

a）2D 图形　　　　　　b）加工工件　　　　　　c）加工结果

图 9.2.1　外形切割加工

Stage1. 进入加工环境

Step1. 打开原始模型文件 D:\mcx7.1\work\ch09.02\WIRED.MCX-7。

Step2. 进入加工环境。选择下拉菜单 机床类型(M) ➡ 线切割(W) ➡ 默认(D) 命令，系统进入加工环境，此时零件模型如图 9.2.2 所示。

Stage2. 设置工件

Step1. 在"操作管理"中单击 属性 - Generic Wire EDM 节点前的"+"号，将该节点展开，然后单击 素材设置 节点，系统弹出"机器群组属性"对话框。

Step2. 设置工件的形状。在"机器群组属性"对话框的 形状 区域选中 立方体 单选项。

Step3. 设置工件的尺寸。在"机器群组属性"对话框中单击 边界盒(B) 按钮，系统弹出"边界盒选项"对话框，接受系统默认的参数设置值，单击 按钮，返回至"机器群组属性"对话框，在 X 、 Y 和 Z 方向高度的文本框中分别输入值 150.0、150.0、10.0，此时该对话框如图 9.2.3 所示。

Step4. 单击"机器群组属性"对话框中的 ✓ 按钮，完成工件的设置。此时零件如图 9.2.4 所示，从图中可以观察到零件的边缘多了红色的双点画线，点画线围成的图形即为工件。

图 9.2.2　零件模型

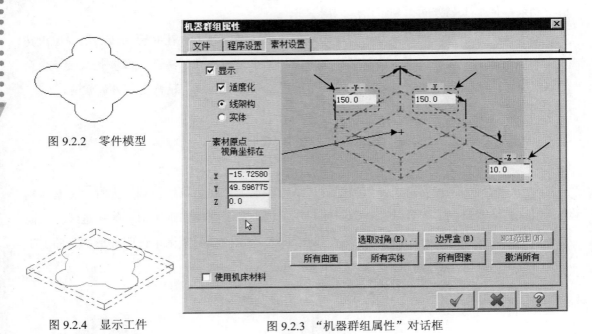

图 9.2.4　显示工件　　　　　　　图 9.2.3　"机器群组属性"对话框

Stage3. 选择加工类型

Step1. 选择下拉菜单 刀具路径(T) ➡ 外形切割(C) 命令，系统弹出"输入新 NC 名称"对话框，采用系统默认的 NC 名称，单击 ✓ 按钮；系统弹出"串连选项"对话框。

Step2. 设置加工区域。在图形区中选取图 9.2.5 所示的曲线串，然后按 Enter 键，完成加工区域的选择，同时系统弹出"线切割刀具路径-等高外形"对话框。

选取此曲线串

图 9.2.5　加工区域

Stage4. 设置加工参数

Step1. 在"线切割刀具路径-等高外形"对话框左侧节点树中单击 钼丝 / 电源 节点，结果如图 9.2.6 所示，然后单击 按钮，系统弹出图 9.2.7 所示的"编辑数据库"对话框，采用系统默认的参数设置值，单击 ✓ 按钮返回至"线切割刀具路径-等高外形"对话框。

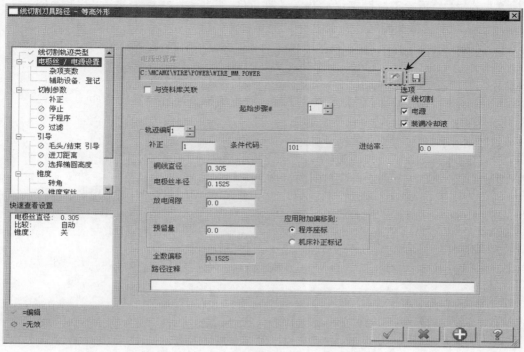

图 9.2.6 "电极丝/电源设置"设置界面

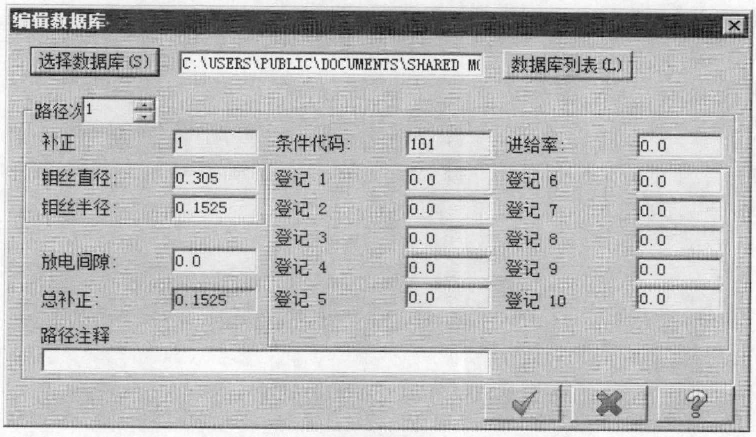

图 9.2.7 "编辑数据库"对话框

图 9.2.7 所示的"编辑数据库"对话框中部分选项的说明如下。

● 路径次 文本框：用于在当前的资料库中指定编辑参数的路径号。

● 数据库列表(L) 按钮：用于列出当前资料库中的所有电源。

● 补正: 文本框：用于设置线切割刀具的补正码（与电火花加工设备有关）。

● 条件代码: 文本框：用于设置与补正码相协调的线切割特殊值。

● 进给率: 文本框：用于定义线切割刀具的进给率。

注意：大部分的线切割加工是不使用进给率的，除非用户需要对线切割刀具进行控制。

- 钼丝直径:文本框:用于指定电极丝的直径。此值与"钼丝半径"是相联系的,当"钼丝半径"值改变时,此值也会自动更新。

- 钼丝半径:文本框:用于指定电极丝的半径值。

- 放电间隙:文本框:用于定义超过线切割刀具直径的材料去除值。

- 总补正:文本框:用于显示刀具半径、放电间隙和毛坯的补正总和。

- 登记 1 文本框:用于设置控制器号。

说明:其他"登记"文本框与 登记 1 文本框相同,因此不再赘述。

- 路径注释 文本框:用于添加电源设置参数的注释。

Step2. 在"线切割刀具路径-等高外形"对话框左侧节点树中单击 切削参数 节点,显示切削参数设置界面,如图 9.2.8 所示,选中 ☑ 执行粗加工 复选框,其他参数设置值接受系统默认。

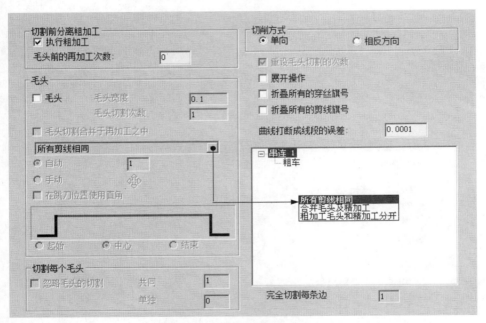

图 9.2.8 "切削参数"设置界面

图 9.2.8 所示的"切削参数"设置界面中部分选项的说明如下。

- ☑ 执行粗加工 复选框:用于创建粗加工。

- 毛头前的再加工次数:文本框:用于指定加工毛头前的加工次数。

- ☑ 毛头 复选框:用于创建毛头加工,选中该项后,其他相关选项被激活。

- 毛头宽度:文本框:用于指定毛头沿轮廓边缘的延伸距离。

- 毛头切割次数 文本框:用于定义切割毛头的加工次数。

- ☑ 毛头切割合并于再加工之中 复选框:选中此项,则表示毛头加工在加工中进行。

- 所有剪线相同 ▼ 下拉列表:用于设置加工顺序,其包括 所有剪线相同 选项、

合并毛头及精加工 选项和 粗加工毛头和精加工分开 选项。当选中 ☑ 展开操作 复选框时此下拉
列表可用。

- ☑ 所有剪线相同 选项：用于定义粗加工、毛头加工、精加工等加工为同一个轮廓。
- ☑ 合并毛头及精加工 选项：用于定义先进行粗加工，然后在进行毛头加工和精加工。
- ☑ 粗加工毛头和精加工分开 选项：用于定义先进行粗加工，再进行毛头加工，最后进
  行精加工。

- ● 自动 单选项：用于自动设置毛头位置。
- ● 手动 单选项：用于手动设置毛头位置。可以通过单击其后的 ⊕ 按钮，在绘图区
  选取一点来确定毛头的位置。
- ☑ 在跳刀位置使用直角 复选框：在 ● 手动 单选项被选中的情况下有效，用于使用方形
  的点作为毛头的位置。当选中此复选框时， ● 开始 单选项、 ● 中点 单选项和 ● 结束
  单选项被激活，用户可以通过这三个单选项来定义毛头的位置。
- 切削方式 区域：用于定义切削的方式，其包括 ● 单向 单选项和 ● 相反方向 单选项。
  - ☑ ● 单向 单选项：用于设置始终沿一个方向进行切削。
  - ☑ ● 相反方向 单选项：用于设置沿一个方向切削，然后换向进行切削，如此循环
    直到加工完成。
- ☑ 重设毛头切割的次数 复选框：当选中此复选框，系统会使用资料库中路径1的相关
  参数加工第一个毛头部位，并使用路径1的相关参数进行其后的粗加工，在第二
  个毛头部位使用资料库中路径2的相关参数进行加工，然后使用路径1的相关参
  数进行其后的粗加工，依此类推进行加工。
- ☑ 展开操作 复选框：用于激活 所有剪线相同 ▼ 下拉列表。
- ☑ 折叠所有的穿线旗号 复选框：当选中此复选框时，将不标记穿线旗号，而且不写入
  NCI 程序中。
- ☑ 折叠所有的剪线旗号 复选框：当选中此复选框时，将不标记剪线旗号，而且不写入
  NCI 程序中。

Step3. 在"线切割刀具路径 – 等高外形"对话框左侧节点树中单击 ⊘ 停止 节点，显
示停止参数设置界面，如图 9.2.9 所示，参数设置接受系统默认设置值。

图 9.2.9 所示的"停止"设置界面中部分选项的说明如下。

说明："停止"设置界面的选项在切削参数界面中选择 ☑ 毛头 选项后被激活。

- ☑ 产生停止指令 区域：用于设置在毛头加工过程中输出停止代码的位置。
  - ☑ ● 从每个毛头 单选项：用于设置在加工所有毛头前输出停止代码。
  - ☑ ● 在第一个毛头的操作 单选项：用于设置在第一次毛头加工前输出停止代码。

- 输出停止指令 区域: 用于设置停止指令的形式。
  - ☑ ⊙ 暂时停止(M01) 单选项: 用于设置输出暂时停止代码。
  - ☑ ☑ 毛头结束之前的距离 : 用于设置在停止代码的距离数, 需在其后的文本框中输入具体数值。
  - ☑ ☑ 之前毛头 复选框: 用于设置输出停止指令的位置为在加工毛头之前。
  - ☑ ⊙ 再次停止 单选项: 用于设置输出永久停止代码。
  - ☑ ☑ 之后毛头 复选框: 用于设置输出停止指令的位置为在加工毛头之后。

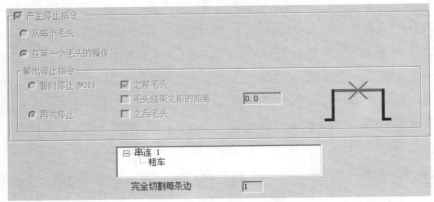

图 9.2.9 "停止"设置界面

Step4. 在"线切割刀具路径-等高外形"对话框左侧节点树中单击 引导 节点, 显示引导参数设置界面, 如图 9.2.10 所示, 在 进刀 和 退刀 区域均选中 ⊙ 只有直线 单选项, 其他参数设置接受系统默认设置值。

图 9.2.10 所示的"引导"设置界面中部分选项的说明如下。

- 进刀 区域: 用于定义电极丝引入运动的形状, 其包括 ⊙ 只有直线 单选项、⊙ 线与圆弧 单选项和 ⊙ 2线和圆弧 单选项。
  - ☑ ⊙ 只有直线 单选项: 用于在穿线点和轮廓开始处创建一条直线。
  - ☑ ⊙ 线与圆弧 单选项: 用于在穿线点和轮廓开始处增加一条直线和一段圆弧。
  - ☑ ⊙ 2线和圆弧 单选项: 用于在穿线点和轮廓开始处创建两条直线和一段圆弧。
- 退刀 区域: 用于定义引出运动的形状, 其包括 ⊙ 只有直线 单选项、⊙ 单一圆弧 单选项、⊙ 圆弧和直线 单选项和 ⊙ 圆弧和2线 单选项。
  - ☑ ⊙ 只有直线 单选项: 选中此单选项后, 电极丝切出工件后会以直线的形式运动到切削点或者运动到设定的位置。
  - ☑ ⊙ 单一圆弧 单选项: 电极丝切出工件后会形成一段圆弧, 用户可以自定义圆弧的半径和扫掠角。
  - ☑ ⊙ 圆弧和直线 单选项: 电极丝切出工件后会形成一段圆弧, 接着以直线的形式

运动到切削点。

- ☑ ⦿ **圆弧和2线** 单选项：电极丝切出工件后会形成一段圆弧，接着创建两条直线，运动到切削点。

- **引进/引出** 区域：用于定义进入/退出的直线和圆弧的参数，其包括 **圆弧半径**：文本框、**扫描角度**：文本框和 **重叠量**：文本框。

  - ☑ **圆弧半径**：文本框：用于指定引入/引出的圆弧半径。
  - ☑ **扫描角度**：文本框：用于指定引入/引出的圆弧转角。
  - ☑ **重叠量**：文本框：用于在轮廓的开始和结束定义需要去除的振动值。

- ☑ **最大引出长度**：复选框：用于缩短引出长度的值，用户可以在其后的文本框中输入引出长度的缩短值。如果不选中此复选框，则引出长度为每一个切削点到轮廓终止位置的平均距离。

- ☑ **修剪最后的引出** 复选框：用于设置以指定的"最大引出长度"来修剪最后的引出距离。

- ☑ **毛头切割(没有脱离的方法)** 复选框：用于设置去除短小的突出部。当毛坯为长条状时选中此复选框。选中该复选框，则 ⦿ **毛头/结束 引导** 节点将处于不可用状态。

- ☑ **自动设定剪线位置** 复选框：用于设置系统自动测定最有效切削点。

- ☑ **设置切入点=穿丝点** 复选框：用于设置切入点与穿线点的位置相同。

- ☑ **快速到穿丝点** 复选框：用于设置从引入穿线点到轮廓链间快速移动。

- ☑ **快速到切线点** 复选框：用于设置引出运动为快速移动。

- ☑ **快速到开始位置的程序端点** 复选框：用于设置在最初的起始位置和刀具路径的结束位置间建立快速移动。

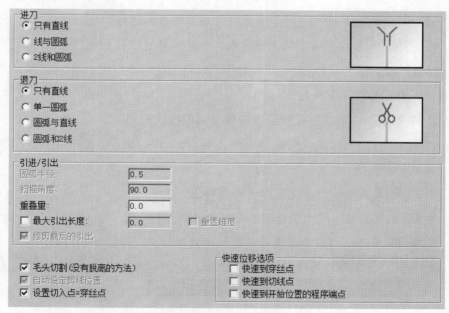

图 9.2.10 "引导"参数设置界面

Step5. 在"线切割刀具路径-等高外形"对话框左侧节点树中单击引导距离节点，显示进刀距离设置界面，如图 9.2.11 所示，选中 ☑ 引导距离（不考虑穿丝/ 切入点）复选框，并在 引进距离:文本框中输入值 10.0，其他参数接受系统默认设置值。

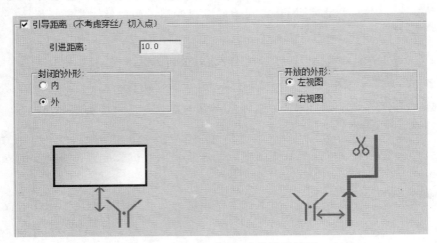

图 9.2.11　"进刀距离"参数设置界面

图 9.2.11 所示的"进刀距离"设置界面中部分选项的说明如下。

- ☑ 引导距离（不考虑穿丝/ 切入点）复选框：用于设置引导的距离。用户可以在 引进距离:后的文本框中指定距离值。

- 封闭的外形:区域：用于设置封闭轮廓时的引导位置。
  - ☑ ⊙ 内单选项：用于设置在轮廓边界内进行引导。
  - ☑ ⊙ 外 单选项：用于设置在轮廓边界外进行引导。

- 开放的外形:区域：用于设置开放式轮廓时的引导位置。
  - ☑ ⊙ 左视图单选项：用于设置在轮廓边界左边进行引导。
  - ☑ ⊙ 右视图单选项：用于设置在轮廓边界右边进行引导。

Step6. 在"线切割刀具路径 – 等高外形"对话框左侧节点树中单击 锥度节点，显示锥度设置界面，设置参数如图 9.2.12 所示。

图 9.2.12 所示的"锥度"设置界面中部分选项的说明如下。

- ☑ 锥度 区域：用于定义轮廓锥形的类型，包括 单选项组、锥度方向区域和 起始锥度文本框等内容。

- 起始锥度文本框：用于设置锥度的最初值。

- ⊙ 左视图单选项：用于设置刀具路径向左倾斜。

- ⊙ 右视图单选项：用于设置刀具路径向右倾斜。

- 所有圆锥形路径 ▼ 下拉列表：用于定义锥形轮廓的走刀方式，其包括 所有圆锥形路径选项、取消圆锥形路径之后选项和 应用圆锥形路径之后选项。

☑ 所有圆锥形路径 选项：用于设置所有的刀具路径采用锥形切削的走刀方式。

☑ 取消圆锥形路径之后 选项：用于设置在指定的路径之后采用垂直切削的走刀方式。
用户可以在其后的文本框中指定路径值。

☑ 应用圆锥形路径之后 选项：用于设置在指定的路径之后采用锥形切削的走刀方式。
用户可以在其后的文本框中指定路径值。

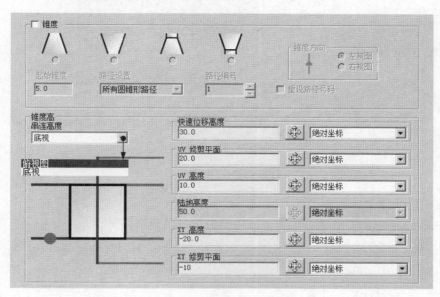

图 9.2.12 "锥度"参数设置界面

- 串连高度 下拉列表：用于设置刀具路径的高度。

  ☑ 俯视图 选项：用于设置刀具路径的高度在底部。

  ☑ 底视 选项：用于设置刀具路径的高度在顶部。

- 快速位移高度 区域：用户可在其下的文本框中输入具体数值设置快速位移的 Z 高度，
  或者单击其后的 ⊕ 按钮，直接在图形区中选取一点来进行定义。

  说明：以下几个参数设置方法与此处类似，故不再赘述。

- UV 修剪平面 区域：用来设置 UV 修整平面的位置。一般 UV 修整平面的位置应略
  高于 UV 高度。

- UV 高度 区域：用来设置 UV 高度。

- 陆地高度 区域：用来设置刀具的角度支点的位置，此区域仅当锥度类型为最后两个
  时可使用。

- XY 高度 区域：用来设置 XY 高度（刀具路径的最低轮廓）。

- XY 修剪平面 区域：用来设置 XY 修整平面的高度。

Step7. 在"线切割刀具路径 – 等高外形"对话框左侧节点树中单击 转角 节点，显示
转角设置界面，如图 9.2.13 所示，参数设置接受系统默认设置值。

349

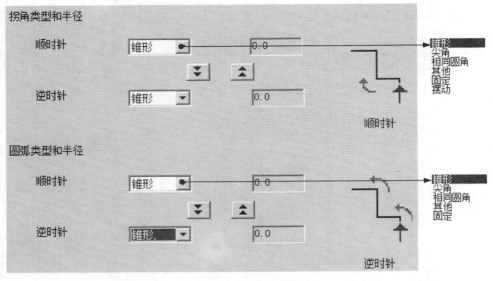

图 9.2.13 "转角"参数设置界面

图 9.2.13 所示的"转角"设置界面中部分选项的说明如下。

- 拐角类型和半径 区域：当轮廓覆盖尖角时，用于控制转角的轮廓形状，其包括 顺时针 下拉列表和 逆时针 下拉列表。

  - ☑ 顺时针 下拉列表：用于设置刀具以指定的方式在转角处顺时针行进，其包括 锥形 选项、尖角 选项、相同圆角 选项、其他 选项、固定 选项和 摆动 选项。

  - ☑ 逆时针 下拉列表：用于设置刀具以指定的方式在转角处逆时针行进，其包括 锥形 选项、尖角 选项、相同圆角 选项、其他 选项、固定 选项和 摆动 选项。

- 圆弧类型和半径 区域：当轮廓覆盖平滑圆角时，用于控制圆弧处的轮廓形状，其包括 顺时针 下拉列表和 逆时针 下拉列表。

  - ☑ 顺时针 下拉列表：用于设置刀具以指定的方式在圆弧处顺时针行进，其包括 锥形 选项、尖角 选项、相同圆角 选项、其他 选项、固定 选项。

  - ☑ 逆时针 下拉列表：用于设置刀具以指定的方式在圆弧处逆时针行进，其包括 锥形 选项、尖角 选项、相同圆角 选项、其他 选项、固定 选项。

Step8. 在"线切割刀具路径-等高外形"对话框左侧节点树中单击 ✓ 冲洗 节点，显示"冲洗中…"设置界面，如图 9.2.14 所示，在 Flushing 下拉列表中选择 On 选项开启切削液，其余参数接受系统默认设置值。

Step9. 在"线切割刀具路径-等高外形"对话框中单击 ✓ 按钮，完成参数的设置，此时系统弹出"串连管理"对话框，单击 ✓ 按钮，系统自动生成图 9.2.15 所示的刀具路径。

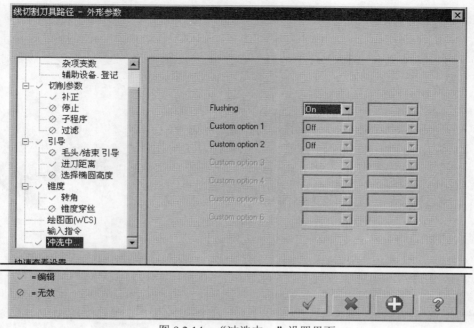

图 9.2.14 "冲洗中…"设置界面

Stage5. 加工仿真

Step1. 实体切削验证。

（1）在"操作管理"中确认 1 - 线切割-切割外形 - [WCS：俯视图] - [刀具平面：俯视图] 节点被选中，然后单击"验证已选择的操作"按钮 ，系统弹出"Mastercam Simulator"对话框。

（2）在"Mastercam Simulator"对话框中单击 按钮，系统将开始进行实体切削仿真，结果如图 9.2.16 所示，单击 按钮完成操作。

放大图

图 9.2.15 刀具路径　　　　　　　　　图 9.2.16 仿真结果

Step2. 保存文件模型。选择下拉菜单 文件(F) ➡ 保存(S) 命令，保存模型。

9.3 四轴切割路径

四轴线切割是线切割加工中比较常用的一种加工方法，通过选取不同类型的轴，可以

指定为四轴线切割加工的方式，通过选取顶面或者侧面来确定要进行线切割的上下两个面的边界形状，从而完成切割。下面以图 9.3.1 所示的模型为例来说明四轴线切割过程，其操作步骤如下。

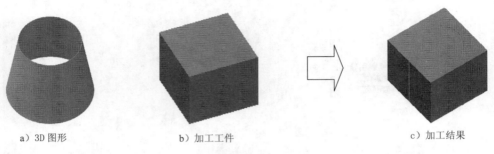

a）3D 图形　　　　b）加工工件　　　　c）加工结果

图 9.3.1　四轴切割加工

Stage1. 进入加工环境

Step1. 打开文件 D:\mcx7.1\work\ch09.03\4_AXIS_WIRED.MCX-7。

Step2. 进入加工环境。选择下拉菜单 机床类型(M) ➡ 线切割(W) ➡ 默认(D) 命令，系统进入加工环境，此时零件模型如图 9.3.2 所示。

Stage2. 设置工件

Step1. 在"操作管理"中单击 山 属性 - Generic Wire EDM 节点前的"+"号，将该节点展开，然后单击 ◇ 素材设置 节点，系统弹出"机器群组属性"对话框。

Step2. 设置工件的形状。在"机器群组属性"对话框的 材料 区域选中 ● 立方体 单选项。

Step3. 设置工件的尺寸。在"机器群组属性"对话框中单击 边界盒(B) 按钮，系统弹出"边界盒选项"对话框，接受系统默认的参数设置，单击 ✓ 按钮，返回至"机器群组属性"对话框，接受系统生成工件的尺寸参数。

Step4. 单击"机器群组属性"对话框中的 ✓ 按钮，完成工件的设置。此时零件如图 9.3.3 所示，从图中可以观察到零件的边缘多了红色的双点画线，该点画线围成的图形即为工件。

Stage3. 选择加工类型

Step1. 选择下拉菜单 刀具路径(T) ➡ 四轴(4) 命令，系统弹出"输入新 NC 名称"对话框，采用系统默认的 NC 名称，单击 ✓ 按钮；系统弹出"串连选项"对话框。

Step2. 设置加工区域。在图形区中选取图 9.3.4 所示的 2 条曲线，然后按 Enter 键，系统弹出图 9.3.5 所示的"线切割刀具路径-四 轴"对话框。

图 9.3.2 零件模型 　　　　9.3.3 显示工件 　　　　图 9.3.4 加工区域

Stage4. 设置加工参数

Step1. 设置切割参数选项卡。单击"线切割刀具路径 - 四轴"对话框中的 切削参数 选项卡，在该选项卡中选中 ☑执行粗加工 复选框，其他参数接受系统默认设置值。

Step2. 设置引导参数。在"线切割刀具路径 - 四轴"对话框左侧节点列表中单击 引导 节点，显示引导参数设置界面，在 进刀 和 退刀 区域均选中 ⊙只有直线 单选项，其他参数接受系统默认设置值。

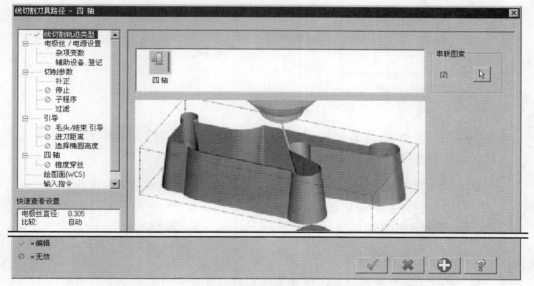

图 9.3.5 "线切割刀具路径 - 四轴"对话框

Step3. 设置进刀距离。在"线切割刀具路径 - 四轴"对话框左侧节点列表中单击 ⊘引导距离 节点，显示进刀距离设置界面，选中 ☑引导距离 (不考虑穿线/切入点) 复选框，在 引进距离: 文本框中输入值 20.0。其他参数接受系统默认设置值。

Step4. 在"线切割刀具路径-四 轴"对话框左侧节点列表中单击 四轴 节点，显示四轴设置界面，如图 9.3.6 所示，在 图素对应的模式 下拉列表中选择 依照图素 选项。

图 9.3.6 所示的"四轴"设置界面中部分选项的说明如下。

● 格式 区域：用于设置 XY/UV 高度的路径输出形式，其包括 ⊙垂直4轴 单选项和

⊙ **4轴锥度** 单选项。

☑ ⊙ **4轴锥度** 单选项：用于设置将 XY/UV 高度所有的圆弧路径根据线性公差改变成直线路径，并输出。

☑ ⊙ **垂直4轴** 单选项：用于设置输出 XY/UV 高度的直线和圆弧路径。

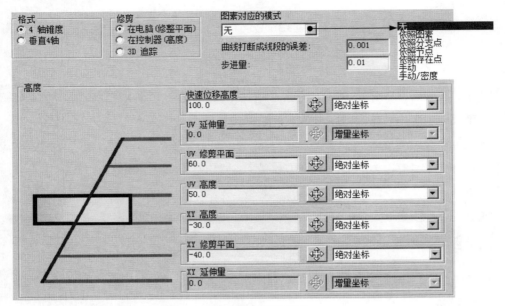

图 9.3.6 "四轴"参数设置界面

● **修剪** 区域：用于设置切割路径的修整方式，其包括 ⊙ **在电脑(修整平面)** 单选项、⊙ **在控制器(高度)** 单选项和 ⊙ **3D 追踪** 单选项。

☑ ⊙ **在电脑(修整平面)** 单选项：当选中此单选项时，系统会自动去除不可用的点以便创建平滑的切割路径。

☑ ⊙ **在控制器(高度)** 单选项：当选中此单选项时，系统会以 XY 高度和 UV 高度来限制切割路径的 Z 轴方向值。

☑ ⊙ **3D 追踪** 单选项：当选中此单选项时，系统会以空间的几何图形限制切割路径。

● **图素对应的模式** 下拉列表：用于设置划分轮廓链的方式并在 XY 平面与 UV 平面之间放置同步轮廓点，其包括 **无** 选项、**依照图素** 选项、**依照分支点** 选项、**依照节点** 选项、**依照存在点** 选项、**手动** 选项和 **手动/密度** 选项。

☑ **无** 选项：用于设置以步长把轮廓链划分成偶数段。

☑ **依照图素** 选项：用于设置以线性公差值计算切割路径的同步点。

☑ **依照分支点** 选项：用于设置以分支线添加几何图形来创建同步点。

☑ **依照节点** 选项：用于设置根据两个链间的节点创建同步点。

☑ 依照存在点 选项：用于设置根据点创建同步点。

☑ 手动 选项：用于设置以手动的方式放置同步点。

☑ 手动/密度 选项：用于设置以手动的方式放置同步点，并以密度约束其分布。

Step5. 设置刀具位置参数。在 快速位移高度 文本框中输入值 100.0，在 UV高度 文本框中输入值 50.0，在 XY高度 文本框中输入值-30.0，在 XY 修剪平面 文本框中输入值-40.0，在各文本框后的下拉列表中均选择 绝对坐标 选项；其他参数接受系统默认设置值。

Step6. 在"线切割刀具路径-四轴"对话框中单击 ☑ 按钮，完成参数的设置，生成刀具路径如图 9.3.7 所示。

Stage5. 加工仿真

Step1. 实体切削验证。

（1）在"操作管理"中确认 ☑ 1 - 四轴切割 - [WCS: 俯视图] - [刀具平面: 俯视图] 节点被选中，然后单击"验证已选择的操作"按钮 ▣，系统弹出"Mastercam Simulator"对话框。

（2）在"Mastercam Simulator"对话框中单击 ▶ 按钮。系统将开始进行实体切削仿真，结果如图 9.3.8 所示，单击 ⓧ 按钮。

图 9.3.7 刀具路径

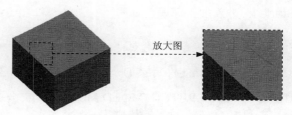

图 9.3.8 仿真结果

Step2. 保存文件模型。选择下拉菜单 文件(F) ➡️ 🖫 保存(S) 命令，保存模型。

第 10 章　综　合　实　例

本章提要
通过学习前几章，相信读者已经掌握了 Mastercam 中各种加工方法操作的一般步骤，但对于综合应用这些方法还不甚了解，本章将以具体实例来讲述如何综合应用这些方法。

10.1　综合实例 1

本实例通过对一个旋钮模具型芯的加工，让读者熟悉使用 Mastercam X7 加工模块来完成复杂零件的数控编程。下面结合曲面加工的各种方法来加工旋钮型芯（图 10.1.1），其操作步骤如下。

Stage1. 进入加工环境

Step1. 打开原始模型。选择下拉菜单 文件(F) ➡ 打开文件(O)… 命令，系统弹出"打开"对话框，选择文件目录 D:\mcx7.1\work\ch10.01\ok，然后在中间的文件列表框中选择 MICRO-OVEN_SWITCH_MOLD.MCX-7，单击 ✓ 按钮，系统打开模型并进入 Mastercam X7 的建模环境。

说明：若想把文件类型为.IGS 的文件转换成.MCX 文件，则需选择下拉菜单 文件(F) ➡ 保存(S) 命令，系统弹出"另存为"对话框，然后在 保存类型(T): 下拉列表中选择 Mastercam X6 文件 (*.MCX-6) 选项即可。若想转成.IGS 文件，则需打开.MCX-7 文件，然后选择下拉菜单 文件(F) ➡ A 另存文件 命令，系统弹出"另存为"对话框，然后在 保存类型(T): 下拉列表中选择 IGES 文件 (*.IGS;*.IGES) 选项即可。

Step2. 转换文件类型。选择下拉菜单 文件(F) ➡ 保存(S) 命令，系统弹出"另存为"对话框，接受系统默认的文件名 MICRO-OVEN_SWITCH_MOLD.MCX-7，单击 ✓ 按钮完成文件类型的转换。

Step3. 进入加工环境。选择下拉菜单 机床类型(M) ➡ 铣床(M) ➡ 默认(D) 命令，系统进入加工环境，此时零件模型如图 10.1.2 所示。

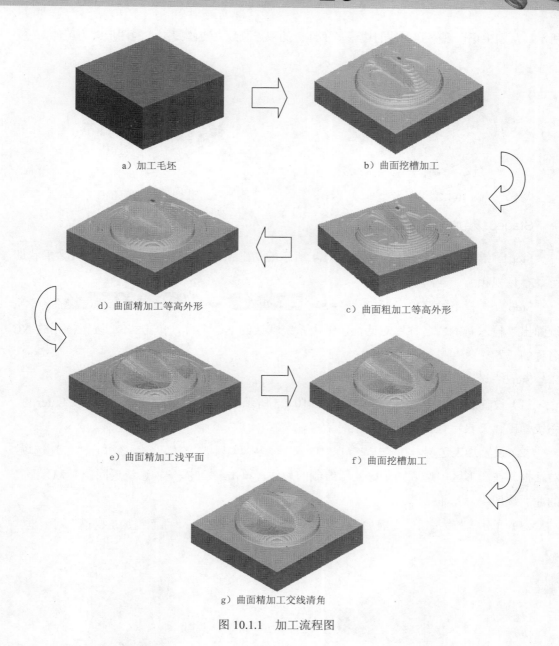

a）加工毛坯

b）曲面挖槽加工

d）曲面精加工等高外形

c）曲面粗加工等高外形

e）曲面精加工浅平面

f）曲面挖槽加工

g）曲面精加工交线清角

图 10.1.1　加工流程图

Stage2. 设置工件

Step1. 在"操作管理"中单击 **山 属性 - Mill Default MM** 节点前的"+"号，将该节点展开，然后单击 **◇素材设置** 节点，系统弹出"机器群组属性"对话框。

Step2. 设置工件的形状。在"机器群组属性"对话框的 **形状** 区域选中 **⊙ 立方体** 单选项。

Step3. 设置工件的尺寸。在"机器群组属性"对话框中单击 **所有曲面** 按钮，在 **素材原点** 区域的 **Z** 文本框中输入值 79，然后在右侧的预览区 **Z** 文本框中输入值 50.5。

Step4. 单击"机器群组属性"对话框中的 **✓** 按钮，完成工件的设置。此时零件如图 10.1.3

所示，从图中可以观察到零件的边缘多了红色的双点画线，点画线围成的图形即为工件。

图 10.1.2　零件模型

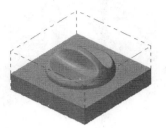

图 10.1.3　显示工件

Stage3. 粗加工挖槽加工

Step1. 绘制切削范围。绘制图 10.1.4 所示的切削范围（以俯视图方位绘制大致形状即可，参见视频）。

Step2. 选择下拉菜单 刀具路径(T) ➡ 曲面粗加工(R) ➡ 粗加工挖槽加工(K)... 命令，系统弹出"输入新 NC 名称"对话框，采用系统默认的 NC 名称，单击 ✓ 按钮，完成 NC 名称的设置。

Step3. 设置加工区域。

（1）设置加工面。在图形区中选取图 10.1.5 所示的面（共 110 个面），然后按 Enter 键，系统弹出"刀具路径的曲面选取"对话框。

（2）设置加工边界。在 Containment boundary 区域中单击 ▷ 按钮，系统弹出"串连选项"对话框。在图形区中选取图 10.1.4 所绘制的边线，单击 ✓ 按钮，系统返回至"刀具路径的曲面选取"对话框。

（3）单击 ✓ 按钮，完成加工区域的设置，同时系统弹出"曲面粗加工挖槽"对话框。

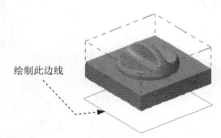

绘制此边线

图 10.1.4　绘制切削范围

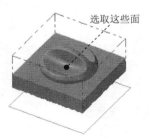

选取这些面

图 10.1.5　设置加工面

Step4. 确定刀具类型。在"曲面粗加工挖槽"对话框中单击 刀具过滤 按钮，系统弹出"刀具过滤列表设置"对话框，单击 刀具类型 区域中的 无(N) 按钮后，在刀具类型按钮群中单击 ▮（圆鼻刀）按钮，然后单击 ✓ 按钮，关闭"刀具过滤列表设置"对话框，系统返回至"曲面粗加工挖槽"对话框。

Step5. 选择刀具。在"曲面粗加工挖槽"对话框中单击 选择刀库 按钮，系统弹出"选择刀具"对话框，在该对话框的列表框中选择图 10.1.6 所示的刀具。单击 ✓ 按钮，关闭"选择刀具"对话框，系统返回至"曲面粗加工挖槽"对话框。

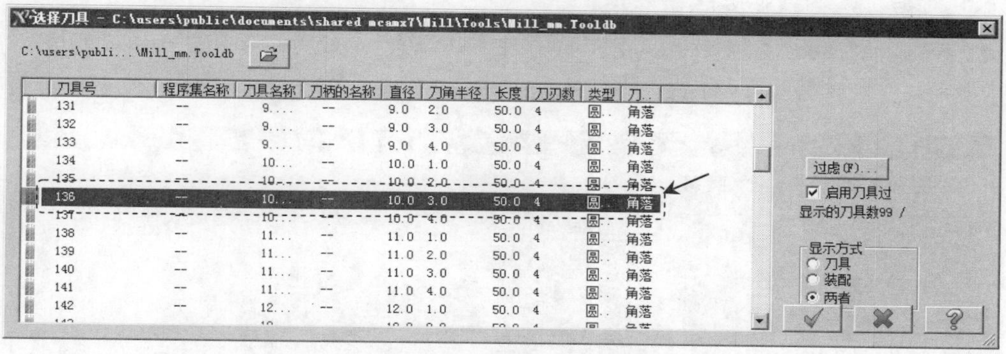

图 10.1.6 "选择刀具"对话框

Step6. 设置刀具参数。

（1）完成上步操作后，在"曲面粗加工挖槽"对话框的 刀具路径参数 选项卡的列表框中显示出上一步选择的刀具，双击该刀具，系统弹出"定义刀具-Machine Group-1"对话框。

（2）设置刀具号。在"定义刀具-Machine Group-1"对话框的 刀具号码 文本框中，将原有的数值改为 1。

（3）设置刀具的加工参数。单击"定义刀具-Machine Group-1"对话框的 参数 选项卡，在 下刀速率 文本框中输入值 1200.0，在 提刀速率 文本框中输入值 1200.0，在 主轴转速 文本框输入值 1200.0。

（4）设置冷却方式。在 参数 选项卡中单击 Coolant... 按钮，系统弹出"Coolant…"对话框，在 Flood （切削液）下拉列表中选择 On 选项，单击该对话框中的 ✓ 按钮，关闭"Coolant…"对话框。

Step7. 单击"定义刀具-Machine Group-1"对话框中的 ✓ 按钮，完成刀具的设置，系统返回至"曲面粗加工挖槽"对话框。

Step8. 设置曲面参数。在"曲面粗加工挖槽"对话框中单击 曲面参数 选项卡，设置图 10.1.7 所示的参数。

Step9. 设置粗加工参数。在"曲面粗加工挖槽"对话框中单击 粗加工参数 选项卡，设置图 10.1.8 所示的参数。

Step10. 设置挖槽参数。在"曲面粗加工挖槽"对话框中单击 挖槽参数 选项卡，设置图 10.1.9 所示的参数。

Step11. 单击"曲面粗加工挖槽"对话框中的 ✓ 按钮，完成加工参数的设置，此时系统将自动生成图 10.1.10 所示的刀具路径。

说明：在完成"曲面粗加工挖槽"后，应确保俯视图视角为目前的 WCS、刀具面和构图面以及原点，才能保证后面的刀具加工方向的正确性。具体操作为：在屏幕的右下角单击 WCS 区域，在系统弹出的快捷菜单中选择 打开视角管理器 命令，此时系统弹出"视图管理器"对话框，在该对话框 设置当前的视角与原点 区域中单击 ≡ 按钮，然后单击 ✓ 按钮。同样在后面的加工中应先确保俯视图视角为目前的 WCS、刀具面和构图面以及原点。

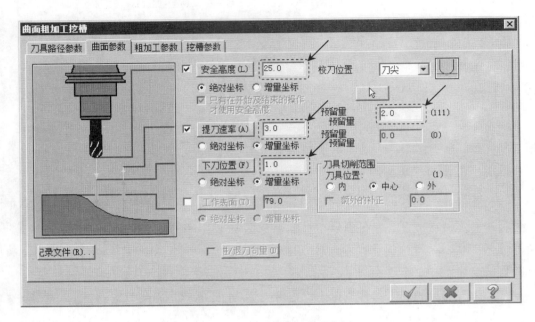

图 10.1.7　"曲面参数"选项卡

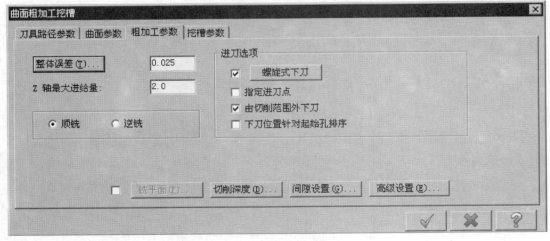

图 10.1.8　"粗加工参数"选项卡

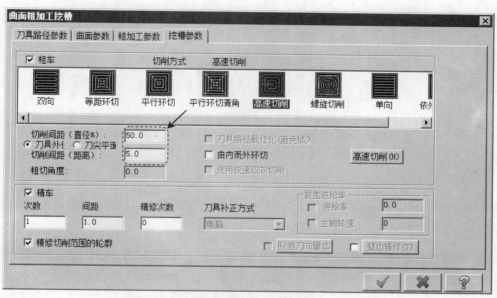

图 10.1.9 "挖槽参数"选项卡

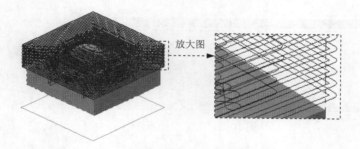

图 10.1.10 刀具路径

Stage4. 粗加工等高外形加工

Step1. 选择下拉菜单 刀具路径(T) ➡ 曲面粗加工(R) ➡ 等高外形加工(O)... 命令。

说明：先隐藏上步的刀具路径，以便于后面加工面的选取。

Step2. 设置加工区域。在图形区中选取图 10.1.11 所示的面（共 109 个），然后按 Enter 键，系统弹出"刀具路径的曲面选取"对话框。单击 ✓ 按钮，完成加工区域的设置，同时系统弹出"曲面粗加工等高外形"对话框。

Step3. 确定刀具类型。在"曲面粗加工等高外形"对话框中单击 刀具过滤 按钮，系统弹出"刀具过滤列表设置"对话框，单击 刀具类型 区域中的 无(N) 按钮后，在刀具类型按钮群中单击 ▮ （圆鼻刀）按钮，然后单击 ✓ 按钮，关闭"刀具过滤列表设置"对话框，系统返回至"曲面粗加工等高外形"对话框。

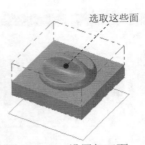

选取这些面

图 10.1.11　设置加工面

Step4. 选择刀具。在"曲面粗加工等高外形"对话框中单击 选择刀库 按钮，系统弹出"选择刀具"对话框，在该对话框的列表框中选择图 10.1.12 所示的刀具。单击 ✓ 按钮，关闭"选择刀具"对话框，系统返回至"曲面粗加工等高外形"对话框。

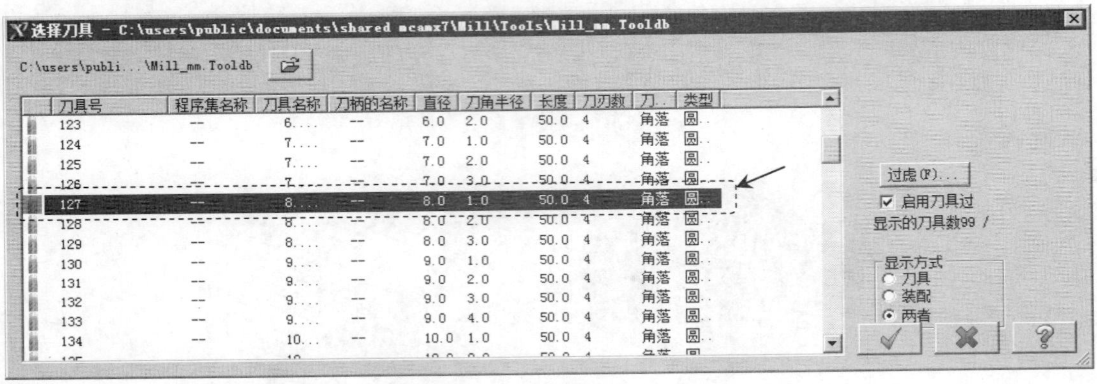

图 10.1.12　"选择刀具"对话框

Step5. 设置刀具参数。

（1）完成上步操作后，在"曲面粗加工等高外形"对话框的 刀具路径参数 选项卡的列表框中显示出上一步选择的刀具，双击该刀具，系统弹出"定义刀具-Machine Group-1"对话框。

（2）设置刀具号。在"定义刀具 -机床群组-1"对话框的 刀具号码 文本框中，将原有的数值改为2。

（3）设置刀具的加工参数。单击"定义刀具-Machine Group-1"对话框的 参数 选项卡，在 进给率 文本框中输入值 300，在 下刀速率 文本框中输入值 200.0，在 提刀速率 文本框中输入值 500.0，在 主轴转速 文本框中输入值 800.0。

（4）设置冷却方式。在 参数 选项卡中单击 Coolant... 按钮，系统弹出"Coolant..."对话框，在 Flood （切削液）下拉列表中选择 On 选项，单击该对话框中的 ✓ 按钮，关闭"Coolant..."对话框。

Step6. 单击"定义刀具 - 机床群组-1"对话框中的 ✓ 按钮，完成刀具的设置，系统返回至"曲面粗加工等高外形"对话框。

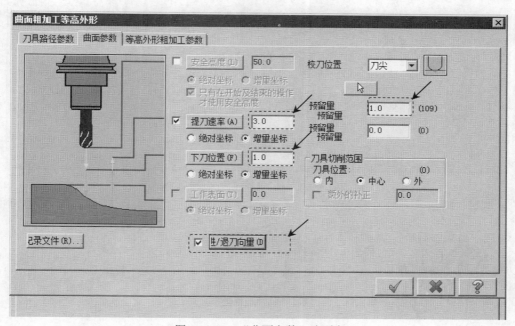

Step7. 设置曲面参数。在"曲面粗加工等高外形"对话框中单击 曲面参数 选项卡，设置图 10.1.13 所示的参数，然后选中 ☑ 进/退刀向量(I) 复选框，并单击 进/退刀向量(I) 按钮，此时系统弹出"方向"对话框，在该对话框的 进刀引线长度 文本框中输入值 1.0，然后单击 退刀向量 区域的 向量(E)... 按钮，在系统弹出的"向量"对话框的 Y 方向 文本框中输入值 100.0，在 Z 方向 文本框中输入值 0.0，单击 ✓ 按钮；然后在"方向"对话框中单击 ✓ 按钮。

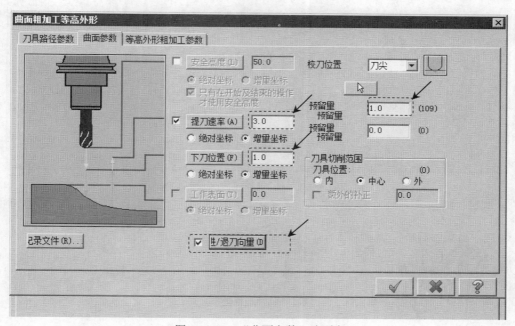

图 10.1.13 "曲面参数"选项卡

Step8. 设置等高外形粗加工参数。在"曲面粗加工等高外形"对话框中单击 等高外形粗加工参数 选项卡，设置图 10.1.14 所示的参数。

Step9. 单击"曲面粗加工等高外形"对话框中的 ✓ 按钮，完成加工参数的设置，此时系统将自动生成图 10.1.15 所示的刀具路径。

Stage5. 精加工等高外形

Step1. 选择下拉菜单 刀具路径(T) ➡ 曲面精加工(F) ➡ 精加工等高外形(C)... 命令。

说明：先隐藏上面的刀具路径，以便于后面加工面的选取。

Step2. 设置加工区域。在图形区中选取图 10.1.16 所示的曲面（共 109 个），按 Enter 键，系统弹出"刀具路径的曲面选取"对话框。单击 检测 区域的 ☐ 按钮，选取图 10.1.16 所示的平面作为干涉面，按 Enter 键返回到"刀具路径的曲面选取"对话框，单击 ✓ 按钮，完成加工区域的设置，同时系统弹出"曲面精加工等高外形"对话框。

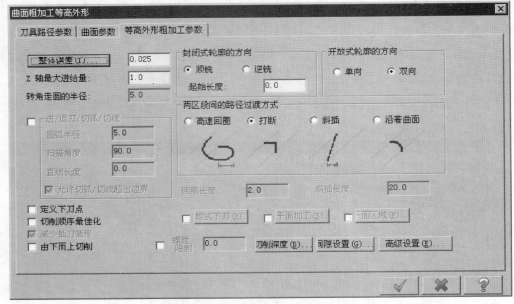

图 10.1.14　"等高外形粗加工参数"选项卡

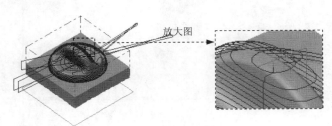

图 10.1.15　刀具路径

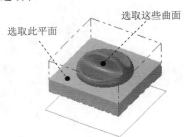

图 10.1.16　设置加工面和干涉面

Step3. 确定刀具类型。在"曲面精加工等高外形"对话框中单击 刀具过滤 按钮，系统弹出"刀具过滤列表设置"对话框，单击 刀具类型 区域中的 无(N) 按钮后，在刀具类型按钮群中单击 （圆鼻刀）按钮，然后单击 按钮，关闭"刀具过滤列表设置"对话框，系统返回至"曲面精加工等高外形"对话框。

Step4. 选择刀具。在"曲面精加工等高外形"对话框中单击 选择刀库 按钮，系统弹出"选择刀具"对话框，在该对话框的列表框中选择图 10.1.17 所示的刀具。单击 按钮，关闭"选择刀具"对话框，系统返回至"曲面精加工等高外形"对话框。

Step5. 设置刀具参数。

（1）完成上步操作后，在"曲面精加工等高外形"对话框的 刀具路径参数 选项卡的列表框中显示出上一步选择的刀具，双击该刀具，系统弹出"定义刀具–机床群组-1"对话框。

（2）设置刀具号。在"定义刀具-机床群组-1"对话框的 刀具号码 文本框中，将原有的数值改为 3。

（3）设置刀具的加工参数。单击"定义刀具-机床群组-1"对话框的 参数 选项卡，在

进给率 文本框中输入值 200.0，在 下刀速率 文本框中输入值 1200.0，在 提刀速率 文本框中输入值 1200.0，在 主轴转速 文本框中输入值 1500.0。

（4）设置冷却方式。在 参数 选项卡中单击 Coolant... 按钮，系统弹出"Coolant…"对话框，在 Flood （切削液）下拉列表中选择 On 选项，单击该对话框中的 ✓ 按钮，关闭"Coolant…"对话框。

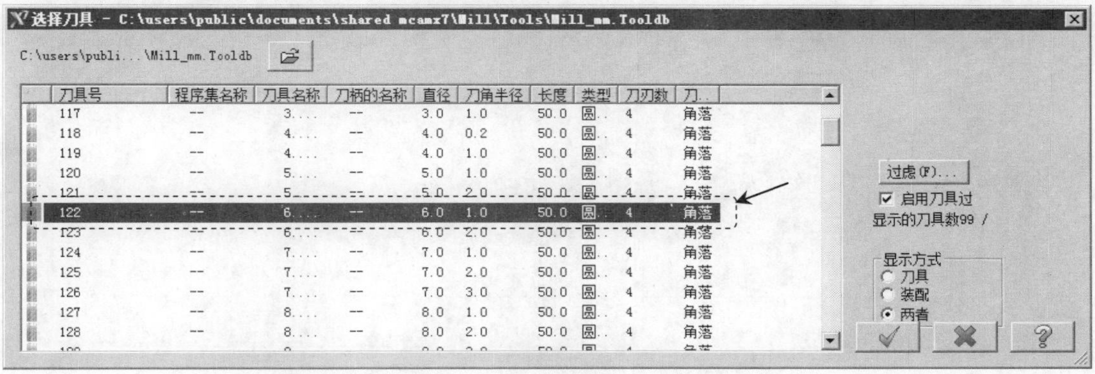

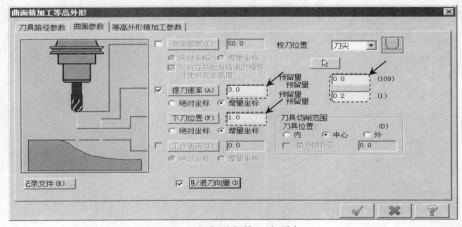

图 10.1.17 "选择刀具"对话框

Step6. 单击"定义刀具-机床群组-1"对话框中的 ✓ 按钮，完成刀具的设置，系统返回至"曲面精加工等高外形"对话框。

Step7. 设置曲面参数选项卡。在"曲面精加工等高外形"对话框中单击 曲面参数 选项卡，设置图 10.1.18 所示的参数。然后选中 ☑ /退刀向量(D) 复选框，并单击 /退刀向量(D) 按钮，此时系统弹出"方向"对话框，在该对话框的 进刀引线长度 文本框和 退刀引线长度 文本框中分别输入值 1.0，在"方向"对话框中单击 ✓ 按钮。

Step8. 设置等高外形精加工参数选项卡。在"曲面精加工等高外形"对话框中单击 等高外形精加工参数 选项卡，设置图 10.1.19 所示的参数。

Step9. 单击"曲面精加工等高外形"对话框中的 ✓ 按钮，完成加工参数的设置，此时系统将自动生成图 10.1.20 所示的刀具路径。

图 10.1.18 "曲面参数"选项卡

MastercamX7

数控加工教程

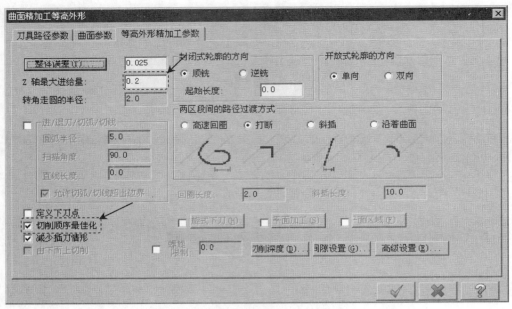

图 10.1.19 "等高外形精加工参数"选项卡

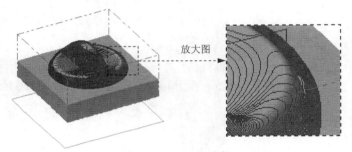

图 10.1.20 刀具路径

Stage6. 精加工浅平面加工

Step1. 选择下拉菜单 刀具路径 → 曲面精加工 → 精加工浅平面加工 命令。

说明：先隐藏上面的刀具路径，以便于后面加工面的选取。

Step2. 设置加工区域。在图形区中选取图 10.1.21 所示的曲面，然后按 Enter 键，系统弹出"刀具路径的曲面选取"对话框。单击 ✓ 按钮完成加工面的选择，同时系统弹出"曲面精加工浅平面"对话框。

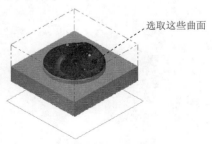

选取这些曲面

图 10.1.21 选取加工面

Step3. 确定刀具类型。在"曲面精加工浅平面"对话框中单击 刀具过虑 按钮，系统
弹出"刀具过滤列表设置"对话框，单击 刀具类型 区域中的 无(N) 按钮后，在刀具类型
按钮群中单击 （圆鼻刀）按钮，单击 ✓ 按钮，关闭"刀具过滤列表设置"对话框，
系统返回至"曲面精加工浅平面"对话框。

Step4. 选择刀具。在"曲面精加工浅平面"对话框中单击 选择刀库 按钮，系统
弹出图 10.1.22 所示的"选择刀具"对话框，在该对话框的列表框中选择图 10.1.22 所示的
刀具。单击 ✓ 按钮，关闭"选择刀具"对话框，系统返回至"曲面精加工浅平面"对话
框。

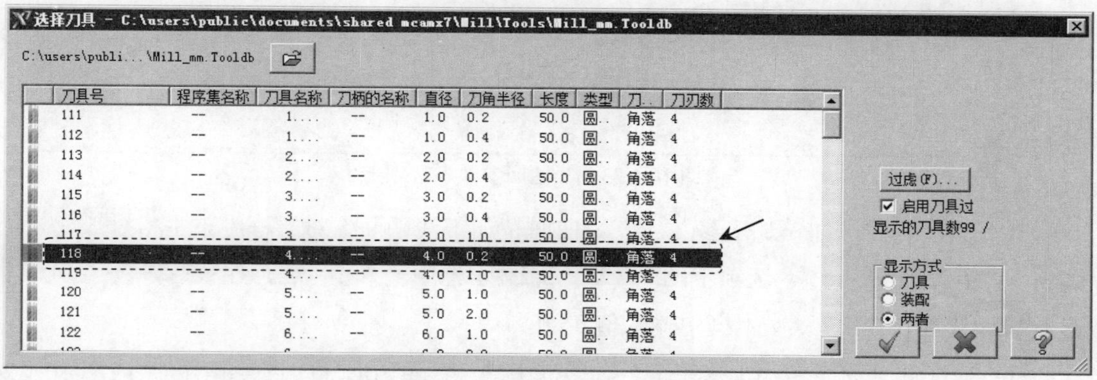

图 10.1.22 "选择刀具"对话框

Step5. 设置刀具相关参数。

（1）在"曲面精加工浅平面"对话框的 刀具路径参数 选项卡的列表框中显示出上一步选
择的刀具，双击该刀具，系统弹出"定义刀具-机床群组-1"对话框。

（2）设置刀具号。在"定义刀具-机床群组-1"对话框的 刀具号码 文本框中，将原有的数
值改为 4。

（3）设置刀具参数。单击"定义刀具-机床群组-1"对话框的 参数 选项卡，在其中的
下刀速率 文本框中输入值 1000.0，在 提刀速率 文本框中输入值 1000.0，在 主轴转速 文本框中输
入值 1000.0。

（4）设置冷却方式。在 参数 选项卡中单击 Coolant... 按钮，系统弹出"Coolant…"
对话框，在 Flood （切削液）下拉列表中选择 On 选项，单击该对话框中的 ✓ 按钮，关闭
"Coolant…"对话框。

（5）单击"定义刀具-机床群组-1"对话框中的 ✓ 按钮，完成刀具的设置。

Step6. 设置曲面参数。在"曲面精加工浅平面"对话框中单击 曲面参数 选项卡，设置图
10.1.23 所示的参数。

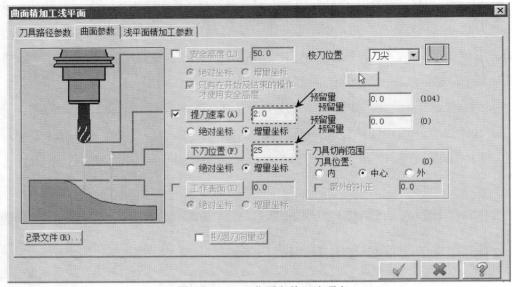

图 10.1.23 "曲面参数"选项卡

Step7. 设置浅平面精加工参数。在"曲面精加工浅平面"对话框中单击 浅平面精加工参数 选项卡，在 浅平面精加工参数 选项卡的 大切削间距 (M) 文本框中输入值 0.2，在 切削方式 下拉列表中选择 双向 选项，在 到倾斜角度 文本框中输入值 45.0。

Step8. 单击"曲面精加工浅平面"对话框中的 ✓ 按钮，同时在图形区生成图 10.1.24 所示的刀路轨迹。

Stage7. 曲面粗加工挖槽

Step1. 选择下拉菜单 刀具路径 (T) ➡ 曲面粗加工 (R) ➡ 粗加工挖槽加工 (K)... 命令。

说明：先隐藏上面的刀具路径，以便于后面加工面的选取。

Step2. 设置加工区域。在图形区中选取图 10.1.25 所示的面（共 37 个），按 Enter 键，系统弹出"刀具路径的曲面选取"对话框。在 Containment boundary 区域中单击 ▷ 按钮，系统弹出"串连选项"对话框。在图形区中选取前面所绘制的方框，单击 ✓ 按钮完成切削范围的设置；单击 ✓ 按钮，完成加工区域的设置，同时系统弹出"曲面粗加工挖槽"对话框。

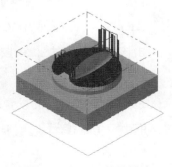

图 10.1.24 刀具路径

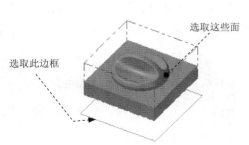

选取这些面

选取此边框

图 10.1.25 设置加工面

第10章 综合实例

Step3. 选择刀具。在"曲面粗加工挖槽"对话框中选择图 10.1.26 所示的刀具。

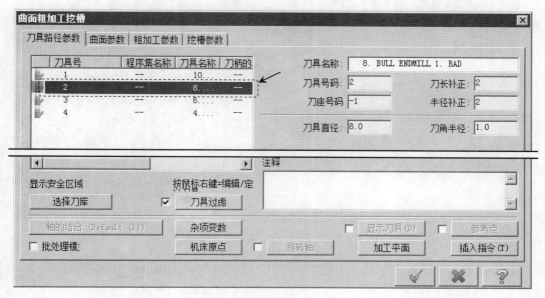

图 10.1.26 "选择刀具"对话框

Step4. 设置曲面参数。在"曲面粗加工挖槽"对话框中单击 曲面参数 选项卡，设置图 10.1.27 所示的参数。

Step5. 设置粗加工参数。在"曲面粗加工挖槽"对话框中单击 粗加工参数 选项卡，设置图 10.1.28 所示的参数。

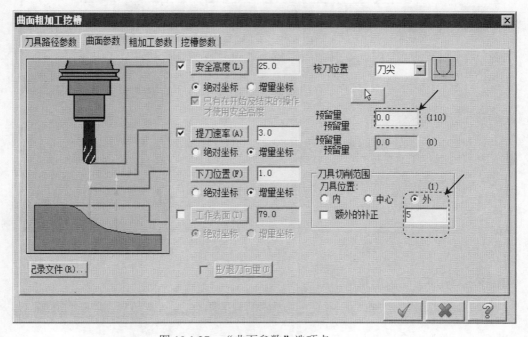

图 10.1.27 "曲面参数"选项卡

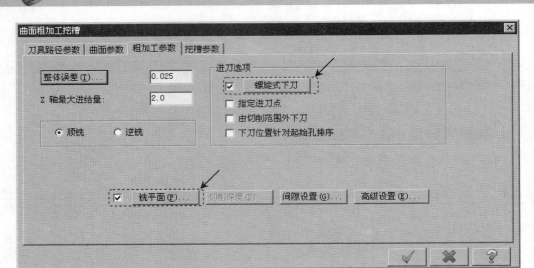

图 10.1.28　"粗加工参数"选项卡

Step6. 设置挖槽参数选项卡。在"曲面粗加工挖槽"对话框中单击 挖槽参数 选项卡，设置图 10.1.29 所示的参数。

Step7. 单击"曲面粗加工挖槽"对话框中的 ✓ 按钮，完成加工参数的设置，此时系统将自动生成图 10.1.30 所示的刀具路径。

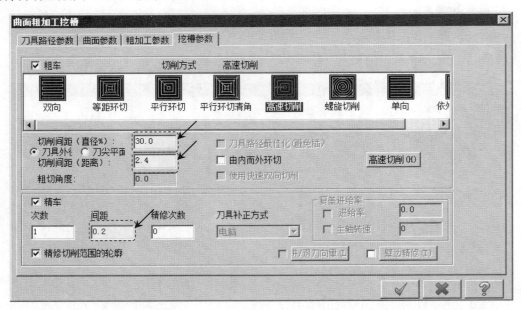

图 10.1.29　"挖槽参数"选项卡

Stage8. 精加工交线清角加工

Step1. 选择下拉菜单 刀具路径(T) ➡ 曲面精加工(F) ➡ 精加工交线清角(E)... 命令。

说明：先隐藏上面的刀具路径，以便于后面加工面的选取。

Step2. 设置加工区域。在图形区中选取图 10.1.31 所示的面（共 110 个），按 Enter 键，系统弹出"刀具路径的曲面选取"对话框。单击 ✓ 按钮，完成加工区域的设置，同时系统弹出"曲面精加工交线清角"对话框。

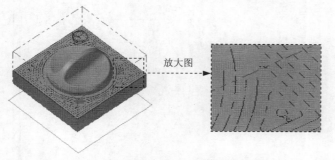

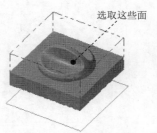

图 10.1.30 刀具路径　　　　图 10.1.31 设置加工面

Step3. 选择刀具。在"曲面精加工交线清角"对话框中取消选中 刀具过滤 按钮前的复选框，选择图 10.1.32 所示的刀具。

Step4. 设置曲面参数选项卡。在"曲面精加工交线清角"对话框中单击 曲面参数 选项卡，设置图 10.1.33 所示的参数。

Step5. 设置交线清角精加工参数。在"曲面精加工交线清角"对话框中单击 交线清角精加工参数 选项卡，取消选中 定深度 (D)... 按钮前的复选框，其他参数采用系统默认的参数设置。

Step6. 单击"曲面精加工交线清角"对话框中的 ✓ 按钮，完成加工参数的设置，此时系统将自动生成图 10.1.34 所示的刀具路径。

刀具号	程序集名称	刀具名称	刀柄的
1	--	10....	--
2	--	8....	--
3	--	6....	--
4	--	4....	--

曲面精加工交线清角

刀具路径参数 | 曲面参数 | 交线清角精加工参数

刀具名称： 4. BULL ENDMILL 0.2 RAD

刀具号码 4　　　　刀长补正： 4

刀座号码 -1　　　半径补正： 4

刀具直径： 4.0　　刀角半径： 0.2

注释

显示安全区域　　　按鼠标右键=编辑/定

选择刀库　　□ 刀具过滤

轴的结合 Default (1)　　杂项变数　　□ 显示刀具 (D)　　□ 参考点

□ 批处理模:　　机床原点　　□ 旋转轴　　加工平面　　插入指令 (T)

✓ ✗ ?

图 10.1.32 "刀具路径参数"选项卡

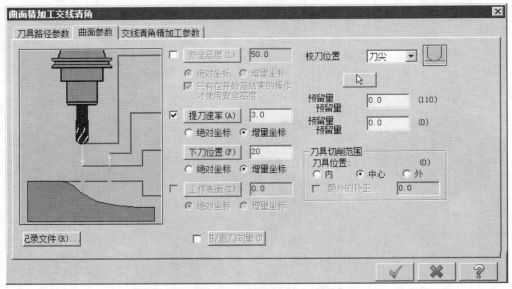

图 10.1.33　"曲面参数"选项卡

Step7. 实体切削验证。

（1）在 刀具路径管理器 选项卡中单击 ✓ 按钮，然后单击"验证已选择的操作"按钮 ⬡ ，系统弹出"Mastercam Simulator"对话框。

（2）在"Mastercam Simulator"对话框中单击 ▶ 按钮，系统将开始进行实体切削仿真，结果如图 10.1.35 所示。

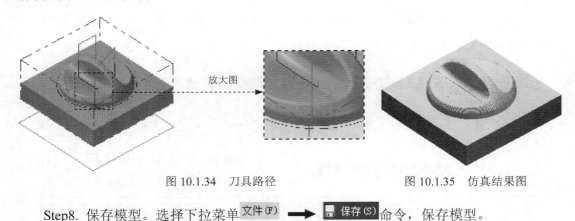

图 10.1.34　刀具路径　　　　　　　　　　图 10.1.35　仿真结果图

Step8. 保存模型。选择下拉菜单 文件 (F) ➡ 🖫 保存 (S) 命令，保存模型。

10.2　综合实例 2

本实例通过对一个模具型芯的加工，让读者熟悉使用 Mastercam X7 加工模块来完成复杂零件的数控编程。下面结合曲面加工的各种方法来加工一个模具型芯（图 10.2.1），其操作步骤如下。

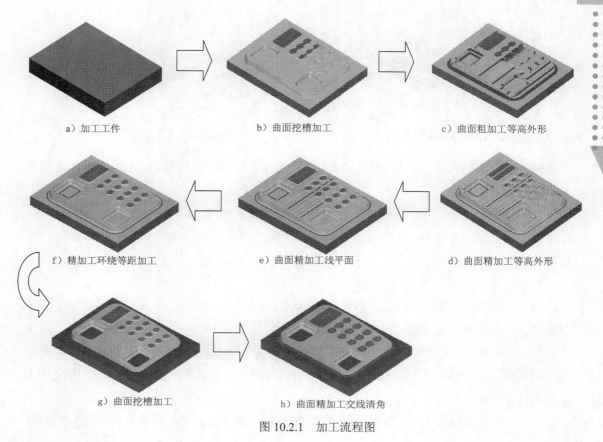

a）加工工件　　　　　b）曲面挖槽加工　　　　　c）曲面粗加工等高外形

f）精加工环绕等距加工　　　　e）曲面精加工浅平面　　　　d）曲面精加工等高外形

g）曲面挖槽加工　　　　h）曲面精加工交线清角

图 10.2.1　加工流程图

Stage1. 进入加工环境

选择文件 D:\mcx7.1\work\ch10.02\ TELEPHONE.MCX-7，系统进入加工环境，此时零件模型如图 10.2.2 所示。

Stage2. 设置工件

Step1. 在"操作管理"中单击 **山 属性 - Generic Mill** 节点前的"+"号，将该节点展开，然后单击◇**素材设置**节点，系统弹出"机器群组属性"对话框。

Step2. 设置工件的形状。在"机器群组属性"对话框的**形状**区域中选中 **⊙ 立方体** 单选项。

Step3. 设置工件的尺寸。在"机器群组属性"对话框中单击 **所有曲面** 按钮，在**素材原点**区域的 **Z** 文本框中输入值 16，然后在右侧的预览区 **Z** 下面的文本框中输入值 31。

Step4. 单击"机器群组属性"对话框中的 **✓** 按钮，完成工件的设置。此时零件如图 10.2.3 所示，从图中可以观察到零件的边缘多了红色的双点画线，双点画线围成的图形即为工件。

图 10.2.2　零件模型

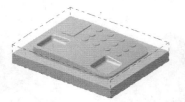

图 10.2.3　显示工件

Stage3. 粗加工挖槽加工

Step1. 绘制切削范围。绘制图 10.2.4 所示的切削范围（以俯视图方位绘制大致形状即可，见视频）。

Step2. 选择下拉菜单 刀具路径(T) ➡ 曲面粗加工(R) ➡ 粗加工挖槽加工(K)... 命令，系统弹出"输入新 NC 名称"对话框，采用系统默认的 NC 名称，单击 ✓ 按钮，完成 NC 名称的设置。

Step3. 设置加工区域。

（1）　设置加工面。在图形区中选取图 10.2.5 所示的面（共 95 个），然后按 Enter 键，系统弹出"刀具路径的曲面选取"对话框。

（2）　设置加工边界。在 Containment boundary 区域中单击 ▭ 按钮，系统弹出"串连选项"对话框，在图形区中选取图 10.2.4 所绘制的边线，单击 ✓ 按钮，系统返回至"刀具路径的曲面选取"对话框。

（3）　单击 ✓ 按钮，完成加工区域的设置，同时系统弹出"曲面粗加工挖槽"对话框。

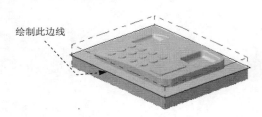

绘制此边线

图 10.2.4　绘制切削范围

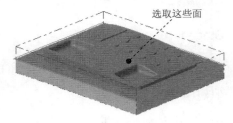

选取这些面

图 10.2.5　设置加工面

Step4. 确定刀具类型。在"曲面粗加工挖槽"对话框中单击 刀具过滤 按钮，系统弹出"刀具过滤列表设置"对话框，单击 刀具类型 区域中的 无(N) 按钮后，在刀具类型按钮群中单击 ▮ （圆鼻刀）按钮，然后单击 ✓ 按钮，关闭"刀具过滤列表设置"对话框，系统返回至"曲面粗加工挖槽"对话框。

Step5. 选择刀具。在"曲面粗加工挖槽"对话框中单击 选择刀库 按钮，系统弹出"选择刀具"对话框，在该对话框的列表框中选择图 10.2.6 所示的刀具。单击 ✓ 按钮，关闭"选择刀具"对话框，系统返回至"曲面粗加工挖槽"对话框。

Step6. 设置刀具参数。

（1）完成上步操作后，在"曲面粗加工挖槽"对话框的 刀具路径参数 选项卡的列表框中显示出上一步选择的刀具，双击该刀具，系统弹出"定义刀具-机床群组 -1"对话框。

（2）设置刀具号。在"定义刀具-机床群组-1"对话框的 刀具号码 文本框中，将原有的数值改为1。

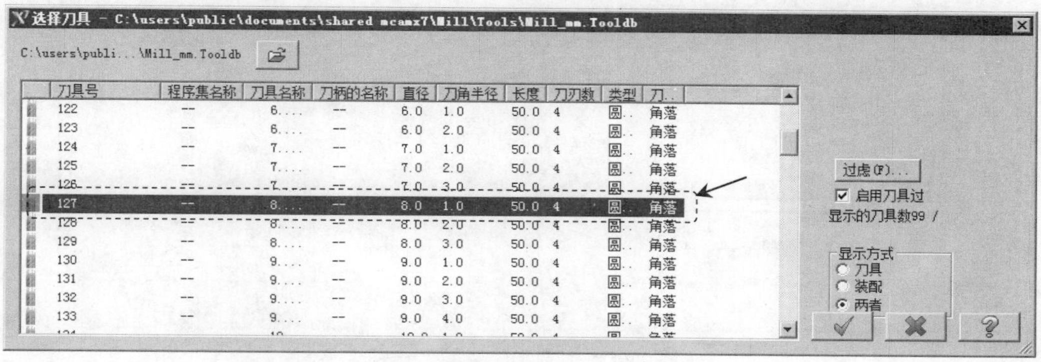

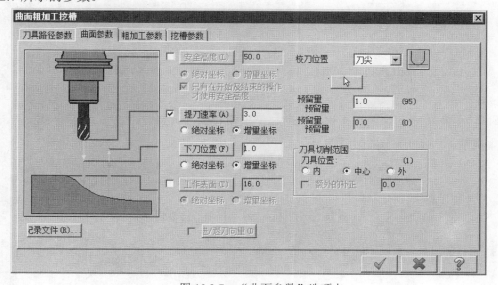

图 10.2.6 "选择刀具"对话框

（3）设置刀具的加工参数。单击"定义刀具-机床群组-1"对话框的 参数 选项卡，在 下刀速率 文本框中输入值 200.0，在 提刀速率 文本框中输入值 500.0，在 主轴转速 文本框输入值 800.0。

（4）设置冷却方式。在 参数 选项卡中单击 Coolant... 按钮，系统弹出"Coolant..."对话框，在 Flood （切削液）下拉列表中选择 On 选项，单击该对话框中的 ✓ 按钮，关闭"Coolant..."对话框。

Step7. 单击"定义刀具-机床群组-1"对话框中的 ✓ 按钮，完成刀具的设置，系统返回至"曲面粗加工挖槽"对话框。

Step8. 设置曲面参数。在"曲面粗加工挖槽"对话框中单击 曲面参数 选项卡，设置图 10.2.7 所示的参数。

图 10.2.7 "曲面参数"选项卡

Step9. 设置粗加工参数。在"曲面粗加工挖槽"对话框中单击 粗加工参数 选项卡，设置图 10.2.8 所示的参数。

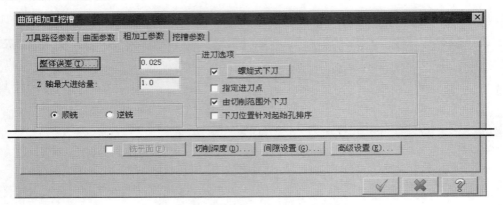

图 10.2.8　"粗加工参数"选项卡

Step10. 设置挖槽参数。在"曲面粗加工挖槽"对话框中单击 挖槽参数 选项卡，设置图 10.2.9 所示的参数。

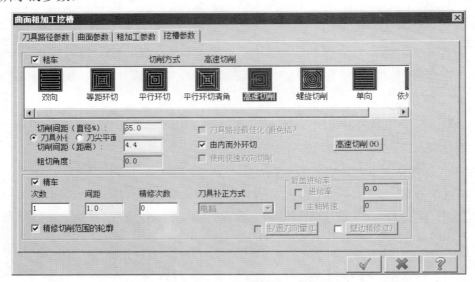

图 10.2.9　"挖槽参数"选项卡

Step11. 单击"曲面粗加工挖槽"对话框中的 ✓ 按钮，完成加工参数的设置，系统自动生成图 10.2.10 所示的刀具路径。

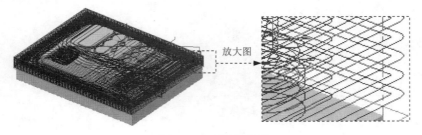

图 10.2.10　刀具路径

说明：在完成"曲面粗加工挖槽"后，应确保俯视图视角为目前的 WCS、刀具面和构图面以及原点，才能保证后面的刀具加工方向的正确性。具体操作为：在屏幕的右下角单击 WCS 按钮，在系统弹出的快捷菜单中选择 打开视角管理器 命令，此时系统弹出"视图管理器"对话框，在该对话框 设置当前的视角与原点 区域中单击 ≡ 按钮，然后单击 ✓ 按钮。同样在后面的加工中应先确保俯视图视角为目前的 WCS、刀具面和构图面以及原点。

Stage4. 粗加工等高外形加工

Step1. 选择下拉菜单 刀具路径(T) ➡ 曲面粗加工(R) ➡ 等高外形加工(O)... 命令。

说明：先隐藏上步的刀具路径，以便于后面加工面的选取，下同。

Step2. 设置加工区域。在图形区中选取图 10.2.11 所示的面（共 95 个），然后按 Enter 键，系统弹出"刀具路径的曲面选取"对话框。单击 ✓ 按钮，完成加工区域的设置，同时系统弹出"曲面粗加工等高外形"对话框。

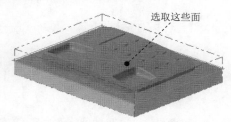

图 10.2.11　设置加工面

Step3. 确定刀具类型。在"曲面粗加工等高外形"对话框中单击 刀具过虑 按钮，系统弹出"刀具过滤列表设置"对话框，单击 刀具类型 区域中的 无(N) 按钮后，在刀具类型按钮群中单击 （圆鼻刀）按钮，然后单击 ✓ 按钮，关闭"刀具过滤列表设置"对话框，系统返回至"曲面粗加工等高外形"对话框。

Step4. 选择刀具。在"曲面粗加工等高外形"对话框中单击 选择刀库 按钮，系统弹出"选择刀具"对话框，在该对话框的列表框中选择图 10.2.12 所示的刀具。单击 ✓ 按钮，关闭"选择刀具"对话框，系统返回至"曲面粗加工等高外形"对话框。

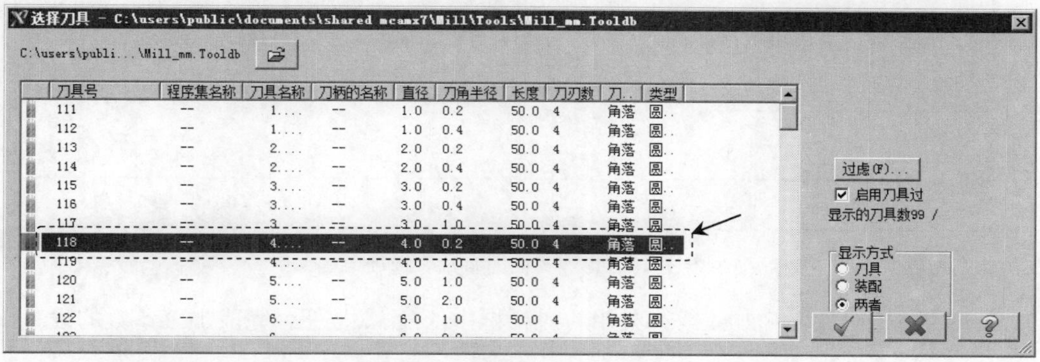

图 10.2.12　"选择刀具"对话框

Step5. 设置刀具参数。

（1）完成上步操作后，在"曲面粗加工等高外形"对话框的 刀具路径参数 选项卡的列表框中显示出上步选取的刀具，双击该刀具，系统弹出"定义刀具-机床群组-1"对话框。

（2）设置刀具号。在"定义刀具-机床群组-1"对话框的 刀具号码 文本框中，将原有的数值改为2。

（3）设置刀具的加工参数。单击"定义刀具-机床群组-1"对话框的 参数 选项卡，在 下刀速率 文本框中输入值1000.0，在 提刀速率 文本框中输入值1000.0，在 主轴转速 文本框中输入值1000.0。

（4）设置冷却方式。在 参数 选项卡中单击 Coolant... 按钮，系统弹出"Coolant…"对话框，在 Flood （切削液）下拉列表中选择 On 选项，单击该对话框中的 ✓ 按钮，关闭"Coolant…"对话框。

Step6. 单击"定义刀具-机床群组-1"对话框中的 ✓ 按钮，完成刀具的设置，系统返回至"曲面粗加工等高外形"对话框。

Step7. 设置曲面参数。在"曲面粗加工等高外形"对话框中单击 曲面参数 选项卡，设置图10.2.13所示的参数。

Step8. 设置等高外形粗加工参数。在"曲面粗加工等高外形"对话框中单击 等高外形粗加工参数 选项卡，接受系统默认的参数设置。

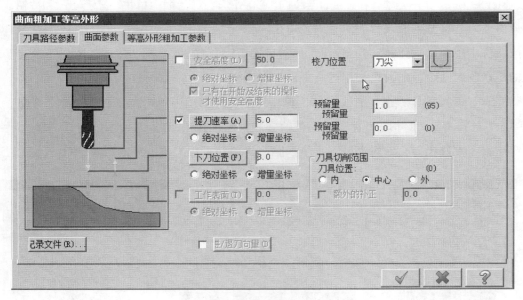

图10.2.13 "曲面参数"选项卡

Step9. 单击"曲面粗加工等高外形"对话框中的 ✓ 按钮，完成加工参数的设置，此

时系统将自动生成图 10.2.14 所示的刀具路径。

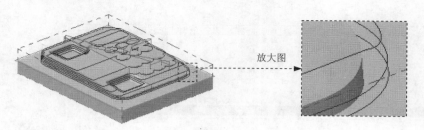

放大图

图 10.2.14　刀具路径

Stage5. 精加工等高外形

Step1. 选择下拉菜单 刀具路径(T) ➡ 曲面精加工(F) ➡ C 精加工等高外形 命令。

Step2. 设置加工区域。在图形区中选取图 10.2.15 所示的面（共 95 个），按 Enter 键，系统弹出"刀具路径的曲面选取"对话框。单击 ✓ 按钮，完成加工区域的设置，同时系统弹出"曲面精加工等高外形"对话框。

Step3. 确定刀具类型。在"曲面精加工等高外形"对话框中单击 刀具过滤 按钮，系统弹出"刀具过滤列表设置"对话框，单击 刀具类型 区域中的 无(N) 按钮后，在刀具类型按钮群中单击 ⬚（球刀）按钮，然后单击 ✓ 按钮，关闭"刀具过滤列表设置"对话框，系统返回至"曲面精加工等高外形"对话框。

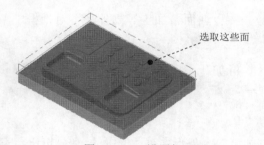

选取这些面

图 10.2.15　设置加工面

Step4. 选择刀具。在"曲面精加工等高外形"对话框中单击 选择刀库 按钮，系统弹出"选择刀具"对话框，在该对话框的列表框中选择图 10.2.16 所示的刀具。单击 ✓ 按钮，关闭"选择刀具"对话框，系统返回至"曲面精加工等高外形"对话框。

Step5. 设置刀具参数。

（1）完成上步操作后，在"曲面精加工等高外形"对话框的 刀具路径参数 选项卡的列表框中显示出上一步选择的刀具，双击该刀具，系统弹出"定义刀具-机床群组-1"对话框。

（2）设置刀具号。在"定义刀具-机床群组-1"对话框的 刀具号码 文本框中，将原有的数值改为 3。

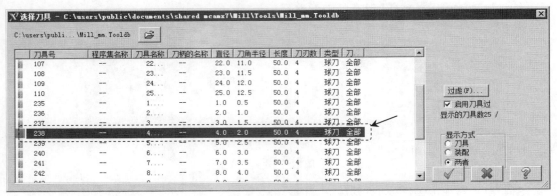

图 10.2.16 "选择刀具"对话框

（3）设置刀具的加工参数。单击"定义刀具-机床群组-1"对话框的 参数 选项卡，在 下刀速率 文本框中输入值 1200.0，在 提刀速率 文本框中输入值 1200.0，在 主轴转速 文本框中输入值 1500.0。

（4）设置冷却方式。在 参数 选项卡中单击 Coolant... 按钮，系统弹出"Coolant…"对话框，在 Flood （切削液）下拉列表中选择 On 选项，单击该对话框中的 ✓ 按钮，关闭"Coolant…"对话框。

Step6. 单击"定义刀具-机床群组-1"对话框中的 ✓ 按钮，完成刀具的设置，系统返回至"曲面精加工等高外形"对话框。

Step7. 设置曲面参数。在"曲面精加工等高外形"对话框中单击 曲面参数 选项卡，在 刀具切削范围 区域选择 刀具位置: 为 ⊙ 外 选项，其余接受系统默认的参数设置。

Step8. 设置等高外形精加工参数。在"曲面精加工等高外形"对话框中单击 等高外形精加工参数 选项卡，在 Z 轴最大进给量: 文本框中输入值 0.5，其他参数接受系统默认设置值。

Step9. 单击"曲面精加工等高外形"对话框中的 ✓ 按钮，完成加工参数的设置，此时系统将自动生成图 10.2.17 所示的刀具路径。

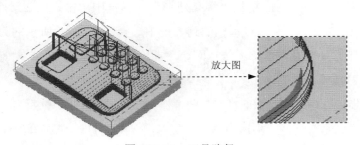

放大图

图 10.2.17 刀具路径

Stage6. 精加工浅平面加工

Step1. 选择下拉菜单 刀具路径(T) ➡ 曲面精加工(F) ➡ 精加工浅平面加工(S)... 命令。

Step2. 设置加工区域。在图形区中选取图 10.2.18 所示的曲面（共 13 个），然后按 Enter 键，系统弹出"刀具路径的曲面选取"对话框。单击 ✓ 按钮完成加工面的选择，同时系统弹出"曲面精加工浅平面"对话框。

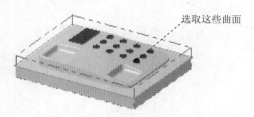

选取这些曲面

图 10.2.18　选择加工面

Step3. 确定刀具类型。在"曲面精加工浅平面"对话框中单击 刀具过滤 按钮，系统弹出"刀具过滤列表设置"对话框，单击 刀具类型 区域中的 无(N) 按钮后，在刀具类型按钮群中单击 ▊ （圆鼻刀）按钮，单击 ✓ 按钮，关闭"刀具过滤列表设置"对话框，系统返回至"曲面精加工浅平面"对话框。

Step4. 选择刀具。在"曲面精加工浅平面"对话框中单击 选择刀库 按钮，系统弹出图 10.2.19 所示的"选择刀具"对话框，在该对话框的列表框中选择图 10.2.19 所示的刀具。单击 ✓ 按钮，关闭"选择刀具"对话框，系统返回至"曲面精加工浅平面"对话框。

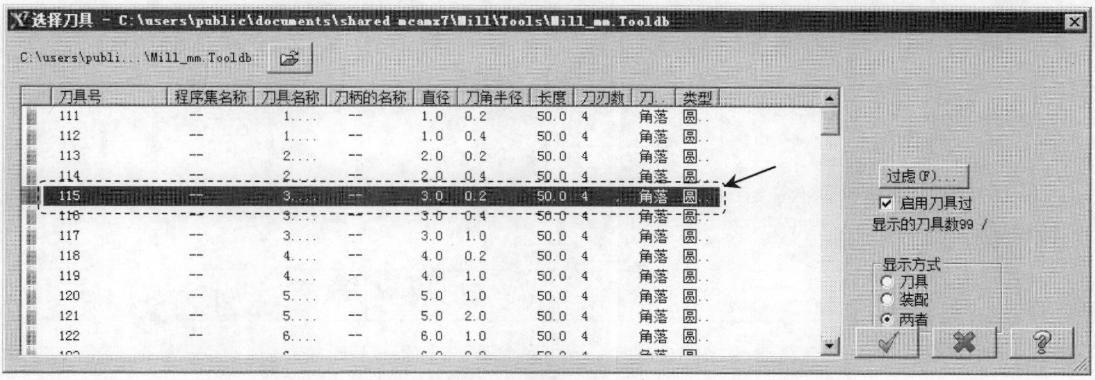

图 10.2.19　"选择刀具"对话框

Step5. 设置刀具相关参数。

（1）在"曲面精加工浅平面"对话框的 刀具路径参数 选项卡的列表框中显示出上一步选择的刀具，双击该刀具，系统弹出"定义刀具-机床群组-1"对话框。

（2）设置刀具号。在"定义刀具-机床群组-1"对话框的 刀具号码 文本框中，将原有的数值改为 4。

（3）设置刀具参数。单击"定义刀具-机床群组-1"对话框的 参数 选项卡，在其中的 下刀速率 文本框中输入值 1000.0，在 提刀速率 文本框中输入值 1000.0，在 主轴转速 文本框中输入值 1000.0。

（4）设置冷却方式。在 参数 选项卡中单击 Coolant... 按钮，系统弹出"Coolant…"对话框，在 Flood （切削液）下拉列表中选择 On 选项，单击该对话框中的 ✓ 按钮，关闭"Coolant…"对话框。

（5）单击"定义刀具-机床群组 -1"对话框中的 ✓ 按钮，完成刀具的设置。

Step6. 设置曲面参数。在"曲面精加工浅平面"对话框中单击 曲面参数 选项卡，设置图 10.2.20 所示的参数。

Step7. 设置浅平面精加工参数。在"曲面精加工浅平面"对话框中单击 浅平面精加工参数 选项卡，在 大切削间距(M) 后的文本框中输入值 0.5，在 到倾斜角度 文本框中输入值 20.0，选中 ☑ 切削顺序依照最短距离 复选框，其他参数接受系统默认设置值。

Step8. 单击"曲面精加工浅平面"对话框中的 ✓ 按钮，同时在图形区生成图 10.2.21 所示的刀路轨迹。

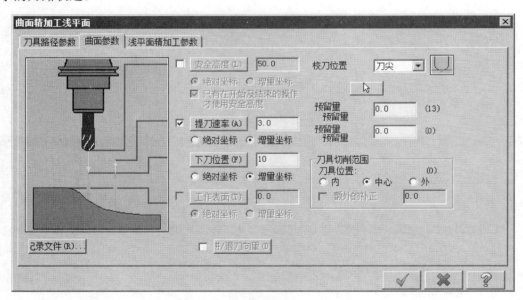

图 10.2.20　"曲面参数"选项卡

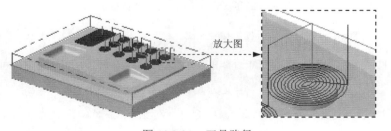

图 10.2.21　刀具路径

Stage7. 精加工环绕等距加工

Step1. 选择下拉菜单 刀具路径(T) ➡ 曲面精加工(F) ➡ 精加工环绕等距加工(O)... 命令。

Step2. 选取加工面。在图形区中选取图 10.2.22 所示的曲面，然后按 Enter 键，系统弹出"刀具路径的曲面选取"对话框，单击 检测 区域的 按钮，在图形区中选取图 10.2.23 所示的曲面(凸起部分的侧面，共 20 个面)，单击 按钮完成干涉面选取，回到"刀具路径的曲面选取"对话框，单击 按钮，系统弹出"曲面精加工环绕等距"对话框。

图 10.2.22 选择加工面

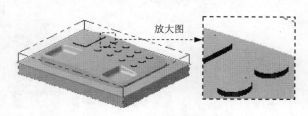

图 10.2.23 选择干涉面

Step3. 选择刀具。在"曲面精加工环绕等距"对话框中选择图 10.2.24 所示的刀具。

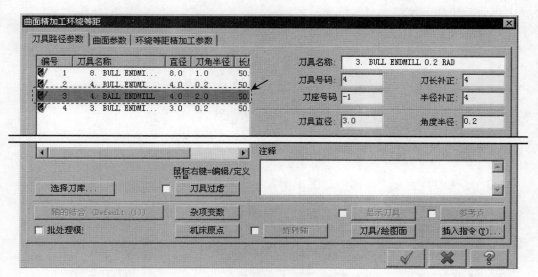

图 10.2.24 "曲面精加工环绕等距"对话框

Step4. 设置曲面参数。在"曲面精加工环绕等距"对话框中单击 曲面参数 选项卡，在 预留量 (此处翻译有误，应为"加工面预留量")文本框中输入值 0.0，在 预留量 (此处翻译有误，应为"干涉面预留量")文本框中输入值 0.0，其他参数设置保持系统默认设置。

Step5. 设置环绕等距精加工参数。在"曲面精加工环绕等距"对话框中单击 环绕等距精加工参数 选项卡，在 大切削间距(M) 文本框中输入值 0.5，在 加工方向 区域选中 ⊙ 顺时针 单选项，选中 ☑ 切削顺序依照最短距离 复选框，取消选中 定义深度(D)... 按钮前的复选框，其他参数设置保持系统默认设置。

Step6. 完成参数设置。单击"曲面精加工环绕等距"对话框中的 ✓ 按钮，系统弹出"刀具路径/曲面"对话框，单击 ✓ 按钮，系统在图形区生成图 10.2.25 所示的刀路轨迹。

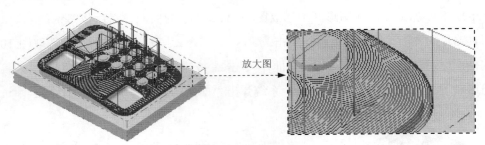

放大图

图 10.2.25 刀具路径

Stage8. 曲面粗加工挖槽

Step1. 选择下拉菜单 刀具路径(T) ➡ 曲面粗加工(R) ➡ 粗加工挖槽加工(K)... 命令。

Step2. 设置加工区域。在图形区中选取图 10.2.26 所示的面（共 95 个），按 Enter 键，系统弹出"刀具路径的曲面选取"对话框。单击 ✓ 按钮，完成加工区域的设置，同时系统弹出"曲面粗加工挖槽"对话框。

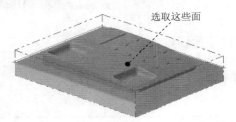

选取这些面

图 10.2.26 设置加工面

Step3. 选择刀具。在"曲面粗加工挖槽"对话框中选择图 10.2.27 所示的刀具。

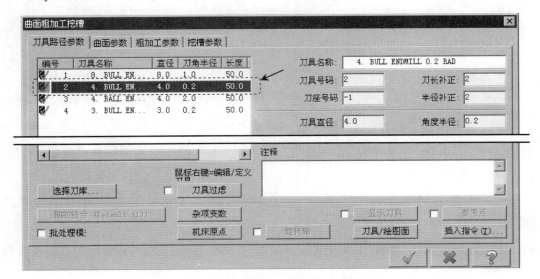

图 10.2.27 "曲面粗加工挖槽"对话框

Step4. 设置曲面参数。在"曲面粗加工挖槽"对话框中单击 曲面参数 选项卡，设置图 10.2.28 所示的参数。

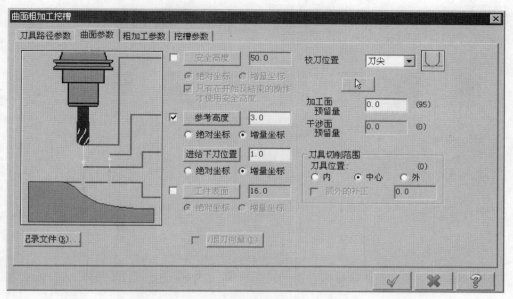

图 10.2.28　"曲面参数"选项卡

Step5. 设置粗加工参数。在"曲面粗加工挖槽"对话框中单击 粗加工参数 选项卡，设置图 10.2.29 所示的参数。

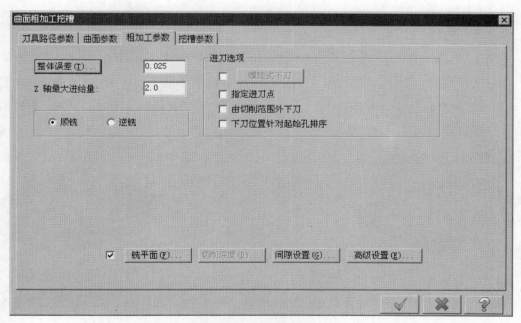

图 10.2.29　"粗加工参数"选项卡

Step6. 设置挖槽参数。在"曲面粗加工挖槽"对话框中单击挖槽参数选项卡，设置图 10.2.30 所示的参数。

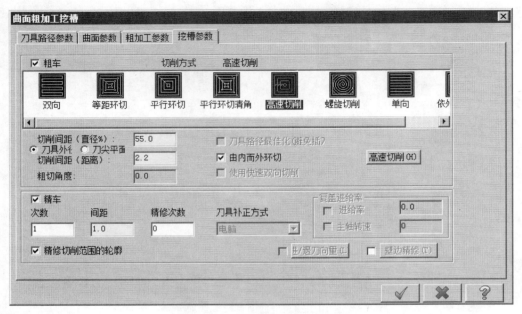

图 10.2.30 "挖槽参数"选项卡

Step7. 单击"曲面粗加工挖槽"对话框中的 ✓ 按钮，完成加工参数的设置，此时系统将自动生成图 10.2.31 所示的刀具路径。

Stage9. 精加工交线清角加工

Step1. 选择下拉菜单 刀具路径(T) ➡ 曲面精加工(F) ➡ 精加工交线清角(E)... 命令。

Step2. 设置加工区域。在图形区中选取图 10.2.32 所示的面（共 95 个），按 Enter 键，系统弹出"刀具路径曲面选取"对话框。单击 ✓ 按钮，完成加工区域的设置，同时系统弹出"曲面精加工交线清角"对话框。

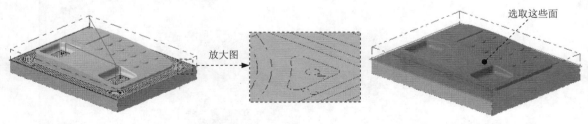

图 10.2.31 刀具路径   图 10.2.32 设置加工面

Step3. 选择刀具。在"曲面精加工交线清角"对话框中取消选中 刀具过滤 按钮前的复选框，选择图 10.2.33 所示的刀具。

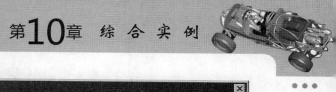

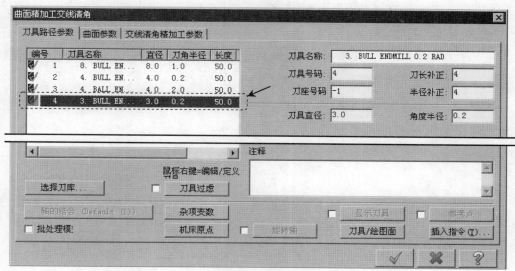

图 10.2.33 "曲面精加工交线清角"对话框

Step4. 设置曲面参数选项卡。在"曲面精加工交线清角"对话框中单击 曲面参数 选项卡，设置图 10.2.34 所示的参数。

Step5. 设置交线清角精加工参数选项卡。在"曲面精加工交线清角"对话框中单击 交线清角精加工参数 选项卡，取消选中 设定深度 (D)... 按钮前的复选框，其他参数采用系统默认设置值。

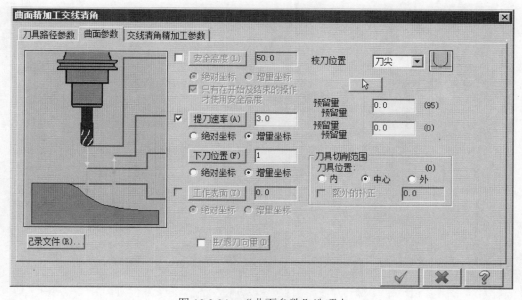

图 10.2.34 "曲面参数"选项卡

Step6. 单击"曲面精加工交线清角"对话框中的 ✓ 按钮，完成加工参数的设置，此

时系统将自动生成图 10.2.35 所示的刀具路径。

Step7. 实体切削验证。

（1）在 刀具路径管理器 选项卡中单击 按钮，然后单击"验证已选择的操作"按钮 ，系统弹出"Mastercam Simulator"对话框。

（2）在"Mastercam Simulator"对话框中单击 按钮。系统将开始进行实体切削仿真，结果如图 10.2.36 所示。

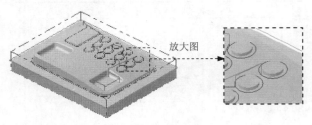

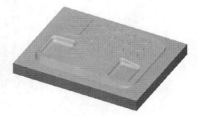

放大图

图 10.2.35　刀具路径　　　　　　　　图 10.2.36　仿真结果图

Step8. 保存模型。选择下拉菜单 文件(F) ━━▶ 保存(S) 命令，保存模型。

读者意见反馈卡

尊敬的读者：

感谢您购买机械工业出版社出版的图书！

我们一直致力于 CAD、CAPP、PDM、CAM 和 CAE 等相关技术的跟踪，希望能将更多优秀作者的宝贵经验与技巧介绍给您。当然，我们的工作离不开您的支持。如果您在看完本书之后，有什么好的意见和建议，或是有一些感兴趣的技术话题，都可以直接与我联系。

策划编辑：丁锋

注：本书的随书光盘中含有该"读者意见反馈卡"的电子文档，您可将填写后的文件采用电子邮件的方式发给本书的策划编辑或主编。

E-mail: 詹友刚 zhanygjames@163.com；丁锋 fengfener@qq.com。

请认真填写本卡，并通过邮寄或 E-mail 传给我们，我们将奉送精美礼品或购书优惠卡。

书名：《Mastercam X7 数控加工教程》

1. 读者个人资料：

姓名：_____ 性别：_____ 年龄：_____ 职业：_____ 职务：_____ 学历：_____

专业：_____ 单位名称：_____ 电话：_____ 手机：_____

邮寄地址：_____ 邮编：_____ E-mail：_____

2. 影响您购买本书的因素（可以选择多项）：

☐内容   ☐作者   ☐价格

☐朋友推荐   ☐出版社品牌   ☐书评广告

☐工作单位（就读学校）指定   ☐内容提要、前言或目录   ☐封面封底

☐购买了本书所属丛书中的其他图书   ☐其他_____

3. 您对本书的总体感觉：

☐很好   ☐一般   ☐不好

4. 您认为本书的语言文字水平：

☐很好   ☐一般   ☐不好

5. 您认为本书的版式编排：

☐很好   ☐一般   ☐不好

6. 您认为 Mastercam 其他哪些方面的内容是您所迫切需要的？

_____

7. 其他哪些 CAD/CAM/CAE 方面的图书是您所需要的？

_____

8. 您认为我们的图书在叙述方式、内容选择等方面还有哪些需要改进？

_____

如若邮寄，请填好本卡后寄至：

北京市百万庄大街 22 号机械工业出版社汽车分社 丁锋（收）

邮编：100037   联系电话：（010）88379439   传真：（010）68329090

如需本书或其他图书，可与机械工业出版社网站联系邮购：

http://www.golden-book.com   咨询电话：（010）88379639，88379641，88379643。